Software Design plus

内部構造から学ぶ PostgreSQL 設計・運用計画の鉄則

勝俣智成、佐伯昌樹、原田登志

改訂新版

技術評論社

■免責

本書に記載された内容は、情報の提供のみを目的としています。したがって、本書を用いた運用は、必ずお客様自身の責任と判断によって行ってください。これらの情報の運用の結果について、技術評論社および著者はいかなる責任も負いません。

本書記載の情報は、2018年6月10日現在のものを掲載していますので、ご利用時には、変更されている場合もあります。また、ソフトウェアに関する記述も、特に断わりのないかぎり、2018年6月10日現在での最新バージョンを元にしています。ソフトウェアはバージョンアップされる場合があり、本書での説明とは機能内容や画面図などが異なってしまうこともありえます。本書ご購入の前に、必ずバージョン番号をご確認ください。

本書で示されているのは著者自身の見解であって、著者の所属するNTTテクノクロス株式会社の見解を必ずしも反映したものではありません。

以上の注意事項をご承諾いただいたうえで、本書をご利用願います。これらの注意事項をお読みいただかずに、お問い合わせいただいても、技術評論社および著者は対処しかねます。あらかじめ、ご承知おきください。

■商標、登録商標

本書で記載されている製品の名称は、一般に関係各社の商標または登録商標です。なお、本書では™、®などのマークを省略しています。

はじめに

本書はPostgreSQL 10をベースに解説しています。

近年、ITシステムにおけるオープンソースソフトウェアの浸透は、データベースの分野も例外ではなく、PostgreSQLも企業の基幹システムへと適用の領域を広げています。

PostgreSQLが多くのシステムで利用されるに従い、誰にでも簡単に利用できるようインストール手順は簡略化され、運用の手間も減ってきたという経緯があります。その分、現場で担当するシステムエンジニアや運用者がシステムの構築や運用でいざというときに必要になるノウハウの習得や、内部構造などの専門知識を習得する機会は減ってしまっています。

PostgreSQLは日本語ドキュメントも豊富に存在しており、インターネット検索でもたくさんの記事を見つけることができます。これはPostgreSQLが多くの人に利用されていることの証明とも言えますが、実用上、本当に必要な情報を探し出すことが難しい状況も同時に生み出しています。

本書では「PostgreSQLを学習もしくは利用したことがある人」「今後、本格的にPostgreSQLの運用管理や技術力の向上を図りたいと思っている人」を主な対象読者として、運用上のノウハウや特に重要な情報をまとめた鉄則を記載しています。PostgreSQLのコアな技術力を持つ専門家の視点から、システム構築や運用において重要と言える要素について、PostgreSQLの内部構造と照らし合わせる形で解説しています。鉄則を通して効率的な設計／運用が行えるようになってほしいと思います。

トラブル対応時のピンポイントな対策のためだけでなく、興味のある章を丸ごと読んでもらうことでトラブルを未然に防ぐ予備知識の獲得をしてもらえると幸いです。

2018年8月

著者一同

本書を活用するために

本書の解説や実行例は、2017年10月にリリースされた「PostgreSQL 10」をベースとしています。

本書の構成

本書は、4つのパートに分かれており、各パートはテーマごとに複数の章で構成されています。

各章の最後のページには、そのテーマに関して運用上知っておきたい鉄則を記載しています。著者の経験に基づくノウハウや各章で特に重要な情報をまとめたもので、読者の皆さまの運用にきっと役立つでしょう。

Part 1から順に読み進めることで、データベース技術者としての基本知識や専門用語について習得していくことができます。また、PostgreSQLの基本的な仕組みを習得済みという方は、気になる章をピンポイントで見てもらうことで、より一層の技術力向上とノウハウ習得ができます。

Part 1：基本編

PostgreSQLの基本的な構成要素についての解説と、問い合わせ(クエリ)処理の概要について解説をしています。

Part 2：設計／計画編

PostgreSQLの内部構造を踏まえ、性能を十分に引き出すために必要となる、「テーブル設計」「物理設計」「バックアップ計画」「監視計画」「サーバ設定」という5つのテーマで、設計／計画時に注意したいポイントを解説しています。

Part 3：運用編

PostgreSQLのバックアップやリストアなどの保守作業や高可用(HA)構成について解説しています。また、プロセス死活監視やサービス監視といった定常的な運用におけるノウハウにも言及しています。

Part 4：チューニング編

PostgreSQLを安定的に運用していくためには、メンテナンスのノウハウや問い合わせ(クエリ)のチューニング知識を持っていることが重要になります。PostgreSQLにおける問い合わせ性能は、ハードウェア要因を除くとデータベースの統計情報が重要であり、その利用方法や読解のノウハウを解説しています。

Appendix：PostgreSQLのバージョンアップ

PostgreSQLをバージョンアップする方法について解説しています。

本書のプロンプト表記について

OSの一般ユーザで発行するコマンドは、先頭に「`$`」が付いた表記とします。同様にOSの管理者ユーザで発行するコマンドの先頭は「`#`」とします。

SQLを発行する場合は、「`=#`」のような表記としますが、明示的に接続しているデータベース名を確認してほしい場合は「`postgres=#`」や「`test=#`」のように先頭にデータベース名を含む表記を採用しています。

先頭に上記のいずれの記号も含まれない場合は、コマンドの実行結果やファイルリストを表しています。

PostgreSQLのインストール手順やPostgreSQLが提供する`pg_ctl`コマンドなどのサーバアプリケーションの使い方、`psql`コマンドなどのクライアントアプリケーションの使い方などの基本的な内容は本書では割愛しています。

PostgreSQLのバージョンアップについて

PostgreSQLはオープンソースソフトウェアで活発なコミュニティ活動が行われており、例年9〜10月にかけて多くの機能追加を伴うメジャーバージョンアップが実施されています。次期バージョンであるPostgreSQL 11も例年どおりであれば2018年10月までにはリリースされるでしょう。

PostgreSQL 11の新しい機能で特に有望なものを紹介します。

・宣言的パーティショニング機能の改善

テーブルの分割方法としてPostgreSQL10からサポートされていたレンジ分割に加え、ハッシュ分割も利用できるようになります。また、UPDATE文によってキーが更新されると、レコードが適切なパーティションに移動されます。パーティションテーブルでは、主キー、外部キー、インデックス、およびトリガがサポートされるようになります。

・並列処理機能の改善
　並列処理の適用範囲がさらに広がり、B-treeインデックスの作成やハッシュ結合（Hash Join）でも並列処理が利用できるようになります。

・JIT（Just-In-Time）コンパイラのサポート
　クエリ実行時にコンパイルを行って実行コードを生成し、クエリを処理するJITコンパイラ機能が追加されます。コンパイルによるオーバヘッドが発生しますが、より高速にSQLを実行できる可能性があります。

　これらの機能は、コミュニティメンバのテストによって品質評価が行われるため、場合によっては次のバージョンに持越しされることもあります。
　PostgreSQLは多くのユーザが利用しており、後方互換性を意識して実装されているため、新しいバージョンが提供されても基盤機能や運用が大きく変わることはありません。また、各バージョンは5年程度はバグパッチが提供されるため、本書で習得した知識は長く有益なものになるでしょう。

より詳しい情報を知りたい人へ

　PostgreSQL本家には本書では紹介しきれないほどの膨大なドキュメントが公開されています。原文は英語ですが、本家のリリースから比較的短期間で日本のPostgreSQLコミュニティ（JPUG）から日本語訳も提供されます。
　より深い知識や仕組みを知りたい方はぜひPostgreSQL本家のドキュメントを読んでみてください。原文のニュアンスを日本語で表すのが難しい場合もあるため、著者のお勧めは原文と日本語訳を見比べながら読むことです。

・PostgreSQL文書
　URL https://www.postgresql.jp/document/
・PostgreSQL Manuals
　URL https://www.postgresql.org/docs/manuals/

[改訂新版]
内部構造から学ぶPostgreSQL 設計・運用計画の鉄則◆目次

Part 1

基本編

基本的なことは概ね理解していますか？　一瞬でも返答に戸惑った方は、ぜひ本Partをお読みください。基本とは“簡単なこと”ではありません。すべての礎となる重要な知識であり、理解が追いつかない内容もあるかもしれませんが、しっかりと習得しましょう。

第１章：PostgreSQL“超”入門

第２章：アーキテクチャの基本

第３章：各種設定ファイルと基本設定

第４章：処理／制御の基本

第1章

PostgreSQL“超”入門

PostgreSQLは開発が始まってから30年以上を経たオープンソースソフトウェア（OSS）のリレーショナルデータベース管理システム（RDBMS）です。日本国内でも多くの業務システムで利用されています。本章では、PostgreSQLの“超”基本的な事項をおさらいの意味も含めて整理します。

1.1 呼び方

PostgreSQLは「ポストグレエスキューエル」や「ポストグレス」と呼びます。また、日本では語呂の良さから「ポスグレ」という略称で呼ぶこともあります。

PostgreSQLに関連する製品(拡張モジュールやアプリケーション)には接頭辞として「pg_」が付与され、「ピージー……」という製品名で呼ばれるものがあります。

1.2 データベースとしての分類

PostgreSQLは、リレーショナルデータベースとオブジェクトデータベースの双方の能力を兼ね揃えた「オブジェクトリレーショナルデータベース」に分類されます。

リレーショナルデータベースとしての基本機能は、Oracle DatabaseやMySQL、SQL Serverといった他のリレーショナルデータベースと遜色ないレベルで実装されています。また、オブジェクトデータベースとして、ユーザ定義によりさまざまな機能を拡張できます。この拡張性は、PostgreSQLの開発当初から備わっており、大きな特徴です。

1.3 歴史

開発の歴史は、カリフォルニア大学バークレー校の「POSTGRESプロジェクト」が発端となっています。その後、POSTGRESプロジェクトのコード

表1-1 PostgreSQL 8.0以降における主な改善点

バージョン	リリース日	主な改善点
8.0	2005/01/19	Windows対応、セーブポイントの追加、遅延バキュームの追加、PITR（Point In Time Recovery）のサポート、テーブル空間のサポート
8.1	2005/11/08	共有バッファへの同時アクセス改善、ビットマップスキャンの追加、ロール概念の導入、autovacuumの本体機能化
8.2	2006/12/05	FILLFACTORサポート、constraint_exclusionのUPDATE/DELETE対応
8.3	2008/02/04	自動バキュームの改善、HOT（Heap Only Tuple）の導入、チェックポイント時のI/O分散
8.4	2009/07/01	可視性マップの追加、ウィンドウ関数、再帰問い合わせ、並列リストア、SQL/MED（Management of External Data）基盤の追加
9.0	2010/09/20	ストリーミングレプリケーションの導入、VACUUM FULL改善、pg_ctlにinitdb機能追加
9.1	2011/09/12	同期レプリケーション対応、外部テーブルサポート、EXTENSIONの導入、SELinux対応、ビューに対するトリガサポート
9.2	2012/09/10	インデックスオンリースキャンの導入、カスケードレプリケーション、CHECKPOINT用バックグラウンドプロセスの追加
9.3	2013/09/09	マテリアライズドビュー、更新可能ビュー、JSON型の強化、更新可能FDW（Foreign Data Wrappers）、イベントトリガ、レプリケーションとリカバリの改善、ラージオブジェクトサイズ拡張（2GB→4TB）
9.4	2014/12/18	バイナリJSON（JSONB）型の追加、ロジカルデコーディング基盤の導入、ALTER SYSTEM文の追加
9.5	2016/01/07	UPSERT挙動を可能にしたINSERTの強化、行単位セキュリティ、BRINインデックスの導入
9.6	2016/09/29	パラレルクエリ、複数の同期スタンバイが可能、postgres_fdwの機能改善
10.0	2017/10/05	ロジカルレプリケーション、宣言的パーティション、SCRAM認証の追加

を、より汎用的な問い合わせ言語であるSQLに対応させ、標準規格のANSI Cに準拠した「Postgres95」がWeb上で公開されました。翌年には、SQLのサポートを明示するために名称を「PostgreSQL」に変更し、バージョン番号として元々のPOSTGRESプロジェクトからの連番である6.0を設定しました。バージョン番号がPostgreSQL 6.0からとなったのはこうした背景があります。

以降、数々のバージョンアップを繰り返し、PostgreSQL 8.0からはリカバリや自動バキュームの強化が加わりました。また、9.0からはレプリケーション機能の本体への組み込みや、マルチコア環境での性能が改善されています。

表1-1のようなバージョンアップを経て、現状では商用RDBMSと遜色ない高度な機能を備え、エンタープライズ用途にも使えるRDBMSとなっています。なお、執筆中の現時点(2018年6月)では最新バージョン11の開発が進められています。

Column メジャーバージョンとマイナーバージョン

PostgreSQLのバージョン番号体系は、バージョンが「9.6」以前と「10」以降で異なります。

PostgreSQL 9.6以前（図1-A）

図1-A　バージョン番号（PostgreSQL 9.6以前）

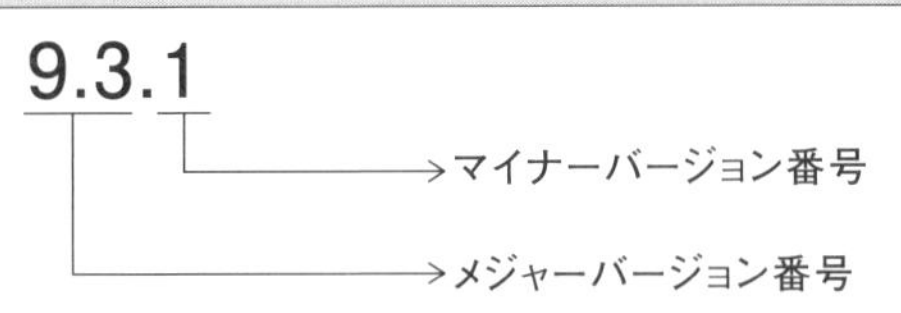

最初の数字と2番目の数字までをメジャーバージョン番号と呼びます。メジャーバージョン番号は、機能の追加を含むバージョンアップがなされた際にカウントアップされます。

1番目の数字は、メジャーバージョンの中でも開発コミュニティが特に大きな変更を行ったと判断した場合にカウントアップされます。例えば、8.0でのオンラインバックアップ機能の追加や、9.0でのレプリケーション機能の追加が相当します。PostgreSQLは、基本的に年に1回のメジャーバージョンアップがなされ、その際には2番目の数字がカウントアップされます。異なるメジャーバージョン間では、データベースを構成するファイルに互換性がないので注意しましょう。

３番目の数字は、マイナーバージョン番号と呼びます。この番号はメジャーバージョンアップされると「0」に戻り、以降マイナーバージョンアップのたびにカウントアップされます。マイナーバージョンアップでは、基本的に機能の追加はなく、バグの修正やセキュリティホールの対応が行われます。なお、異なるマイナーバージョン間では、データベースを構成するファイルに互換性があるため、極力最新版のものを使うようにしましょう。

PostgreSQL 10以降（図1-B）

図1-B　バージョン番号（PostgreSQL 10以降）

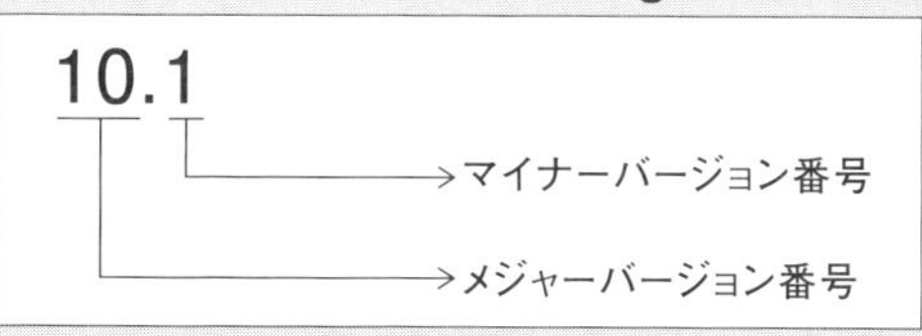

PostgreSQL 10以降は1つのメジャーバージョン番号と1つのマイナーバージョン番号という体系に変更されました。メジャーバージョンとマイナーバージョンの位置づけは、9.6までと変わりはありません。

1.4　ライセンス

PostgreSQLのライセンスは、BSDライセンスに類似した「PostgreSQLライセンス」という名称で、使用、変更、配布を個人使用、商用、学術など目的に限定せず無償で利用できます。また、GPLのようなソース公開義務がなく商用システムでも利用しやすいことが特徴です。

このため、PostgreSQLをベースにした各種商用製品も国内外のベンダで販売されています。

1.5 コミュニティ

PostgreSQLは、コミュニティ活動が活発であり、日本のPostgreSQLコミュニティ(JPUG)の活動は海外でも高く評価されています。特にJPUGではPostgreSQL文書の日本語訳対応を迅速に行っており、日本語で最新バージョンの情報を読むことができます。開発は、開発コミュニティの有志によって継続的に行われています。

近年では、1年に1回のペースで機能拡充を含むメジャーバージョンアップが行われています。また、バグ修正やセキュリティホールの対応などを含むマイナーバージョンアップは、数ヶ月に1回のペースで行われています。

開発コミュニティではメジャーバージョンのサポート期間は5年と定めています。サポート期間が終了したバージョンを使っている場合、バグやセキュリティホールが修正されていないため、可能なかぎりサポート中のバージョンに移行することをお勧めします。

鉄則

- ☑ PostgreSQLは実用レベルで使えるデータベースになっています。
- ☑ マイナーバージョンは極力アップデートして最新化します。

第2章 アーキテクチャの基本

設計／運用を検討する際、PostgreSQLの動作や仕組みを知っておくことが重要です。適切な死活監視を行うためには起動しているプロセスを把握しておく必要があります。また、メモリの利用用途やファイルの配置場所を知らないと、利用状況や負荷を見積もることすらできません。本章では、PostgreSQLのアーキテクチャを押さえるうえで必要な「プロセス」「ディスク」「メモリ」を説明します。

2.1 プロセス構成

RDBMSは、クエリの処理だけではなく、バッファの管理、ストレージへの書き込み制御、統計情報の収集などさまざまな制御を行っています。

図2-1 PostgreSQLのプロセス構成

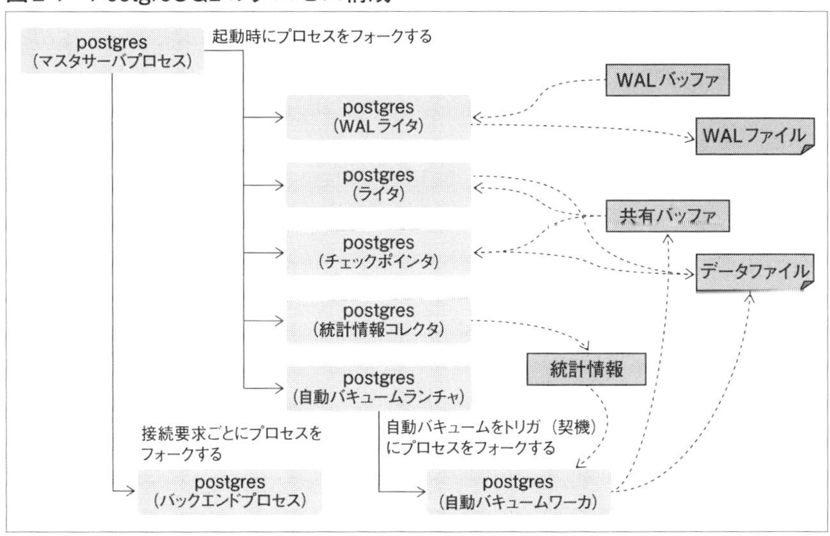

コマンド2-1　psコマンドで見たPostgreSQLのプロセス（例）

```
$ ps -ef | grep postgres ↵
postgres  3794  3793  0 11:53 pts/0   00:00:00 -bash
postgres  3903     1  0 11:54 pts/0   00:00:00 /usr/pgsql-10/bin/postgres        ①
postgres  3904  3903  0 11:54 ?       00:00:00 postgres: logger process           ②
postgres  3906  3903  0 11:54 ?       00:00:00 postgres: checkpointer process     ③
postgres  3907  3903  0 11:54 ?       00:00:00 postgres: writer process           ④
postgres  3908  3903  0 11:54 ?       00:00:00 postgres: wal writer process       ⑤
postgres  3909  3903  0 11:54 ?       00:00:00 postgres: autovacuum launcher ↗
                                               process                            ⑥
postgres  3910  3903  0 11:54 ?       00:00:00 postgres: stats collector ↗
                                               process                            ⑦
postgres  3911  3903  0 11:54 ?       00:00:00 postgres: bgworker: logical ↗
                                               replication launcher               ⑧
postgres  3978  3794  0 11:55 pts/0   00:00:00 ps -ef
postgres  3979  3794  0 11:55 pts/0   00:00:00 grep --color=auto postgres
```

各プロセスの説明
❶マスタサーバ、❷ログ出力プロセス、❸チェックポインタ、❹ライタ、❺WALライタ、❻自動バキュームランチャ、❼統計情報コレクタ、❽バックグラウンドワーカ

PostgreSQLは、複数のプロセスを動作させることで、複雑な制御を可能としています(図2-1)。起動しているプロセスはpsコマンドで参照できます(コマンド2-1)。それぞれ「postgres:」の後に続く文字列が、起動中のプロセスの名称です(表2-1)。各プロセスの詳細は、「4.1：サーバプロセスの役割」(59ページ)で説明します。

2.1.1：マスタサーバプロセス

PostgreSQLを制御する後述のさまざまなプロセス(バックグラウンドプロセス)や、外部からの接続を受け付け、接続に対応するプロセス(バックエンドプロセス)を起動する親プロセスです。

2.1.2：ライタプロセス

共有バッファ内の更新されたページを、対応するデータファイルに書き出すプロセスです。

表2-1　PostgreSQLの各プロセス（概要）

プロセス名	説明	psコマンドでの表示
マスタサーバ	最初に起動される親プロセス	（起動コマンドそのものが表示される）
ライタ	共有バッファの内容をデータファイルに書き出す	writer process
WALライタ	WALバッファの内容をWALファイルに書き出す	wal writer process
チェックポインタ	すべてのダーティページをデータファイルに書き出す	checkpointer process
自動バキュームランチャ	設定に従って自動バキュームワーカを起動する	autovacuum launcher process
自動バキュームワーカ	設定に従って自動バキューム処理を行う	autovacuum worker process
統計情報コレクタ	データベースの活動状況に関する統計情報を収集する	stats collector process
バックエンド	クライアントから接続要求に対して起動され、クエリを処理する	「*ユーザ名　データベース名 [接続]　状態*」という書式で表示される
バックグラウンドワーカ	ロジカルレプリケーション用のワーカ。またユーザ定義のバックグラウンドワーカを組み込んだ場合にも表示される	「bgworker: [*モジュール名*]」という書式で表示される
パラレルワーカ	パラレルスキャン実行時に起動され、クエリを処理する	「bgworker: parallel worker for PID *<バックエンドプロセスのpid>*」という書式で表示される

2.1.3：WALライタプロセス

WAL(Write Ahead Logging)をディスクに書き出すプロセスです。WALライタプロセスでは、WALバッファに書き込まれたWALを設定に従ってWALファイルに書き出します。

2.1.4：チェックポインタプロセス

チェックポイント(すべてのダーティページをデータファイルに反映し、特殊なチェックポイントレコードがログファイルに書き込まれた状態)を設定に従い、自動的に実行するプロセスです(第9章「サーバ設定」(142ページ)も参照)。

2.1.5：自動バキュームランチャと自動バキュームワーカプロセス

自動バキュームを制御／実行するプロセスです。ランチャは設定に従ってワーカを起動します。ワーカはテーブルに対して自動的にバキュームとアナライズを実行します。実行する前に、対象のテーブルに大量の更新(挿入、更新、削除)があったかどうかを統計情報を参照して検査します(第13章「テーブルメンテナンス」(224ページ)も参照)。

2.1.6：統計情報コレクタプロセス

データベースの活動状況に関する稼働統計情報を一定間隔で収集するプロセスです。収集された稼働統計情報はPostgreSQLの監視などで用いられます(第12章「死活監視と正常動作の監視」(210ページ)も参照)。

2.1.7：バックエンドプロセス

クライアントから接続要求を受けたときに生成されるプロセスです。クエリの実行は、このバックエンドプロセス内で行われます。クエリ、結果の送受信などは、クライアントとこのバックエンドプロセスの間で行われます。

2.1.8: パラレルワーカプロセス

パラレルクエリが実行される際に、バックエンドプロセスから起動されるプロセスです。このプロセスは、PostgreSQL 9.6以降のみ存在します。

2.2 メモリ管理

PostgreSQLで使われるメモリは、PostgreSQLサーバプロセス全体で共有される「共有メモリ域」と、バックエンドプロセスで確保される「プロセスメモリ域」の2つに区別されます(図2-2)。

図2-2 PostgreSQLのメモリ構成

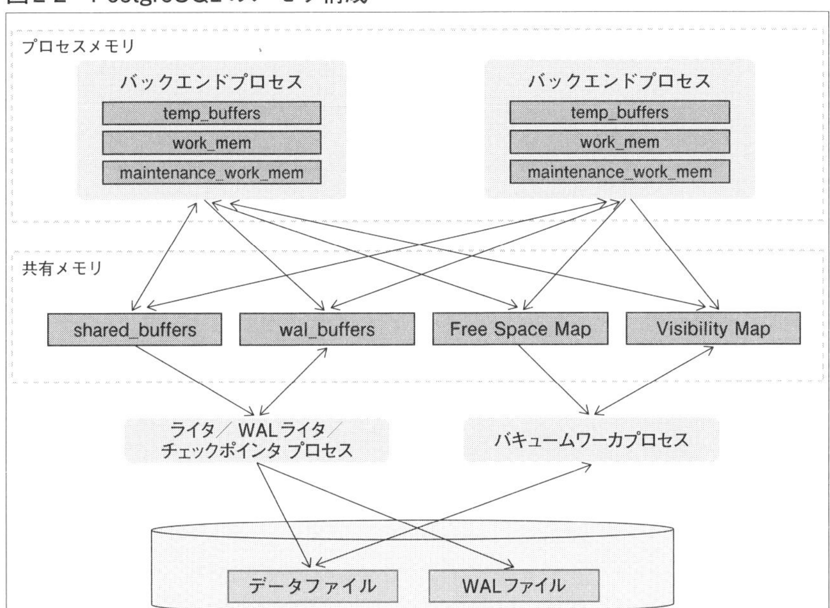

2.2.1：共有メモリ域

共有メモリ域は、バックグラウンドプロセスとバックエンドプロセスのすべてから参照や更新される共有領域です。この領域は、サーバの起動時にOSのシステムコールにより予約されます。

また、PostgreSQLの起動時には、PostgreSQLの設定パラメータ（shared_buffers）の値と、Linuxのカーネルパラメータ（shmmax）の値を比較し、shmmaxよりshared_buffersの値が大きい場合にはエラーメッセージが出力されます[注1]。

PostgreSQLは、共有メモリ域を次のような領域に分けて利用します。

注1　Linuxのカーネルパラメータの詳細は「第9章：サーバ設定」（142ページ）を参照してください。

共有バッファ（shared_buffers）

テーブルやインデックスのデータをキャッシュする領域です。

WALバッファ（wal_buffers）

ディスクに書き込まれていないトランザクションログ(WAL；Write Ahead Logging)をキャッシュする領域です。

空き領域マップ（Free Space Map）

テーブル上の利用可能な領域を指し示す情報を扱う領域です。PostgreSQLでは、メンテナンス処理(バキューム処理)時にトランザクションからまったく参照されていない行を探して、空き領域として再利用を可能にします。追加や更新時に空き領域マップを探索し、再利用可能な領域に新しい行を挿入します。

可視性マップ（Visibility Map）

テーブルのデータが可視であるか否かを管理する情報を扱う領域です。バキューム処理の高速化のために、処理が必要なページかどうかを可視性マップで判断します。PostgreSQL 9.2以降では、インデックスオンリースキャンという高速な検索方式でも使用されています。

可視性マップの情報はバキューム処理や各更新処理のタイミングで書き換えられます。また、この空き領域マップを参照して、バキューム処理の高速化にも使われます(PostgreSQL 9.6以降)。

2.2.2：プロセスメモリ

バックエンドプロセスごとに確保される作業用のメモリ領域です。メモリ領域を確保したプロセスのみが参照可能であり、次のように分類されます。

作業メモリ（work_mem）

クエリ実行時に行われる、並び替えとハッシュテーブル操作のために使われる領域です。並び替えやハッシュテーブル操作を含むクエリの場合、作業メモリを適切に設定することで性能の向上が期待できます。1つのクエリの中で、これらの操作が複数回行われる場合は、該当する処理ごとに設定した領域が確保されます。このため、非常に多くのバックエンドプロセスが起動する状況で、作業メモリに大きな値を設定すると、システム全体のメモリを圧迫する可能性があります。

メンテナンス用作業メモリ (maintenance_work_mem)

バキューム、インデックス作成、外部キー追加などのデータベースメンテナンスの操作で使用する領域です。通常運用では、こうした操作が同時に多数発生することはなく、メンテナンス時間の短縮を目指すのであれば、work_memよりも大きい値を設定することが望ましいです。

一時バッファ (temp_buffers)

バックエンドプロセスごとに作成される一時テーブルにアクセスするときに用いられるメモリ領域です。一時テーブルは、CREATE TEMP TABLE文で作成できます。

図2-3 データベースクラスタ内の構成

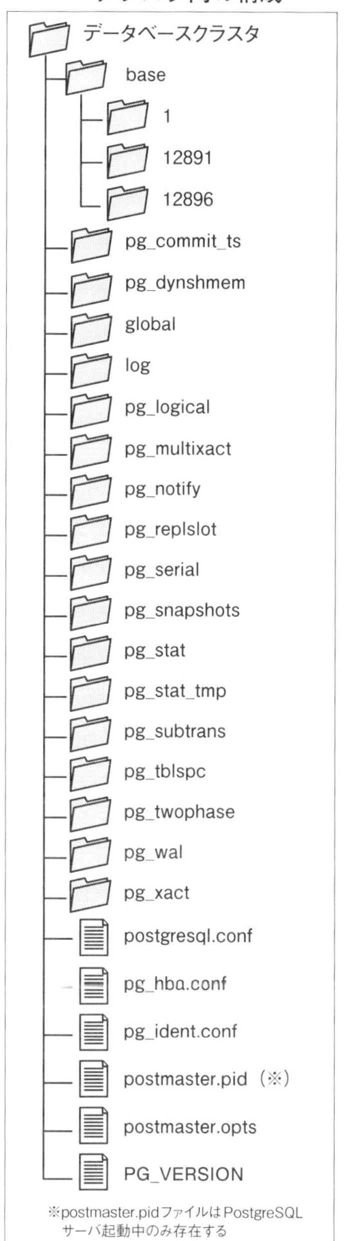

2.3 ファイル

PostgreSQLで使われるファイルの多くは、データベースクラスタと呼ばれるディレクトリ配下に作成されます。データベースクラスタは、**initdb** コマンド(PostgreSQL 9.0以降はpg_ctlコマンドでも可能)を用いることで、実行したOSユーザのみアクセス可能な権限(700)で作成されます。

PostgreSQLは、起動時にデータベースクラスタのアクセス権限をチェックして、700以外の場合はエラーメッセージを出力します(**コマンド2-2**)。また、データベースクラスタには**図2-3**(前ページ)のようにさまざまなディレクトリやファイルが作成されます。

コマンド2-2 データベースクラスタディレクトリの権限チェックの動作確認

```
$ initdb --no-locale -D /tmp/tmpdir ↵
The files belonging to this database system will be owned by user "postgres".
This user must also own the server process.
(略)
Success. You can now start the database server using:

    pg_ctl -D /tmp/tmpdir -l logfile start

$ ls -ld /tmp/tmpdir/ ↵
drwx------. 19 postgres postgres 4096 Jun  3 12:07 /tmp/tmpdir/

$ chmod 744 /tmp/tmpdir/ ↵

$ pg_ctl -D /tmp/tmpdir/ start ↵
waiting for server to start....
2018-06-03 12:09:37.949 UTC [4682] FATAL:  data directory "/tmp/tmpdir" has ➘
group or world access
2018-06-03 12:09:37.949 UTC [4682] DETAIL:  Permissions should be u=rwx (0700).
 stopped waiting
pg_ctl: could not start server
Examine the log output.
```

2.3.1：主なディレクトリ

baseディレクトリ

データベースごとに、識別子(oid；Object ID)を示す数字のディレクトリ(データベースディレクトリ)が作成されます。データベースディレクトリは、baseディレクトリ配下に格納され、テーブルファイル、インデックスファイル、TOASTファイル、Free Space Mapファイル、Visibility Mapファイルといったファイルを格納します。

globalディレクトリ

データベースクラスタで共有するテーブルを保有するディレクトリです。このディレクトリには「pg_database」など複数のデータベースにまたがるシステムカタログなどが格納されています。

pg_walディレクトリ
(PostgreSQL 9.6までは、pg_xlogディレクトリ)

WALファイルを格納するディレクトリです。データベースクラスタ作成時のオプションによっては、シンボリックリンクとなる場合もあります。

pg_xactディレクトリ
(PostgreSQL 9.6までは、pg_clogディレクトリ)

トランザクションのコミット状態を管理するファイルが格納されるディレクトリです。

pg_tblspcディレクトリ

PostgreSQLでは、テーブルやインデックスなどのデータベースオブジェクトをbaseディレクトリ以外の任意のディレクトリ(テーブル空間)に格納できます。テーブル空間として作成されたディレクトリへのシンボリックリンクをpg_tblspcディレクトリに格納します。

2.3.2：主なファイル

PG_VERSIONファイル

PostgreSQLのメジャーバージョン番号が書き込まれているテキストファイルで、catコマンドなどで参照できます。バージョン9.3とバージョン10のデータベースクラスタ配下に生成されるPG_VERSIONファイルはそれぞれコマンド2-3、コマンド2-4のようになります。

PG_VERSIONファイルは、起動するPostgreSQLのメジャーバージョンと使用するデータベースクラスタのバージョンチェックのために用いられます。

PostgreSQLでは、異なるメジャーバージョン間ではデータベースクラスタの互換性がありません。無理に起動すると、データベースクラスタ内に作成されるファイルやファイルフォーマットが異なるため、想定外の誤動作が発生する可能性があります。こうした誤動作を防止するため、起動したPostgreSQLのバージョンと、指定したデータベースクラスタ配下のPG_VERSIONファイルの値を比較して、メジャーバージョンが異なる場合には起動しないようにしています。

テーブルファイル

テーブルデータの実体が格納されているファイルで、データベースディレクトリ配下に格納されます。8,192バイトの「ページ」によって構成されています。

コマンド2-3　PG_VERSIONファイル（バージョン9.3の場合）

```
$ cat PG_VERSION ⏎
9.3
```

コマンド2-4　PG_VERSIONファイル（バージョン10の場合）

```
$ cat PG_VERSION ⏎
10
```

インデックスファイル

検索の性能を向上させるためのインデックス情報が格納されています。テーブルファイルと同様に、8,192バイトの「ページ」単位で構成され、データベースディレクトリ配下に格納されます。

TOASTファイル

テーブル内に長大な行(通常は2kBを超えるサイズ)を格納する場合に生成される特殊なファイルで、データベースディレクトリ配下に格納されます。非常に長いデータを格納する列や大量の列を持つ行がある場合、TOASTファイルに分割格納されます。テーブルの格納領域には、TOAST用のoidが格納されます。

Free Space Mapファイル

空き領域を追跡するための情報が格納されたファイルで、データベースディレクトリ配下に格納されます。テーブルおよびインデックスごとに生成され、「*テーブルおよびインデックスを示す数字*_fsm」という名前になります。

Visibility Mapファイル

テーブルの可視性を管理するファイルです。「*テーブルを示す数字*_vm」という名前でデータベースディレクトリ配下に格納されます。

WALファイル

PostgreSQLに対する更新操作を記録するファイルで、pg_walディレクトリ配下に格納されます。データベースの永続性の保証やリカバリ時に重要な役割を果たします。16MB固定のサイズで作成され、max_wal_sizeで設定したサイズ(PostgreSQL 9.4まではパラメータcheckpoint_segmentsに応じたファイル数)まで生成されます。

postmaster.pid

PostgreSQLの稼働中に作成されるロックファイルで、データベースクラスタ配下に格納されます。postmaster.pidファイルが存在しているときに、同じデータベースクラスタを指定してPostgreSQLを起動すると二重起動のエラーになります。

鉄則

☑ **PostgreSQLの構成要素を把握し、設計／運用計画に活かします。**

第3章 各種設定ファイルと基本設定

PostgreSQLは何も設定しなくても起動して使うことができますが、あくまで最低限の状態（デフォルト設定）で起動してしまうため、実際のシステムで使う場合には、要件に合わせて適切に設定する必要があります。
本章では、各種設定ファイル（postgresql.conf、pg_hba.conf、pg_ident.conf）の記述方法や設定の変更／確認方法について説明します。ユーザごとの認証設定や運用中の設定変更方法など、実際の設計／運用に役立てましょう。

3.1 設定ファイルの種類

PostgreSQLの設定ファイルには**表3-1**に挙げる5つのファイルがあります。本章では、上から3つ(postgresql.conf、pg_hba.conf、pg_ident.conf)のファイルについて説明します。

表3-1 PostgreSQLの設定ファイル

ファイル名	説明
postgresql.conf	PostgreSQL全体の動作を制御する
pg_hba.conf	クライアントからの接続を制御する
pg_ident.conf	ident認証およびGSSAPI認証で使用される
recovery.conf	アーカイブリカバリ用の設定ファイル。詳細は第11章「オンライン物理バックアップ」（194ページ）を参照
pg_service.conf	libpqライブラリの接続情報をサービスとしてまとめて管理する。詳細はPostgreSQL文書「33.16. 接続サービスファイル」を参照

3.2 postgresql.confファイル

PostgreSQL全体の動作を制御する設定ファイルで、設定項目は大きく分けて、表3-2のカテゴリに分類されます。

各カテゴリには多くの設定項目がありますが、運用する際に検討や設定が必要なパラメータは限定されます(運用時に必要なパラメータや設定方針については第7章以降で説明します)。

3.2.1：設定項目の書式

設定項目は、項目名と項目値を「=」で繋いだ書式で記述します。「#」(ハッシュ記号)はコメントする際に利用し、#以降の行末までの記述は無視されます(リスト3-1)。

設定する値は、論理型、浮動小数点型、整数型、文字型、列挙型の5種類があります(表3-3)。メモリサイズや時間を指定するパラメータの場合、

表3-2　postgresql.confの主な設定カテゴリ

カテゴリ名	説明
接続と認証	接続、セキュリティ、認証の設定
資源の消費	共有メモリ、ディスク、ライタプロセスの設定
ログ先行書き込み	WAL、チェックポイント、アーカイブの設定
レプリケーション	レプリケーションの設定
問い合わせ計画	問い合わせに対する実行計画の設定
エラー報告とログ取得	サーバログ出力に関する設定
実行時統計情報	統計情報の収集に関する設定
自動バキューム作業	自動バキュームに関する設定
クライアント接続デフォルト	接続したクライアントの挙動やロケールに関する設定
ロック管理	ロックやデッドロック検知の設定
バージョンとプラットフォーム	旧バージョンやプラットフォーム間の互換性に関する設定
エラー処理	エラーや障害発生時の設定

リスト3-1　設定項目の記述例

```
max_connections = 100        # 接続最大数を100に設定します
```

数字の後に単位を示す文字を続けて記述することで、簡易かつ読みやすい値を設定することができます(**表3-4**)。shared_buffersなど大きな値を設定する場合、単位を付与して設定の誤りを防ぎやすくします(**リスト3-2**)。また、小文字の「k」(キロ)は1000ではなく1024を示します。同様に、「M」(メガ)は1024の2乗、「G」(ギガ)は1024の3乗となります。なお、同じ設定項目を複数記述した場合、起動時にはエラーや警告は出力されず、後ろに記述されているほうが有効とみなされます(**コマンド3-1**)。

表3-3 設定できる型

型名	説明
論理型(boolean)	真偽値(on/off、true/false、yes/no、1/0)。大文字と小文字は区別しない
浮動小数点型(floating point)	小数点を含む数値。指数記号(e)を含む書式で記述することも可能
整数型(integer)	小数点を含まない数値
文字型(string)	任意の文字列。空白を含む場合は単一引用符で囲む必要がある。値に単一引用符を含む場合は、二重引用符(もしくは逆引用符)で囲む。空白を含まない文字列は単一引用符で囲む必要はない
列挙型(enum)	限定された値の集合。値の集合は項目ごとに異なる

表3-4 単位を指定する文字

指定対象	指定する文字	意味
メモリ	kB	キロバイト(1024)
	MB	メガバイト(1024^2)
	GB	ギガバイト(1024^3)
	TB	テラバイト(1024^4)
時間	ms	ミリ秒
	s	秒
	min	分
	h	時
	d	日

リスト3-2 値に単位を付与する例

```
shared_buffers = 128MB
```

コマンド3-1 同じ設定を複数記述したときの例

```
$ egrep "^shared_buffers" postgresql.conf ⏎
shared_buffers = 128MB                  # min 128kB
shared_buffers = 256MB                  # min 128kB
shared_buffers = 512MB                  # min 128kB

$ psql postgres -c "SHOW shared_buffers" ⏎
 shared_buffers
----------------
 512MB
(1 row)
```

3.2.2：設定の参照と変更

設定項目と設定値は、SHOW文で確認できます(**コマンド3-2**)。SHOW文でALLを指定すると、すべての設定項目の項目名(name)と値(setting)と説明(description)が表示されます(**コマンド3-3**)。

さらに詳細な情報は、pg_settingsシステムビューを参照することで入手

コマンド3-2 SHOW文の実行例

```
postgres=# SHOW shared_buffers ; ⏎
 shared_buffers
----------------
 128MB
(1 row)
```

コマンド3-3 SHOW ALLの実行例

```
postgres=# SHOW ALL; ⏎
          name           | setting  |    description
-------------------------+----------+--------------------------------------
 allow_system_table_mods | off      | Allows modifications of the structure
                         |          | of system tables.
 application_name        | psql     | Sets the application name to be
                         |          | reported in statistics and logs.
 archive_command         | (disabled)| Sets the shell command that will be
                         |          | called to archive a WAL file.
... 以下略 ...
```

できます。例えば、**コマンド3-4**のようにpg_settingsシステムビューのunit列を見ることで、どのような単位で設定されるかわかります。

コマンド3-4　pg_settingsシステムビューの参照例

```
postgres=# SELECT name, setting, unit FROM pg_settings WHERE name LIKE '%wal%'; ⏎
             name              |  setting  | unit
-------------------------------+-----------+------
 max_wal_senders               | 10        |
 max_wal_size                  | 1024      | MB
 min_wal_size                  | 80        | MB
 wal_block_size                | 8192      |
 wal_buffers                   | 512       | 8kB
 wal_compression               | off       |
 wal_consistency_checking      |           |
 wal_keep_segments             | 0         |
 wal_level                     | replica   |
 wal_log_hints                 | off       |
 wal_receiver_status_interval  | 10        | s
 wal_receiver_timeout          | 60000     | ms
 wal_retrieve_retry_interval   | 5000      | ms
 wal_segment_size              | 2048      | 8kB
 wal_sender_timeout            | 60000     | ms
 wal_sync_method               | fdatasync |
 wal_writer_delay              | 200       | ms
 wal_writer_flush_after        | 128       | 8kB
(18 rows)
```

表3-5　設定項目が反映されるタイミング

タイミング	pg_settingsシステムビューのcontext列の値	説明
SET文実行時	userまたはsuperuser	発行したセッション内で即時に反映される。他のセッションには影響しない。SET LOCAL文の場合、その効果は発行したトランザクション内に限定される。contextがsuperuserの項目はスーパーユーザ権限を持つユーザのみ変更が許可される
SIGHUPシグナル受信時	sighup	PostgreSQLサーバプロセスがSIGHUPシグナルを受け取ったタイミングで、設定をリロードし反映する。通常は、pg_ctl reloadオプションやpg_reload_conf関数を使用する
PostgreSQL起動時	postmaster	PostgreSQL起動時にのみ反映される

3.2.3：設定項目の反映タイミング

設定項目が反映されるタイミングには表3-5の3種類があります。

設定項目の一部には、PostgreSQL起動時だけでなくSET文で設定可能な項目もあります。コマンド3-5の例では、まずPostgreSQL起動直後のenable_seqscanパラメータの値をSHOW文で表示しています。その後、SET文でenable_seqscanパラメータの値を変更して、変更後の値をSHOW文で再表示させています。

コマンド3-5　SET文による設定反映例

```
postgres=# SHOW enable_seqscan ; ↵
 enable_seqscan
----------------
 on
(1 row)

postgres=# SET enable_seqscan = off; ↵
SET
postgres=# SHOW enable_seqscan ; ↵
 enable_seqscan
----------------
 off
(1 row)
```

コマンド3-6　SET文で変更可能な設定項目の参照

```
postgres=# SELECT name, context FROM pg_settings ↵
postgres-# WHERE context IN ('user','superuser'); ↵
               name                 | context
------------------------------------+-----------
 application_name                   | user
 array_nulls                        | user
 backend_flush_after                | user
 backslash_quote                    | user
... 中略 ...
 work_mem                           | user
 xmlbinary                          | user
 xmloption                          | user
 zero_damaged_pages                 | superuser
(137 rows)
```

SET文による変更が可能な設定項目は、pg_settingsシステムビューのcontext列が「user」または「superuser」になっているものです。これは**コマンド3-6**のようなSELECT文で確認できます。

3.2.4：設定ファイルの分割と統合

設定ファイルは分割して管理することもできます。レプリケーション構成など、複数のサーバで一部の設定を共用したい場合などに、共用する設定とサーバ固有の設定でファイルを分割し、include指示子で統合するといった使い方が可能になります。例えば**リスト3-3**では、postgresql.confの設定のうちメモリに関する設定のみを分離して、include指示子で統合しています。

リスト3-3　includeの使用例

```
・postgresql.confファイル
include 'memory.conf'

・memory.confファイル
# - Memory -
shared_buffers = 128MB                  # min 128kB
                                        # (change requires restart)
#huge_pages = try                       # on, off, or try
                                        # (change requires restart)
#temp_buffers = 8MB                     # min 800kB
#max_prepared_transactions = 0          # zero disables the feature
                                        # (change requires restart)
#work_mem = 4MB                         # min 64kB
#maintenance_work_mem = 64MB            # min 1MB
#replacement_sort_tuples = 150000       # limits use of replacement selection sort
#autovacuum_work_mem = -1               # min 1MB, or -1 to use maintenance_work_mem
#max_stack_depth = 2MB                  # min 100kB
dynamic_shared_memory_type = posix      # the default is the first option
                                        # supported by the operating system:
                                        #   posix
                                        #   sysv
                                        #   windows
                                        #   mmap
                                        # use none to disable dynamic shared memory
                                        # (change requires restart)
```

コマンドラインパラメータによる設定

起動時にコマンドラインパラメータを指定することで、postgresql.confファイルで設定するのと同様に設定値を変更できます。しかし、設定値は保存されないためpostgresql.confで設定するようにし、設定ファイル自体もバージョン管理やバックアップをするようにしましょう。

3.2.5：ALTER SYSTEM文による変更

PostgreSQL 9.4以降では、postgresql.confのような設定ファイルを直接編集する方法のほかに、ALTER SYSTEMというSQLコマンドで設定内容を変更できるようになりました。

SET文による設定の変更とは異なり、ALTER SYSTEM文による設定の変更は、即時には反映されません。また、PostgreSQL 9.5以降では、ALTER SYSTEMのSETサブコマンドによる設定をRESETサブコマンドによって取り消すことができます。

ALTER SYSTEM文で設定を変更すると、postgresql.auto.confという名前の設定ファイルの内容が更新されます(**図3-1**)。ただし、ALTER SYSTEMによる設定の変更は、SET文やRESET文のように即座に反映はされません。設定の再ロード(`pg_ctl reload`)や、サーバの再起動(`pg_ctl restart`)を実施することで、postgresql.auto.confに設定された内容が反映されます。

図3-1 postgresql.confとpostgresql.auto.conf

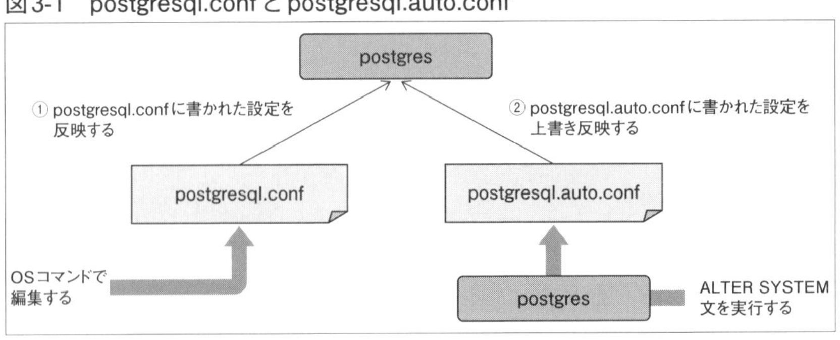

サーバの再起動が必要になる設定変更(例：shared_buffersの変更)の場合には、`pg_ctl reload`では反映されず、`pg_ctl restart`によるサーバの再起動が必要になるので注意してください。

ALTER SYSTEM文による永続的な設定変更の例をコマンド3-7に示します。ALTER SYSTEM文による設定変更は、従来のように設定ファイルを直接編集するよりも、次の点でメリットがあります。

- 設定の誤りを、ALTER SYSTEMの実行時にチェックできる
- スーパーユーザがリモートサーバからログインできる環境の場合、永続的な設定変更をリモートサーバから実行できる

コマンド3-7　ALTER SYSTEM文による永続的な設定変更の例

```
・shared_buffersには128MBが設定されている
$ psql -U postgres postgres -c "SHOW shared_buffers" ↵
 shared_buffers
----------------
 128MB
(1 row)

・shared_buffersの値を256MBに変更するが、現在の設定値は変更されていない
$ psql -U postgres postgres -c "ALTER SYSTEM SET shared_buffers = '256MB'" ↵
ALTER SYSTEM
$ psql -U postgres postgres -c "SHOW shared_buffers" ↵
 shared_buffers
----------------
 128MB
(1 row)

・postgresql.auto.confファイルに、ALTER SYSTEM文による設定が追加される
$ cat $PGDATA/postgresql.auto.conf ↵
# Do not edit this file manually!
# It will be overwritten by the ALTER SYSTEM command.
shared_buffers = '256MB'

・PostgreSQLサーバを再起動後にshared_buffersの設定を確認すると、256MBに変更されている
$ psql -U postgres postgres -c "SHOW shared_buffers" ↵
 shared_buffers
----------------
 256MB
(1 row)
```

ALTER SYSTEMによる変更と、postgresql.confの変更の両方が行われた場合には、ALTER SYSTEMによる変更結果が優先されるので注意してください。例えば、ALTER SYSTEMでshared_buffersの値を「'512MB'」に設定し、その後で、postgresql.conf内でshared_buffersの値を「'1024MB'」に設定して、サーバを再起動した場合には、ALTER SYSTEMで設定した「shared_buffers = '512MB'」が反映されます。

サーバ設定を変更するときに、ALTER SYSTEMを使うか、postgresql.confのみ修正するか、きちんとルール化しておきましょう。

3.3 pg_hba.confファイル

クライアントからPostgreSQLへの接続と認証に関する設定は、pg_hba.confファイルに記述します。ファイル名の「hba」はhost-based authentication(ホストベース認証)を意味します。

接続と認証の機能は、データベースへの接続を制限するための重要な機能です。PostgreSQLでは、どこから誰がどのデータベースにアクセスするかで接続と認証を管理しています。通常、pg_hba.confファイルはpostgresql.

リスト3-4 pg_hba.confファイルの記述例

```
local   all       postgres                     trust
host    all       postgres  localhost          trust
host    db1,db2   admin     192.168.100.10     md5
host    db1       user1     192.168.100.0/24   md5
host    db2       user2     192.168.100.0/24   md5
```

表3-6 リスト3-4での認証設定

ユーザ	接続元サーバ	アクセス可能なデータベース	認証方法
postgres	PostgreSQLサーバ（UNIXドメインソケット／localhost）のみ	すべて	—
admin	管理AP用サーバのみ	db1、db2	md5
user1	AP1用サーバ（192.168.100.*）	db1	md5
user2	AP2用サーバ（192.168.100.*）	db2	md5

confと同様に、データベースクラスタに置かれていますが、postgresql.confのhba_fileパラメータを指定することで配置場所を変更できます。

pg_hba.confファイルの記述例を**リスト3-4**に示します。**リスト3-4**では**表3-6**のような設定で認証しています。pg_hba.confファイルは、PostgreSQL起動時とマスタサーバプロセスへSIGHUPシグナルを送信したタイミングで読み込まれます。SIGHUPシグナルは、PostgreSQLサーバコマンドの`pg_ctl`コマンドに`reload`オプションを付与して送信できます。

3.3.1：記述形式

pg_hba.confは、1行に1つの認証ルールを記述します。1つの接続に必要な情報は**表3-7**のようになります。

各行では「接続方法」「接続データベース」「接続ユーザ」「認証方式」の情報を空白文字（スペースまたは水平タブ）区切りで記述します。また、#（ハッシュ記号）以降の行末まではコメントとみなされます。

PostgreSQLに対して、1つのクライアントからだけでなく複数のクライアントから接続するケースもあるため、pg_hba.confファイルでは複数の接続に関する設定情報を記述できるようになっています（**リスト3-5**）。同一の接続照合パラメータ（接続方式、接続データベース、接続ユーザ、接続元のIPアドレス）が、異なる認証方式で複数行記述された場合、PostgreSQL起動時には特にエラーや警告は出力されません。接続要求時には、上から順に評価されます。postgresql.confとは逆なので注意してください。この順序性を利用して、先に範囲を狭めた接続元IPアドレスとパスワード不要の緩

表3-7　接続に必要な情報

項目	説明	補足
TYPE	接続方式	local/host/hostssl/hostnosslのいずれか
DATABASE	接続データベース	
USER	接続ユーザ	
ADDRESS	接続元のIPアドレス	IPアドレスとマスクを分けて記述することも可能
METHOD	認証方式と認証オプション	認証方式によっては、認証オプション（auth-options）を後ろに記述することがある

リスト3-5 記述順序の適切／不適切な例

```
# ①適切な設定
# TYPE  DATABASE  USER  ADDRESS             METHOD
local   all       all                       trust
host    all       all   192.168.100.10/32   trust
host    all       all   192.168.100.0/24    md5

# ②不適切な設定
# TYPE  DATABASE  USER  ADDRESS             METHOD
host    all       all   192.168.100.0/24    md5
host    all       all   192.168.100.10/32   trust
local   all       all                       trust
```

い認証方式を記述し、それ以降ではより接続元IPアドレスの範囲を広めながら何らかの認証情報が必要なより厳しい認証方式(例えばmd5)を指定します。

リスト3-5の②では、仮に192.168.100.10/32からtrust認証で接続しようとしても、先に192.168.100.0/24の範囲に含まれているため、md5認証が適用されてしまう意図しない設定例を示しています。

3.3.2：接続方式

pg_hba.confファイルに指定する接続方式(TYPE)は「local」「host」「hostssl」「hostnossl」の4種類で、postgresql.confファイルのlisten_addressesの設定値(PostgreSQLサーバが接続を受け付けるホスト名／IPアドレス)に依存します(**表3-8**)。

local

Unixドメインソケットを使用する接続に対応します。postgresql.confのlisten_addressesが空文字列の場合に指定します。

host

TCP/IPを使用した接続に対応します。SSL通信の有無は問いません。postgresql.confのlisten_addressesで「localhost」のみ設定されている場合は、別のサーバから接続できません。

表3-8　postgresql.confのlisten_addressesの設定値と接続方式の関係

listen_addressの設定値	接続許可の対象	接続方式（TYPE）
localhost（デフォルト値）	ローカルなループバック接続	host
空文字列	Unixドメインソケットによる接続（IPインタフェースを使用しない）	local
ホスト名またはIPアドレス（CSVリスト）	指定したホスト名やIPアドレスからのIP接続	host/hostssl/hostnossl
*	すべてのIP接続	host/hostssl/hostnossl
0.0.0.0	すべてのIPv4アドレスからのIP接続	host/hostssl/hostnossl
::	すべてのIPv6アドレスからのIP接続	host/hostssl/hostnossl

hostssl

SSLを用いた通信方式に対応します。

hostnossl

SSLを用いない通信方式に対応します。

なお、local接続の場合は「接続データベース」「接続ユーザ」「認証方式」を指定し、host/hostssl/hostnossl接続の場合は、加えて「IPアドレス」を指定します。

Column SSL接続

PostgreSQLではSSL接続をサポートしており、クライアントとPostgreSQLサーバ間の通信を暗号化することができます[注A]。利用には、次の条件が必要になります。

- OpenSSLがPostgreSQLサーバだけでなくクライアントの両方にインストールされている
- PostgreSQLのビルド時に、SSL接続を有効にするオプションを付与する[注B]

注A：SSL接続に関する詳細は、PostgreSQL文書「19.3.2. セキュリティと認証」も参照してください。

・インストール後、postgresql.confファイルでsslパラメータの設定値を「on」に指定してPostgreSQLを起動する

注B：RPMでインストールした場合は、SSL接続を有効とする指定になっています。ソースコードからビルドする場合には、configureコマンド実行時に--with-opensslオプションを付与する必要があります。

3.3.3：接続データベース

接続対象となるデータベース名を記述します。複数指定する場合はカンマで区切ります。また、データベース名以外に「all」「sameuser」「samerole」「replication」も指定できます。

all

すべてのデータベースへの接続に対応します（**コマンド3-8**）。ユーザによってアクセスするデータベースを制限しない場合に指定します。

sameuser

指定したユーザと同じ名前のデータベースへの接続に対応します（**コマンド3-9**）。

samerole

データベースと同じ名前のロールのメンバに対応します（**コマンド3-10**）。

コマンド3-8　接続データベース名が「all」の例

```
$ cat $PGDATA/pg_hba.conf ⏎
local   all         postgres                          trust
host    all         postgres    localhost             trust
host    db1,db2     admin       192.168.100.10/32     md5
host    db1         user1       192.168.100.0/24      md5
host    db2         user2       192.168.100.0/24      md5
```

postgresユーザを用いてlocal接続またはlocalhostからのTCP/IP接続を行う場合、任意のデータベース（db1、db2、postgresなど）へtrust認証で接続できる

replication

レプリケーション接続に対応します。

@記号が先頭にある場合

データベース名そのものではなく、データベース名を含むファイル名を示します。ファイル名は、pg_hba.confの存在するディレクトリからの相対パス、または絶対パスで記述します(**コマンド3-11**)。

コマンド3-9 接続データベース名が「sameuser」の例

```
$ psql -l ⏎
                              List of databases
   Name    |  Owner   | Encoding | Collate | Ctype |   Access privileges
-----------+----------+----------+---------+-------+-----------------------
 db1       | postgres | UTF8     | C       | C     |
 db2       | postgres | UTF8     | C       | C     |
 postgres  | postgres | UTF8     | C       | C     |
 template0 | postgres | UTF8     | C       | C     | =c/postgres          +
           |          |          |         |       | postgres=CTc/postgres
 template1 | postgres | UTF8     | C       | C     | =c/postgres          +
           |          |          |         |       | postgres=CTc/postgres
 test      | postgres | UTF8     | C       | C     |
(6 rows)

$ psql -c "¥du" postgres ⏎
                                   List of roles
 Role name |                         Attributes                         | Member of
-----------+------------------------------------------------------------+-----------
 postgres  | Superuser, Create role, Create DB, Replication, Bypass RLS | {}
 test      |                                                            | {}
 user1     |                                                            | {}
 user2     |                                                            | {}

$ cat $PGDATA/pg_hba.conf ⏎
# TYPE  DATABASE  USER  ADDRESS       METHOD
local   all       all                 trust
host    sameuser  all   127.0.0.1/32  trust

$ psql -h 127.0.0.1 -U test test ⏎
psql (10.4)
Type "help" for help.

test=>
```

testユーザと同じ名前のデータベースtestに接続を許可しているのがわかる

コマンド3-10 接続データベース名が「samerole」の例

```
$ psql -l ↵
                            List of databases
   Name    |  Owner   | Encoding | Collate | Ctype |   Access privileges
-----------+----------+----------+---------+-------+-----------------------
 postgres  | postgres | UTF8     | C       | C     |
 template0 | postgres | UTF8     | C       | C     | =c/postgres          +
           |          |          |         |       | postgres=CTc/postgres
 template1 | postgres | UTF8     | C       | C     | =c/postgres          +
           |          |          |         |       | postgres=CTc/postgres
 users     | postgres | UTF8     | C       | C     |
(4 rows)

$ psql -U postgres -c "¥du" ↵
                                   List of roles
 Role name |                         Attributes                         | Member of
-----------+------------------------------------------------------------+-----------
 postgres  | Superuser, Create role, Create DB, Replication, Bypass RLS | {}
 test      |                                                            | {}
 user1     |                                                            | {users}
 user2     |                                                            | {users}
 users     | Cannot login                                               | {}

$ cat $PGDATA/pg_hba.conf ↵
# TYPE  DATABASE  USER  ADDRESS       METHOD
local   all       all                 trust
host    samerole  all   127.0.0.1/32  trust

$ psql -h 127.0.0.1 users -U user2 ↵
psql (10.4)
Type "help" for help.

users=> ¥q

$ psql -h 127.0.0.1 users -U postgres ↵
psql: FATAL:  no pg_hba.conf entry for host "127.0.0.1", user "postgres", database ➡
"users", SSL off
```

user1が属するロール（users）と同じ名前のデータベース（users）に接続を許可している。postgresはusersロールに属していないため、たとえスーパーユーザだとしてもusersデータベースへの接続は許可されない

コマンド3-11 接続データベース名が「@ファイル名」の例

```
$ psql -U postgres -c "¥du" ↵
                                   List of roles
 Role name |                         Attributes                         | Member of
```

（次ページへ続く）

（前ページからの続き）

```
-----------+-------------------------------------------------------+-----------
 ap_user   |                                                       | {}
 postgres  | Superuser, Create role, Create DB, Replication, Bypass RLS | {}

$ psql -U postgres -l ⏎
                          List of databases
   Name    |  Owner   | Encoding | Collate | Ctype |   Access privileges
-----------+----------+----------+---------+-------+-----------------------
 db1       | postgres | UTF8     | C       | C     |
 db2       | postgres | UTF8     | C       | C     |
 postgres  | postgres | UTF8     | C       | C     |
 template0 | postgres | UTF8     | C       | C     | =c/postgres          +
           |          |          |         |       | postgres=CTc/postgres
 template1 | postgres | UTF8     | C       | C     | =c/postgres          +
           |          |          |         |       | postgres=CTc/postgres
(5 rows)

$ cat $PGDATA/pg_hba.conf ⏎
local  all           all                   trust
host   @dbname.conf  ap_user  127.0.0.1/32  trust

$ cat $PGDATA/dbname.conf ⏎
db1,db2

$ psql -U ap_user db2 ⏎
psql (10.4)
Type "help" for help.

db2=>
```

$PGDATA/dbname.confファイルにdb1とdb2のデータベース名が記述されている。pg_hba.confファイルで@dbname.confと記述することで、テキストファイル内に記述されたdb2データベースにログインできる

Column ログイン権限

PostgreSQLではロールという概念を用いてユーザやユーザのグループを管理しています。ロールは主にデータベースオブジェクトの所有権限や、各種操作の実行権限を制御するために使用されます。

権限の中には「ログイン権限」というものがあります。CREATE USER文でユーザを作成した場合、ログイン権限はデフォルトで有効になりますが、CREATE ROLE文でユーザを作成した場合には、デフォルトでは無効とな

ります。例えば、データベースにログイン権限がないユーザでログインしようとした場合、ログインを拒否されます。

3.3.4：接続ユーザ

接続時のデータベースユーザ名を記述します。allは、すべてのデータベースユーザからの接続に対応します。その他の指定の場合は、先頭に「+」があるか／ないかの2パターンになります。

先頭に「+」がない場合

記述に完全一致するデータベースユーザ名に対応します。

先頭に「+」がある場合

指定されたロールのメンバと一致する場合に対応します（コマンド3-12）。

Column 特殊な名前のデータベースとユーザ

allというキーワードはpg_hba.confでは特殊な意味を持つのですが、PostgreSQLとしては、allという名称のデータベースやロールの作成を禁止していません。

では、allというデータベースやallというロールが存在した場合、どういった挙動になるのでしょうか？ この場合、allという名前のデータベースやロールが存在していても関係なく、allというキーワードで規定された特殊な挙動となります。

二重引用符でこれらの特殊なキーワードを引用すると、特殊な意味はなくなります。例えばallという名前のロールを作成し、allというデータベースにのみ接続可能とした場合には、「"all"」のように引用します。

このように回避方法はありますが、all/samerole/sameuser/replicationなど、特殊な名称のデータベースやロールの作成は避けたほうがよいでしょう。

コマンド3-12 「+」が書かれた場合の挙動

```
$ psql -l -U postgres ⏎
                              List of databases
   Name    |  Owner   | Encoding | Collate | Ctype |   Access privileges
-----------+----------+----------+---------+-------+-----------------------
 postgres  | postgres | UTF8     | C       | C     |
 template0 | postgres | UTF8     | C       | C     | =c/postgres          +
           |          |          |         |       | postgres=CTc/postgres
 template1 | postgres | UTF8     | C       | C     | =c/postgres          +
           |          |          |         |       | postgres=CTc/postgres
 users     | postgres | UTF8     | C       | C     |
(4 rows)

$ psql -U postgres -c "¥du" ⏎
                                   List of roles
 Role name |                         Attributes                         | Member of
-----------+------------------------------------------------------------+-----------
 postgres  | Superuser, Create role, Create DB, Replication, Bypass RLS | {}
 test      |                                                            | {}
 user1     |                                                            | {users}
 user2     |                                                            | {users}
 users     | Cannot login                                               | {}

$ cat $PGDATA/pg_hba.conf ⏎
# TYPE  DATABASE  USER    ADDRESS       METHOD
local   all       all                   trust
host    users     +users  127.0.0.1/32  trust

$ psql -h 127.0.0.1 users -U user1 ⏎
psql (10.4)
Type "help" for help.

users=> ¥q

$ psql -h 127.0.0.1 users -U user2 ⏎
psql (10.4)
Type "help" for help.

users=> ¥q

$ psql -h 127.0.0.1 users -U users ⏎
psql: FATAL:  role "users" is not permitted to log in

$ psql -h 127.0.0.1 users -U test ⏎
psql: FATAL:  no pg_hba.conf entry for host "127.0.0.1", user "test", database ⮐
"users", SSL off
```

user1とuser2はusersロールのメンバなので、usersデータベースへログインできる。なお、usersロール自体はログイン権限がないため、ログインできない。また、testユーザはusersのメンバではないため、ログインできない

3.3.5：接続元のIPアドレス

サーバに接続するクライアントのアドレスを記述します。アドレスの記述方法は、「ホスト名」や「IPアドレス(IPv4、IPv6)」を指定できます。

IPv4での「0.0.0.0/0」、IPv6での「::/0」は、それぞれすべてのIPアドレスを示す特殊な記法です。「all」は、IPv4/IPv6共にすべてのIPアドレスに一致するという意味になります。「samehost」はサーバが持つすべてのIPアドレスに一致し、「samenet」はサーバが接続しているサブネット内のIPアドレスに一致するという意味になります。

IPアドレスを指定する場合、CIDRマスク[注1]を指定することで、単一、または任意の範囲のIPアドレスからの接続を許容する記述も可能です。単一のアドレスを指定する場合、IPv4ではCIDRマスクとして32を指定し、IPv6では128を指定します。

3.3.6：認証方式

クライアントから接続するときの認証方式を記述します。PostgreSQLでは表3-9の認証方式がサポートされています。

認証方式の一部には特定の接続方式を用いなければならないものもあります。ident認証とGSSAPI認証は、pg_hba.confファイルだけでなく、pg_ident.confファイル(次節参照)にも設定する必要があります。

どの認証方式を選択するのかは、システムの要件次第です。システム要件として明確に認証方式が要求されていれば、それに適合する認証方式を選択することになります。単純な認証制限を設けたい場合でも、パスワード文字列のmd5ハッシュ値を送信するmd5方式を選択するのが無難でしょう。「trust」は、検証環境や外部から隔離されたネットワーク内使用し、かつデータベースにアクセス可能なユーザを信頼できる場合に使います。

特定のホストを除外するためには「reject」を使います。例えば、reject指定のIPアドレスとして、192.168.100.100と記述し、その後にtrust指定のIP

注1　クライアントIPアドレスが一致しなければならない高位のビット数。CIDRはClassless Inter-Domain Routingの略。

表3-9　PostgreSQLでサポートする認証方式

種別	pg_hba.confの設定値	説明	備考
無条件	trust	接続を無条件で許可する	
	reject	接続を無条件で拒否する	
パスワード認証	md5	md5暗号化によるパスワード認証を行う	
	password	平文によるパスワード認証を行う	
	scram-sha-256	scram-sha-256暗号化によるパスワード認証を行う	PostgreSQL 10以降
GSSAPI認証	gss	GSSAPIによる認証を行う（Linux環境かつTCP/IP接続でのみ使用可能）	
SSPI認証	sspi	sspiによる認証を行う（Windows環境でのみ使用可能）	
Ident認証	ident	クライアントのOSのユーザ名をidentサーバから入手してデータベース接続ユーザ名として使用する（TCP/IP接続でのみ使用可能）	
Peer認証	peer	OSのユーザ名をカーネルから入手してデータベース接続ユーザ名として使用する（ローカル接続でのみ使用可能）	
LDAP認証	ldap	パスワード認証のためにLDAPサーバを使用する	
RADIUS認証	radius	パスワード認証のためにRADIUSサーバを使用する	
証明書認証	cert	SSLクライアント証明書を使った認証を行う	
PAM認証	pam	パスワード認証のためにPAM（Pluggable Authentication Modules）を使用する	
BSD認証	bsd	OSによって提供されたBSD認証サービスを使用する	PostgreSQL 9.6以降

アドレスとして、192.168.100.0/24を指定したとします。こうすることで、192.168.100.*の範囲のIPアドレスから接続を行った場合に、192.168.100.100からの接続だけ拒否し、それ以外のすべてのIPアドレスからの接続を許可する指定となります。

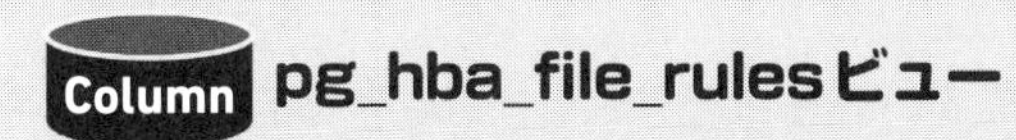

PostgreSQL 10からpg_hba.confファイルの内容をSELECT文で参照

できる「pg_hba_file_rulesビュー」が追加されました。

pg_hba_file_rulesビューはpg_hba.confのファイル内の記述エラーも表示します（コマンド3-A）。pg_ctl reloadで設定を反映する前に、このビューを確認して、設定ミスを未然に防ぐこともできます。なお、このビューはスーパーユーザのみ参照できます。

コマンド3-A　pg_hba_file_rulesビュー

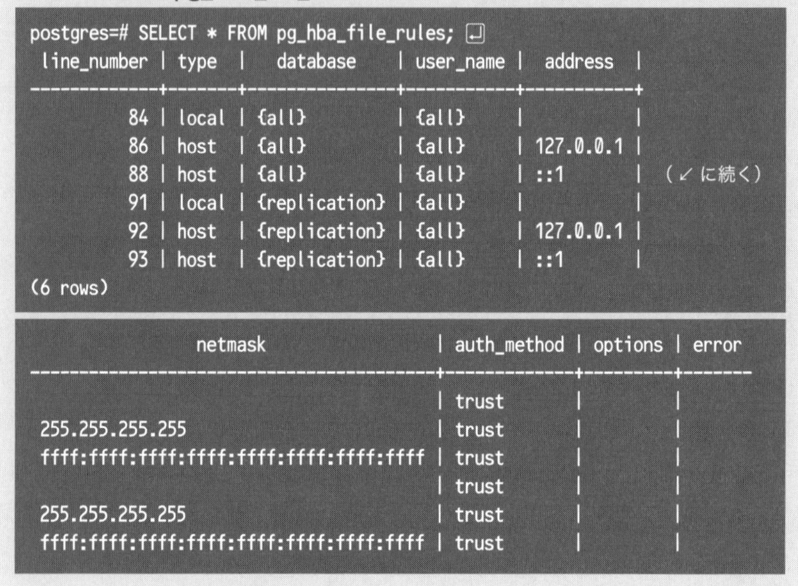

```
postgres=# SELECT * FROM pg_hba_file_rules; ↵
 line_number | type  |   database    | user_name |  address  |
-------------+-------+---------------+-----------+-----------+
          84 | local | {all}         | {all}     |           |
          86 | host  | {all}         | {all}     | 127.0.0.1 |
          88 | host  | {all}         | {all}     | ::1       |   (↙に続く)
          91 | local | {replication} | {all}     |           |
          92 | host  | {replication} | {all}     | 127.0.0.1 |
          93 | host  | {replication} | {all}     | ::1       |
(6 rows)
```

```
                 netmask                 | auth_method | options | error
-----------------------------------------+-------------+---------+-------
                                         | trust       |         |
 255.255.255.255                         | trust       |         |
 ffff:ffff:ffff:ffff:ffff:ffff:ffff:ffff | trust       |         |
                                         | trust       |         |
 255.255.255.255                         | trust       |         |
 ffff:ffff:ffff:ffff:ffff:ffff:ffff:ffff | trust       |         |
```

3.4 pg_ident.confファイル

pg_ident.confファイルは、ident認証（**図3-2**）やGSSAPI認証など外部の認証システムを利用する場合に使用される、データベースクラスタ配下のユーザ名マップ設定ファイルです。ident認証やGSSAPI認証は、外部の認証用のサーバに認証機能が委ねられます。このため、認証サーバは信頼できる環境でなければなりません。

外部の認証システムを使用する際には、OSのユーザ名がデータベースユーザ名と異なる場合があるので、pg_ident.confにユーザ名のマッピング

図3-2　ident認証のイメージ

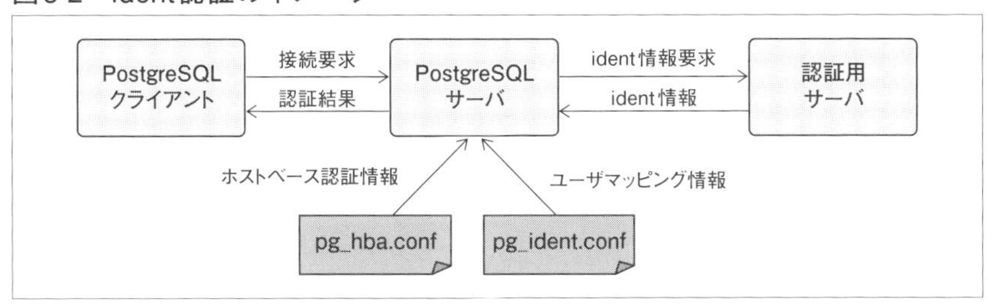

情報を記述して対応します。pg_ident.confファイルは次の3つの列からなる行を1つの設定として記述します。

map name

pg_hba.confのauth-optionsで参照される任意の名称を設定します。

system user name

接続を許すクライアントのOSユーザ名を設定します。正規表現を用いた指定が可能で、詳細はPostgreSQL文書「20.2. ユーザ名マップ」を参照してください。

database user name

system user nameで設定したクライアントのOSユーザが、PostgreSQLサーバのどのユーザで接続するかを設定します。**リスト3-6**と**3-7**は、pg_ident.confとpg_hba.confの設定例です。**リスト3-6**は、OSユーザfooでログインしたときに、データベースユーザuser1として接続する設定です。**リ**

リスト3-6　pg_ident.confの設定例

```
# map-name  system-user-name  database-user-name
foo_ident   foo               user1
```

リスト3-7　pg_hba.confの設定例

```
# TYPE  DATABASE  USER    ADDRESS           METHOD
host    all       all     192.168.10.0/24   ident map=foo_ident
```

スト3-7は、pg_hba.confのmapオプションでユーザ名マップの規則を設定する例です。

鉄則

- ☑デフォルト設定で運用せず、必要な設定は環境に合わせて変更します。
- ☑システムのセキュリティ要件に合わせて、適切な接続認証を行います。

第4章 処理／制御の基本

本章ではPostgreSQLのサーバプロセスの処理内容やクライアント／サーバ通信、問い合わせ実行の流れ、トランザクション制御について説明しています。これらを理解できると、PostgreSQLをブラックボックスとして扱うのではなく、内部処理を意識したアプリケーションが設計できるようになります。また、万が一問題が発生したとしても、原因を解析しやすくなるでしょう。

4.1 サーバプロセスの役割

PostgreSQLではデータベース管理システムとして必要な動作を、複数のサーバプロセスとプロセス間で共用するリソースによって制御しています（図4-1）。

図4-1 PostgreSQLのプロセス構成（再掲）

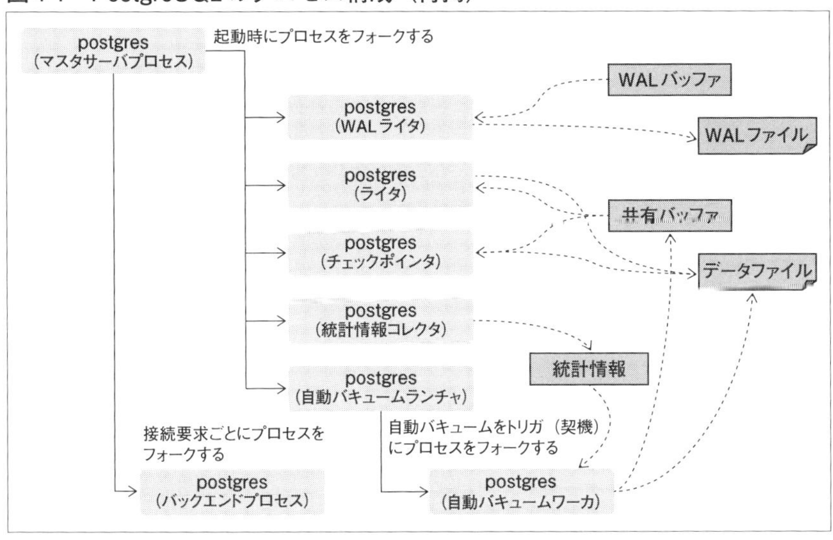

それでは、各プロセスがどのような処理を行っているか見ていきましょう。

4.1.1：マスタサーバプロセス

マスタサーバは、PostgreSQLを制御するさまざまなプロセス(バックグラウンドプロセス)をfork()して起動する親プロセスです。

外部からの接続を受け付け、接続に対応するプロセス(バックエンドプロセス)をfork()して起動します。マスタサーバプロセス以外のプロセスはすべて子プロセスとして動作します。

4.1.2：ライタプロセス

共有バッファ内の更新されたページを、対応するデータファイルのブロックに書き出すプロセスです。

ライタプロセスによるデータファイルへの書き出しは、クライアントから発行されるクエリの実行を阻害するものではありませんが、システム全体としてI/O量が増加し、クエリのレスポンスに大きな影響を与えることがあります。このため、ライタプロセスの設定によって、書き出しを遅延させてレスポンスへの影響を抑える工夫がなされています。

4.1.3：WALライタプロセス

WALライタプロセスは、WAL(Write Ahead Logging)をファイルに書き出すプロセスです。WALはPostgreSQLの更新情報が記録されたログで、リカバリ時やストリーミングレプリケーションで使用される非常に重要な情報です。

WALライタプロセスでは、WALバッファに書き込まれたWALを設定に従ってWALファイルに書き出します。

4.1.4：チェックポインタ

チェックポイント(すべてのダーティページ[注1]をデータファイルに反映し、

注1　ファイルシステムに書き戻す必要のあるデータを持ったページ。

特殊なチェックポイントレコードがログファイルに書き込まれた状態)を設定に従って自動的に実行するプロセスです。

チェックポイントは、PostgreSQLがクラッシュしたときに、どの箇所からリカバリ処理を行うのかを示すポイントとなります。チェックポイント処理は、すべてのダーティページをディスク上のデータファイルに書き込むため、非常にI/O負荷が高くなることがあります。また、チェックポイントの頻度とクラッシュ後のリカバリ処理の時間には関連があります。チェックポイント処理が頻繁に発生する場合、性能への影響を受けやすくなりますが、クラッシュ後のリカバリ処理で実行すべきリカバリ処理量が減少し、起動までの時間が短縮されます。このため、システムの要件によって適切なチェックポイントの設定が必要になります。

4.1.5：自動バキュームランチャと自動バキュームワーカ

自動バキュームを制御／実行するプロセスです。自動バキュームランチャは設定に従って自動バキュームワーカを起動し、自動バキュームワーカはテーブルに対して自動的にバキュームとアナライズを実行します。

バキュームは、データの更新や削除によって発生したデータファイルやインデックス内の不要領域を再利用できるようにする処理で、アナライズは、クエリを実行する際に利用する統計情報(各列の典型的な値と各列のデータ分布の概要を示す度数分布)を収集してpg_statisticシステムカタログを更新する処理です。どちらも正常な運用には欠かせない処理です。ワーカは、これらの処理を実行する前に、対象のテーブルに大量の更新(挿入、更新、削除)があったかどうかを統計情報を参照して検査し、必要に応じて処理します。

4.1.6：統計情報コレクタ

データベースの活動状況に関する統計情報を一定間隔で収集するプロセスです。ここで収集された情報は、自動バキュームワーカで使用されます。

統計情報コレクタプロセスは、デフォルトで起動するようになっていますが、設定によっては起動しないように運用することも可能です。この場合、自動バキュームワーカが正しく動作できなくなるため、自動バキュームランチャも無効にする必要があります。

4.1.7：バックエンドプロセス

クライアントから接続要求を受けたときに生成されるプロセスです。SQLの実行は、このバックエンドプロセス内で行われます。

Column バックグラウンドワーカプロセス

PostgreSQL 9.3から、ユーザが独自のワーカプロセスを実装してPostgreSQLに組み込みを可能とするフレームワークが実装されました。このフレームワークを「バックグラウンドワーカプロセス」といいます。

規定の形式で実装したユーザ独自のワーカプロセスは、マスタサーバプロセスと共にバックグラウンドで起動されます。PostgreSQLのサーバプロセスで監視され、マスタサーバの終了と同期して終了します。また、PostgreSQLの共有メモリへのアクセスや、データベースへの接続も可能です。独自のワーカプロセスの用途として、システム固有の監視機能を組み込みたい場合などが挙げられます。

詳細は、PostgreSQL文書「第47章：バックグラウンドワーカプロセス」を参照してください。

4.2 クライアントとサーバの接続／通信

クライアントからPostgreSQLに接続すると、PostgreSQLはバックエンドプロセスを生成し、クライアントとバックエンドプロセス間の接続を確立します。

クライアントから接続要求を受けた場合の動作を見ていきます(**図4-2**)。

クライアントからは最初にマスタサーバのポート(デフォルト値では5432)に対して、ユーザ名と接続したいデータベース名を含むメッセージを送信します(❶)。マスタサーバはそのメッセージ内の情報と、pg_hba.confの内容を比較して、接続が許容されるかどうかを確認します(❷)。該当する接続が認証を必要とする場合には、認証を要求するメッセージをクライアントに送信し、クライアントは認証に必要な情報をサーバに送信します(❸❹)。なお、認証方式が認証を必要としない場合(認証方式がtrustなど)は、この処理をスキップします。

サーバは認証情報を受け取ると、認証方式に従った処理を行います(❺)。認証が成功すれば認証成功のメッセージをクライアントに返却し、バックエンドプロセスをfork()により生成します(❻)。マスタサーバはバックエンドプロセスを起動した後、クライアントに開始処理終了のメッセージを送信します。クライアントは認証成功のメッセージを受信した後、マスタサーバから開始処理終了のメッセージを受け取るまで待機しています。開始処理終了のメッセージを受信すると、接続が確立されたことになり、クライアントからクエリを送信できるようになります(❼)。

これらの認証の各処理で、クライアントとマスタサーバ間ではPostgreSQLで規定されたプロトコルに従ってメッセージをやり取りしています。psqlによるサーバへのアクセス時や、libpq/JDBCライブラリを使用してサーバへ

図4-2　クライアントからの接続要求によるサーバの動作

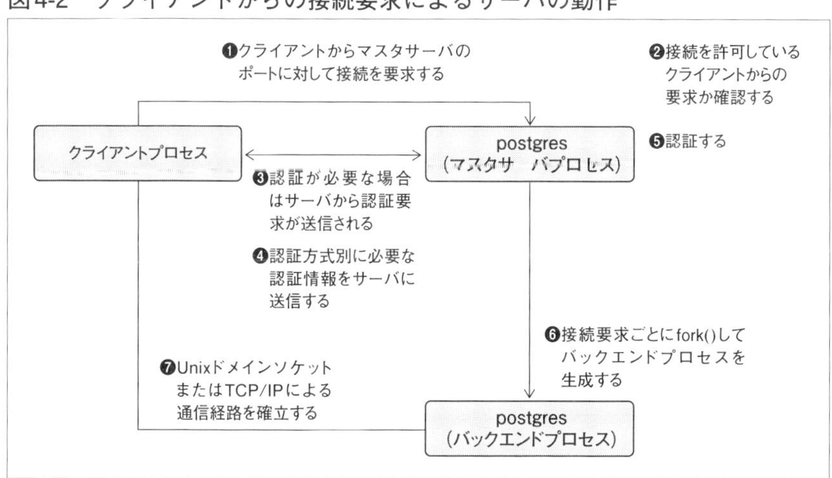

アクセスするときには、ライブラリ内でこうしたメッセージ処理を行っているため、利用者はユーザ／データベース／認証情報のみを意識すればよく、プロトコルについて意識する必要はありません。

クライアントとマスタサーバ間のプロトコルの詳細については、PostgreSQL文書の「第52章：フロントエンド／バックエンドプロトコル」を参照してください。

4.3 問い合わせの実行

問い合わせは図4-3のようにさまざまな処理を経由して実行されます。

4.3.1：パーサ

問い合わせはまずパーサで処理されます。パーサでは字句解析と構文解析を行います。

字句解析

字句解析とは、SQLがどういったトークン(構文の単位)から構成されるかを解析することで、オープンソースソフトウェア(OSS)の「flex[注2]」を用いています。字句解析では、拡張子が「.l」のファイル内容に基づき、SQLを識別子やSQLキーワードなどのトークンに分解して構文解析に移ります。

字句解析のルールは、PostgreSQLのソースコード(./backend/parser/scan.l)で定義されています。

構文解析

字句解析で分解された字句の並びがPostgreSQLで扱えるSQLの記述規則に合っているかを検査して問い合わせツリーを生成します。構文解析には、OSSの「bison[注3]」が利用さており、拡張子が「.y」のファイル内容(拡張

注2 UNIX標準コマンドのlexを元にGNUプロジェクトで改良されたもの。字句解析プログラムのベースとなるソースを生成するツール。

注3 UNIX標準コマンドのyaccを元にGNUプロジェクトで改良されたもの。構文解析プログラムのベースとなるソースを生成するツール。

図4-3 問い合わせ処理の流れ

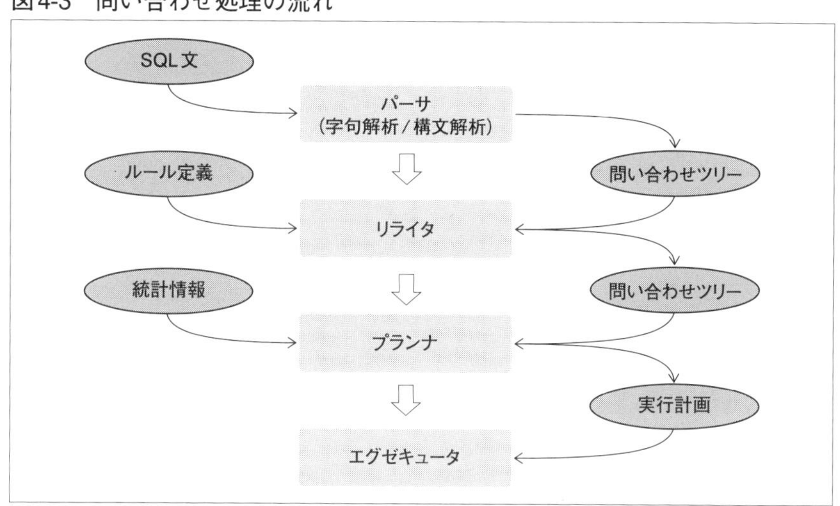

BNF記法に似た記述内容)に基づき、渡されたSQLがPostgreSQLで規定された構文に合っているかをチェックします。

構文解析のルールは、PostgreSQLのソースコード(./backend/parser/gram.y)で定義されています。

実在するかの確認

字句解析と構文解析に加えて、パーサでは問い合わせツリーの内容から、テーブル名や列名が実際にデータベース上に存在するか(アクセスできるか)を判断します。例えば、存在しないテーブルをFROM句に指定した場合、エラーとして以降の処理を行いません。

構文解析の段階でエラーが発生する場合は**コマンド4-1**のように「`syntax error`」と表示されます。一方、構文上は正しいけれど検索対象となるテーブルがない場合には、**コマンド4-2**のように異なるエラーメッセージとなります。

字句解析と構文解析により妥当なSQLだと解析されると、パーサはSQLをツリー構造で表現した「問い合わせツリー」を生成し、次の処理となるリライタに渡します。

コマンド4-1　構文解析エラーの例

```
=# CREATE TABLE foo (id int, data text); ↵
CREATE TABLE
=# ¥d ↵
        List of relations
 Schema | Name | Type  |  Owner
--------+------+-------+----------
 public | foo  | table | postgres
(1 row)

=# SELECT * foo; ↵
ERROR:  syntax error at or near "foo"
LINE 1: SELECT * foo;
                 ^
```

コマンド4-2　検索対象のテーブルがないときのエラー

```
=# SELECT * FROM bar; ↵
ERROR:  relation "bar" does not exist
LINE 1: SELECT * FROM bar;
                      ^
```

なお、問い合わせツリーの詳細に関してはPostgreSQL文書の「40.1：問い合わせツリーとは」を参照してください。

4.3.2：リライタ

SQLを実行するデータベースにルール（SQLを書き換える規則）が定義されている場合、そのルールを参照してリライタで問い合わせツリーを修正します。修正した問い合わせツリーは、次の処理であるプランナに渡されます。

PostgreSQLのビューは、ルールを使って定義されています。このため、ビューへアクセスする場合には、リライタによる問い合わせツリーの書き換えが行われています。

4.3.3：プランナ／オプティマイザ

プランナではリライタで修正された問い合わせツリーを元に、最適な実行計画を生成します。

実行計画の作成には大きく分けて2つの段階があります。まず個々のテーブルに対するアクセス方法を選択して、次に結合方法を選択します。

個々のテーブルに対するアクセス方法の選択

まず、テーブル全体をスキャンする方式(SeqScan)を検索方式の候補とします。問い合わせ中にそのテーブルに対する検索条件が設定され、かつそのテーブルに設定されたインデックスが使用可能であれば、インデックス検索(IndexScan)やビットマップ検索(BitmapScan)を検索方式の候補とします。

結合方法の選択

問い合わせツリーが複数のテーブルを対象とする場合は結合方法を選択します。PostgreSQLは、「入れ子ループ結合」「マージ結合」「ハッシュ結合」の3つの結合方法をサポートしています。プランナは統計情報を元にして、3つの中から適用可能な結合方法を選択します。

また、結合対象となるテーブルが3つ以上の場合には、結合の順序も考慮されます。個々のテーブルに対するアクセス方法、結合方法、結合順序の組み合わせの候補群から、もっとも効率が良い(実行コストの小さい)と判断した方法の組み合わせが実行計画として生成され、エグゼキュータに渡されます。

なお、プランナが生成した実行計画は、EXPLAIN文で確認できます。

4.3.4：エグゼキュータ

エグゼキュータではプランナで決定された実行計画に従って必要な行の集合を抽出します。エグゼキュータではDML(Data Manipulation Language；データ操作言語)のみを対象に処理を行います。

エグゼキュータは実行するDMLの種類(SELECT/INSERT/UPDATE/DELETE)によって動作が異なります(**表4-1**)。

表4-1 エグゼキュータの動作

実行コマンド	説明
SELECT	問い合わせ計画を再帰的に辿り、結果を取得または返却する
INSERT	受け取ったデータを指定されたテーブルに挿入する（ただし、INSERT …… SELECTのように検索結果を元に挿入する場合は、SELECTの結果を受け取って同等の処理をする）
UPDATE	すべての更新対象となる列の値を含んだ行単位の演算結果とタプルID（TID）を返却する
DELETE	削除の処理（実際には削除用のフラグを立てるだけ）のために必要なタプルID（TID）を返却する

4.3.5：SQLの種別による動作

PostgreSQLで使われるSQLは、大別するとデータ操作を行う「DML」とデータ定義を行う「DDL」(Data Definition Language)、トランザクションなどの制御を行う「DCL」(Data Control Language)の3種類があります。

DDLは「CREATE」「DROP」「ALTER」など、データベースオブジェクトの生成や削除、変更を行うコマンドです。DCLは「BEGIN」「COMMIT」「ROLLBACK」など、トランザクションの制御のためのコマンドです。

DDLとDCLはDMLと同様にパーサとリライタを経由してプランナに問い合わせツリーを渡しますが、プランの選択がないため、何も行わずにプランナを抜けます。さらにエグゼキュータでは処理をせず、対応する個々のコマンドを実行します。

4.4 トランザクション

トランザクション処理とは、お互いに関連する複数の処理を、トランザクションと呼ばれる不可分な処理単位として扱うことです。トランザクション処理はPostgreSQLをはじめとするRDBMSの根幹となる機構です。ここでは、トランザクション処理の概要と、PostgreSQLでのトランザクション処理の対応について説明します。

4.4.1：トランザクションの特性

トランザクションは、大きく4つの要件を満たす必要があります。

原子性（atomicity）

複数の処理を1つにまとめて、それらの処理がすべて実行されたか、またはまったく実行されないかのどちらかの結果となることです。

一貫性（consistency）

トランザクションの開始および終了時点で、業務として規定された整合性を満たすことです。

独立性（isolation）

作業中のトランザクションによる更新は、確定するまで他のトランザクションから不可視となることです。

永続性（durability）

確定したトランザクションの結果はデータベースに永続的(恒久的)に保存されることです。

4.4.2：トランザクションの制御

PostgreSQLでは、トランザクションの制御には「BEGIN」(開始)、「COMMIT」(確定)、「ROLLBACK」(破棄)を使用します。また、分離レベルの指定には「SET TRANSACTION」を使用します。

トランザクションが異常状態になると、後続するデータ操作コマンドはすべてエラーになります。このような場合は、トランザクションを破棄(ROLLBACK)して開始前の状態に戻します。

4.4.3：トランザクションの分離レベル

トランザクションは、同時に1つだけ実行されるとはかぎりません。複数のトランザクションが同時に実行された場合に、それぞれのトランザクション間で相互に与える影響の度合いを示すものが、トランザクションの分離レベルです。

トランザクションの分離レベルは、標準SQLでは**表4-2**のように規定されています。トランザクションの分離レベルが弱い(他のトランザクションの影響を受けやすい)場合、ダーティリード、反復不能読み取り、ファントムリードなどの影響が発生し、意図しない結果になることがあります(**表4-3**)。

表4-2 トランザクション分離レベル

分離レベル	意味	PostgreSQLでの扱い
リードアンコミッティド(READ UNCOMMITTED)	コミットされていないデータが参照される可能性がある	この指定を行ってもREAD COMMITTEDとして扱う
リードコミッティド(READ COMMITTED)	問い合わせが実行される直前までにコミットされたデータのみを参照する	デフォルト
リピータブルリード(REPEATABLE READ)	トランザクションが開始される前までにコミットされたデータのみを参照する。単一トランザクション内の連続するSELECT文は、常に同じデータを参照する	PostgreSQL 9.1からサポートされた
シリアライザブル(SERIALIZABLE)	もっとも厳しいトランザクションの分離レベル。並列実行された複数のトランザクションの実行であっても、逐次的に扱われたものと同じ結果を要求される	PostgreSQL 9.0以前ではREPEATABLE READを指定しても、この挙動となった

表4-3 分離レベルが不十分な場合の挙動

事象	説明	抑止可能な分離レベル
ダーティリード	同時に実行されている他のトランザクションが書き込んだコミット前のデータを読み込んでしまう	リードコミッティド(READ COMMITTED)
反復不能読み取り	同一トランザクション内で一度読み込み、2回目の読み込みの間に、別トランザクションで更新とコミットがされた場合、その別トランザクションの影響を受け、値が変わってしまう	リピータブルリード(REPEATABLE READ)
ファントムリード	同一トランザクション内で一度読み込み、2回目の読み込みの間に、別トランザクションで挿入とコミットがされた場合、その別トランザクションの影響を受け、検索結果が変わってしまう(レコードの増減含む)	シリアライザブル(SERIALIZABLE)

PostgreSQLでは、これら分離レベルのうち、「リードコミッティド(READ COMMITTED)」「リピータブルリード(REPEATABLE READ)」「シリアライザブル(SERIALIZABLE)」を指定することができます。なお、リードアンコミッティド(READ UNCOMMITTED)レベルを指定した場合もリードコミッティドと同じ挙動となるので、事実上PostgreSQLではダーティリードは発生しません。

トランザクション分離レベルは必ずしも分離レベルが高ければ良いというものではなく、システムの要件によって許容可能な分離レベルを選択する必要があります。PostgreSQLでは、分離レベルが比較的低いリードコミッティドをデフォルトの挙動としています。これは通常のアプリケーション要件ではリードコミッティドの分離レベルで十分かつ扱いやすいためだと考えられます。

反復不能読み取りやファントムリードが発生することで、アプリケーションとして致命的な問題が発生する場合には、リピータブルリードやシリアライザブルのレベルの指定を検討する必要があります。ただし、リピータブルリードやシリアライザブルを指定した場合、同時実行中のトランザクションの直列化に失敗する可能性が出てくるため、失敗したトランザクションの再実行などは別途考慮する必要があります。

リピータブルリードやシリアライザブルの分離レベルにおいて、直列化が失敗するケースを**図4-4**、**図4-5**に示します。

4.5 ロック

トランザクションからの同時実行を確実にするため、テーブル／行に対して明示的なロックを獲得できます。テーブル単位のロックはLOCK文を使用します。行単位のロックは、SELECT文のオプション指定として「SELECT FOR UPDATE」、または「SELECT FOR SHARE」を使用します。

また、PostgreSQLは、明示的なロックを獲得していない場合でも、SQL実行の裏で適切なモードのロックを自動的に獲得します。SQL実行で獲得されるロックモードは**表4-4**のように分類されます。また各ロックモードが

図4-4　直列化が失敗するケース（リピータブルリード）

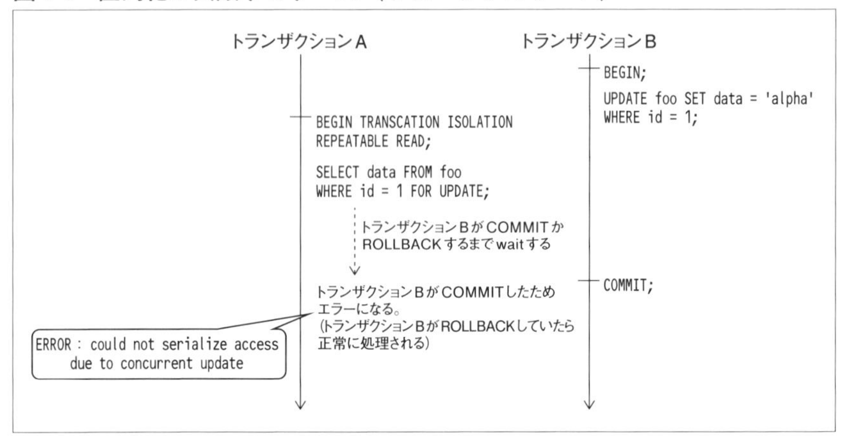

図4-5　直列化が失敗するケース（シリアライザブル）

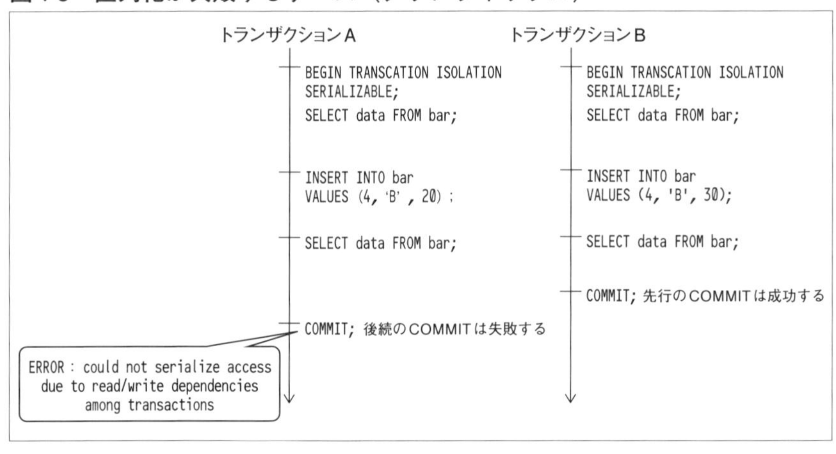

競合した場合は**表4-5**、**表4-6**のようになります。

明示的なロックを使用する場合、発行順序によってはデッドロックが発生する可能性があります。PostgreSQLにはデッドロックを検知する機構があります。デッドロックを検知した場合には、起因となったトランザクションの片方を中断します(中断されたトランザクションは必要に応じて再実行する必要があります)。単純なデッドロックの例を**図4-6**に示します。

表4-4 ロックモード一覧

ロックモード	獲得タイミング
ACCESS SHARE	SELECTによる参照で獲得される
ROW SHARE	SELECT FOR UPDATE、SELECT FOR SHARE、FOR NO KEY UPDATE（PostgreSQL 9.3以降）、FOR KEY SHARE（PostgreSQL 9.3以降）で獲得される
ROW EXCLUSIVE	INSERT、UPDATE、DELETEで獲得される
SHARE UPDATE EXCLUSIVE	VACUUM、ANALYZE、CREATE INDEX CONCURRENTLY、およびALTER TABLE(SET STATISTICS), SET (attribute = value), RESET (attribute = value), VALIDATE CONSTRAINT, CLUSTER ON, SET WITHOUT CLUSTER, で獲得される
SHARE	CREATE INDEX実行のタイミングで獲得される
SHARE ROW EXCLUSIVE	同一セッション内での競合を防止するためのロックモード。明示的にこのロックモードを獲得するSQLコマンドはない
EXCLUSIVE	明示的にこのロックモードを獲得するSQLコマンドはない
ACCESS EXCLUSIVE	ALTER TABLE※、DROP TABLE、TRUNCATE、REINDEX、CLUSTER、VACUUM FULLで獲得される。LOCK TABLE文発行時のデフォルトのロックモード

※表内で明記されていない動作は「ACCESS EXCLUSIVE」になります。

表4-5 ロックモード間の競合（○：競合しない、×：競合する）

ロックモード	ACCESS SHARE	ROW SHARE	ROW EXCLUSIVE	SHARE UPDATE EXCLUSIVE	SHARE	SHARE ROW EXCLUSIVE	EXCLUSIVE	ACCESS EXCLUSIVE
ACCESS SHARE	○	○	○	○	○	○	○	×
ROW SHARE	○	○	○	○	○	○	×	×
ROW EXCLUSIVE	○	○	○	○	×	×	×	×
SHARE UPDATE EXCLUSIVE	○	○	○	×	×	×	×	×
SHARE	○	○	×	×	○	×	×	×
SHARE ROW EXCLUSIVE	○	○	×	×	×	×	×	×
EXCLUSIVE	○	×	×	×	×	×	×	×
ACCESS EXCLUSIVE	×	×	×	×	×	×	×	×

表4-6　ROW SHAREの詳細な競合（○：競合しない、×：競合する）

ロックモード	FOR KEY SHARE	FOR SHARE	ROW SHARE	FOR UPDATE
FOR KEY SHARE	○	○	○	×
FOR SHARE	○	○	×	×
FOR NO KEY UPDATE	○	×	×	×
FOR UPDATE	×	×	×	×

図4-6　単純なデッドロックの例

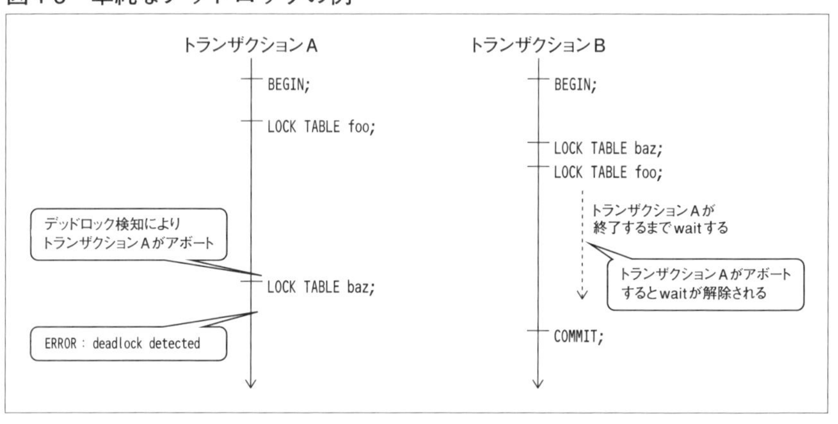

Column 勧告的ロック

リソースへの暗黙的なロックやLOCK文による明示的なロックの他に、アプリケーション固有の排他制御を行いたい場合に使用する「勧告的ロック」と呼ばれる機構があります。

勧告的ロックの使用はアプリケーション側で責任をもって管理する必要があります。例えば、トランザクション内で勧告的ロックを行った後、トランザクションがロールバックしても、その勧告的ロックは自動的に解放されませんし、デッドロック相当の状態になってもPostgreSQL側でそれを検知して解消するといったことも行いません。

勧告的ロックについてはPostgreSQL文書の「13.3.5：勧告的ロック」を参照してください。

4.6 同時実行制御

PostgreSQLは追記型アーキテクチャを採用することで、MVCC(Multi Version Concurrency Control：多版型同時実行制御)と呼ばれる同時実行制御方式を実現しています。

追記型アーキテクチャとは、データの更新時に元々あったデータを直接更新するのではなく、更新前のデータはそのままに更新後のデータを追記するという仕組みです(図4-7)。

PostgreSQLでは、データが挿入／更新されたときに、トランザクションを識別するためのトランザクションID(XID)が付与されます。つまり、テーブルデータの各行にXIDを保持した状態です。複数のトランザクションが異なるXIDのデータを取得することで、それぞれが異なる時点のデータを参照できます。

追記型アーキテクチャを元に実装されたMVCCにより、トランザクショ

図4-7 追記型アーキテクチャ

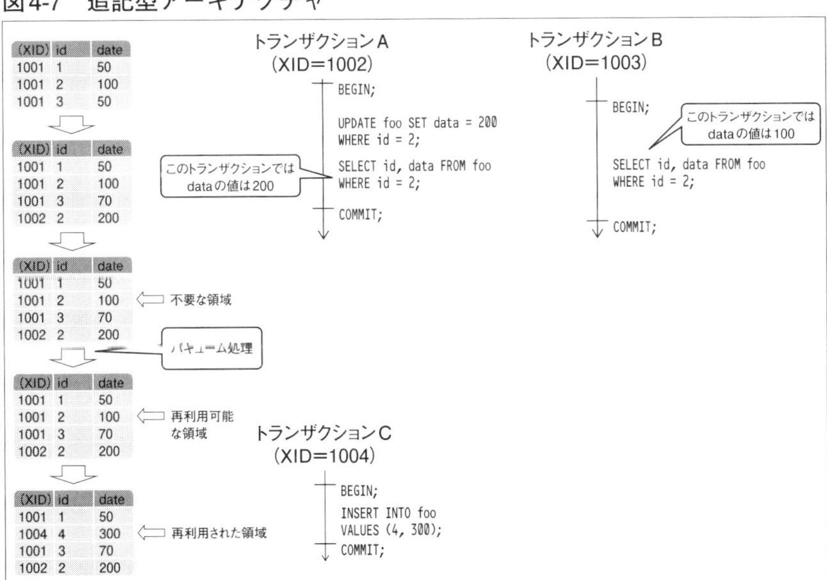

ンの同時実行制御という複雑な仕組みを、比較的簡易に実装できるという利点があります。その代わりに、古い行のデータが物理的に格納領域を使用することや、それらの領域を再利用するための仕組みが別途必要になるという欠点があります。

更新前の古い行を参照するトランザクションが存在しなくなると、不要領域として扱われます（この時点では再利用できない領域です）。PostgreSQLではバキューム処理によって更新前の古い行があった領域を空き領域マップに記録し、再利用可能とします。

以前のPostgreSQLでは、このバキューム処理が運用上の重要な課題となっていましたが、PostgreSQL 8.3で採用されたHOT（Heap Only Tuple）や、自動バキューム機能の強化により、バキューム処理を意識する必要がなくなってきました。

鉄則

- ☑ **SQL実行時に自動的に設定されるロック種別を設計／運用に活かします。**
- ☑ **必要に応じてトランザクションの分離レベルを分けます。**

Part 2

設計／計画編

設計や運用計画は適切ですか？ 過去の案件の設計を踏襲しているので大丈夫という方もいるでしょう。たしかに、過去の成功事例は何よりも代えがたい重要なノウハウです。しかし、ノウハウが活かせない新規案件の場合はどうしたらよいでしょう？
本Partでは「なぜ」といった部分も含めて解説します。いざという場面で応用できるように、その理由も含めて習得しましょう。

第5章 テーブル設計

理想的なテーブル設計はRDBMSに依存しないことですが、現実には各RDBMSに特化した知識が必要になることも多くあります。
本章では、データ型や制約のテーブル設計だけでなく、TOAST、結合などPostgreSQL固有のノウハウも説明します。PostgreSQLの機能を活用したテーブル設計ができるように、しっかりと身につけましょう。

5.1 データ型

PostgreSQLはさまざまなデータ型をサポートしていますが、基本的に用いられるデータ型は**表5-1**の種別に分けられます。

以降、通常の運用で用いられるデータ型とその選択方針について見ていきます。特定用途向けのデータ型(JSON型やXML型など)はPostgreSQL文書「第8章：データ型」を参照してください。

5.1.1：文字型

文字型は名前のとおり文字列を格納するためのデータ型です。通常使用される文字型には**表5-2**の3種類があります。

表5-1　基本的なデータ型の種別

データ型	説明
文字型	任意の長さの文字を格納する。格納される文字はデータベースに指定されたエンコーディングで規定された範囲に限定される
数値データ型	数値データをバイナリ表現で格納する
日付／時刻データ型	日付や時刻、時間間隔をバイナリ表現で格納する
バイナリ列データ型	任意の長さのバイト列を格納する。文字型とは異なり、データベースエンコーディングで規定された範囲外の文字や任意の値のバイトを格納できる

表5-2　文字型

型名	説明
character varying(n)、varchar(n)	上限n文字までを格納可能な可変長データ型
character(n)、char(n)	上限n文字までを格納可能な固定長データ型。格納時にn文字に満たない場合は末尾に空白を付与して格納する。検索時にも末尾の空白を含めた結果が取得される
text	上限指定なしの可変長データ型（最大1GBまで格納可能）

図5-1　文字型の格納イメージ

●text型に4バイトの文字列「AAAA」を格納した場合（Aは0×65）

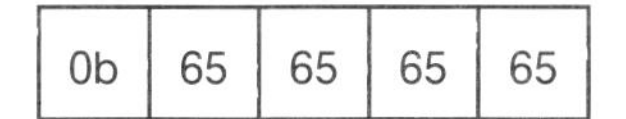

（格納領域は5バイト）

ヘッダサイズ（1バイト）とデータ長（4バイト）を加算した値（5）に次の演算結果が格納される。
0x0b = (((uint8) (0×05)) << 1)| 0×01)

●char（8）型に4バイトの文字列「AAAA」を格納した場合

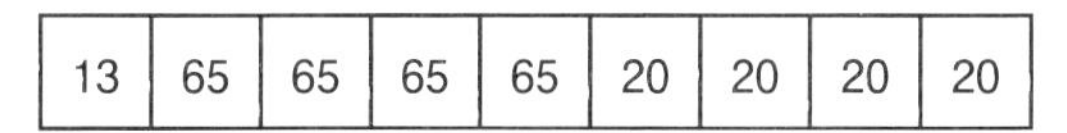

ヘッダサイズ（1バイト）とデータ長（9バイト）を加算した値（10）に次の演算結果が格納される。
0×13 = (((uint8) (0×09)) << 1)| 0×01)

CHAR(n)では指定文字数に達しない場合、末尾に空白（0×20）を（n）を埋める。
長さも空白を含めた長さとなる。

●text型に130バイトの文字列「LL……LL」を格納した場合（Lは0x76）

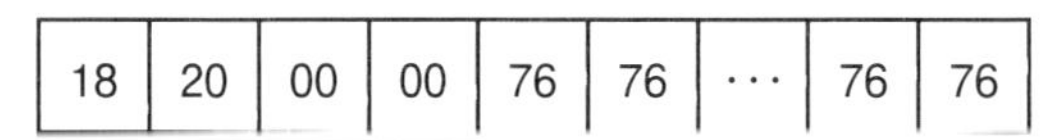

ヘッダサイズ（4バイト）とデータ長（130バイト）を加算した値（134）に次の演算結果が格納される。
0×00000218 = (((uint32)(len))<< 2))

文字型は、次の規則に従って格納されます。固定長文字列を格納するchar型（character(n)）も同じ規則が適用されることに注意が必要です。

・文字列長が126バイト以下の場合、ヘッダ情報として1バイト使用する
・文字列長が127バイト以上の場合、ヘッダ情報として4バイト使用する
・非常に長い文字列(テーブル内に格納される値が2kBを超える)の場合、TOAST領域に分割して格納される

文字列がデータベース内に格納されているイメージを**図5-1**に示します。

文字型は基本的にはtext型(可変長、データサイズ上限指定なし)を用いることが推奨されます。text型は最大で1GBまで格納することが可能です。char型は使用領域、性能上の観点からはメリットがありませんが、列値として末尾に空白が存在していることを前提とした使い方をするときに使用します。varchar型はtext型とほぼ同じですが、格納時のサイズ上限のチェックが行われます。サイズ上限のチェックのため、ごくわずかですがtext型よりも遅くなります(通常、無視できる程度の差です)。

Column 内部的に使用される文字型

PostgreSQLにはシステムカタログ内で使用される特殊な文字型が2種類ありますが、ユーザがカラムの型を定義するときに使うものではありません。

1つはchar型(二重引用符が付いた型名)で、1バイトの領域しか使用しません。もう1つはname型で、PostgreSQLで使用される識別子の格納のために使用されます(型の長さはPostgreSQL自体のコンパイル時に決定され、通常は64バイトの領域を持ちます)。

Column char型に対する文字列操作の注意点

PostgreSQLの文字列操作関数や文字列操作演算子は、文字列を入力する場合、char型、varchar型、text型をそれぞれ受け付けます。しかし、固定長文字列をこうした文字列操作関数や文字列操作演算子で扱う場合、空白の扱いが異なる場合があるため注意が必要です。

例えばコマンド5-Aのようなchar(8)とvarchar(8)の場合、concat関数でchar(8)の列とvarchar(8)の列を連結した場合と、||演算子で連結した場合では、char(8)の空白を除去せずに連結するか、空白を除去して連結するかの違いがあります。

コマンド5-A　concat関数と||演算子の連結の違い

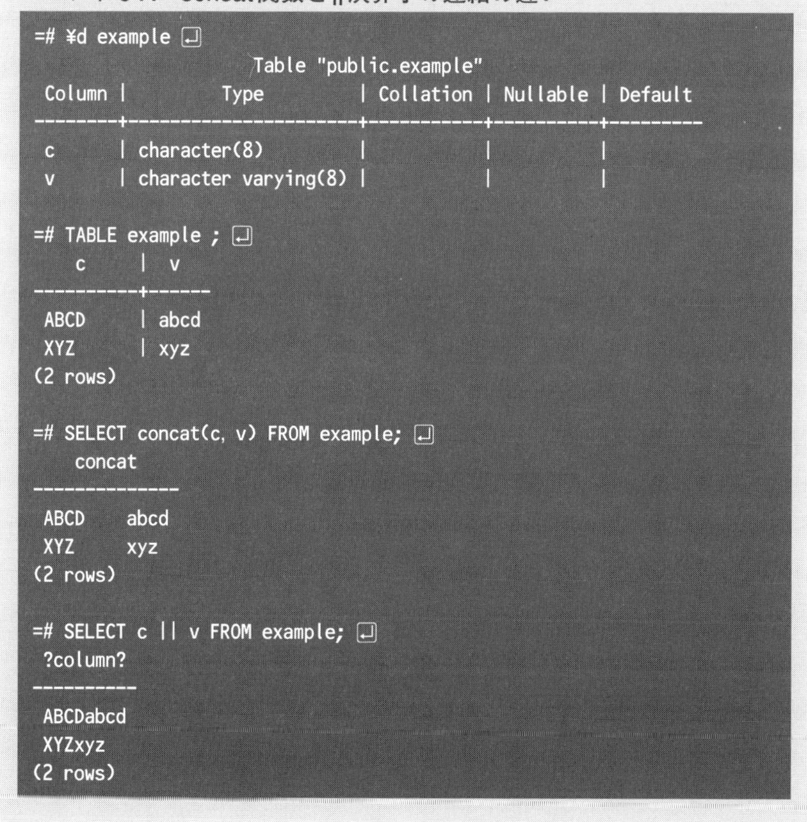

```
=# ¥d example ↵
                  Table "public.example"
 Column |         Type         | Collation | Nullable | Default
--------+----------------------+-----------+----------+---------
 c      | character(8)         |           |          |
 v      | character varying(8) |           |          |

=# TABLE example ; ↵
    c     | v
----------+------
 ABCD     | abcd
 XYZ      | xyz
(2 rows)

=# SELECT concat(c, v) FROM example; ↵
    concat
--------------
 ABCD    abcd
 XYZ     xyz
(2 rows)

=# SELECT c || v FROM example; ↵
 ?column?
----------
 ABCDabcd
 XYZxyz
(2 rows)
```

5.1.2：数値データ型

数値データ型はバイナリ形式で数値を管理する型の総称で、表5-3に挙げる種類があります。また、整数データ型、浮動小数点データ型、任意精度の数値型の格納イメージを図5-2に示します。

表5-3　数値データ型

型名	格納サイズ（バイト）	説明	範囲
smallint	2	整数データ型	-32768 ～ 32767
integer	4	整数データ型	-2147483648 ～ 2147483647
bigint	8	整数データ型	-9223372036854775808 ～ 9223372036854775807
decimal	可変長	正確な精度を保持する（小数も指定可能）	
numeric	可変長	正確な精度を保持する（小数も指定可能）	
real	4	6桁の精度を持つ不正確なデータ型（小数も指定可能）。格納形式はIEEE規格754の実装	
double precision	8	15桁の精度を持つ不正確なデータ型（小数も指定可能）。格納形式はIEEE規格754の実装	
smallserial	2	連番型。内部的にシーケンスを生成し、デフォルト値としてシーケンスから払い出された値を設定する。シーケンスを使用しているため連番の抜けが発生するケースもある	
serial	4		
bigserial	8		

図5-2　数値データ型の格納イメージ

●integer型に「100」を格納した場合（Little Endian）

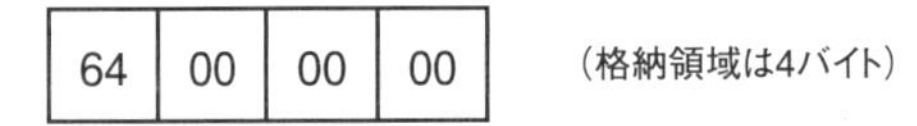

（格納領域は4バイト）

固定長。単純に数値をバイナリ表現で格納するだけ。ヘッダなどもない。

●real型に「100」を格納した場合（Little Endian）

（格納領域は4バイト）

固定長。数値をIEEE754の規約に基づいて格納している。

●numeric型に「100」を格納した場合

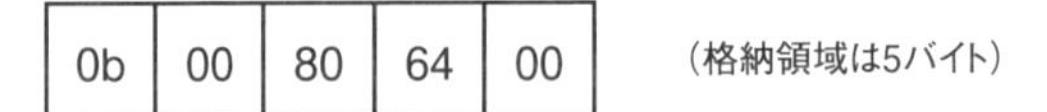

（格納領域は5バイト）

可変長。先頭1バイトはヘッダ。ヘッダの値はtext型などを参照。

数値データ型は用途により使い分けることが推奨されます(図5-3)。最初に、格納する値として整数値のみか小数値を含むかどうかで型を選択します。整数値を格納するデータ型にはsmallint、integer、bigintの3種類から利用したい範囲に合わせて選択します。小数値を含む場合は、システムで扱うのに必要な精度により型を選択します。

5.1.3：日付／時刻データ型

日付／時刻データ型は、日付型と時刻型、さらにこれらを組み合わせたタイムスタンプ型、時間間隔を示すインターバル型に大別されます(表5-4)。時刻型とタイムスタンプ型は、タイムゾーン(time zone)の有無によりさら

図5-3　数値データ型の選択フロー

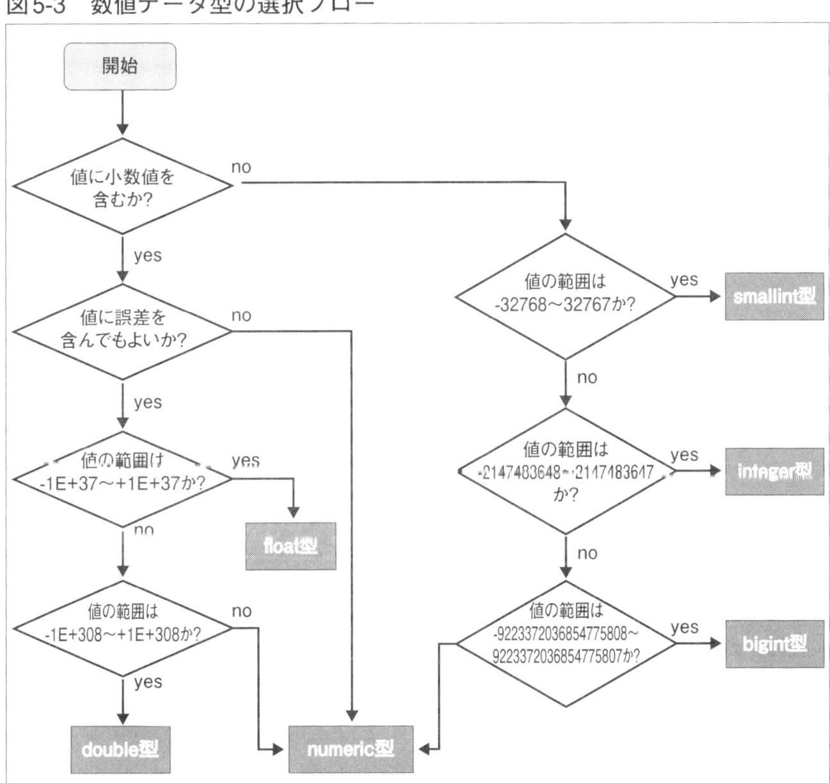

表5-4　日付／時刻データ型

型名	格納サイズ（バイト）	説明	範囲
timestamp [(*p*)] [without timezone]	8	日付と時刻両方（時間帯なし）保持する	紀元前4713年～西暦294276年
timestamp [(*p*)] with time zone	8	日付と時刻両方（時間帯あり）保持する	紀元前4713年～西暦294276年
date	4	日付を保持する	紀元前4713年～西暦5874897年
time [(*p*)] [without timezone]	8	時刻を保持する	00:00:00 ～ 24:00:00
time [(*p*)] with time zone	12	時刻を保持する	00:00:00+1459 ～ 24:00:00-1459
interval [*fields*] [(*p*)]	16	時間間隔を保持する	-178000000年～178000000年

図5-4　日付／時刻データ型の格納イメージ

に分けられます。**図5-4**に日付型、タイムスタンプ型、インターバル型の格納イメージを示します。

タイムゾーンありのtime型およびtimestamp型は、実際にはUTC(世界協定時。グリニッジ標準時とほぼ同じ)で格納されています。検索結果としてタイムゾーンありのデータを表示する場合、クライアントに返却する前に指定したタイムゾーンに合わせた時刻にサーバ側で変換されます。

タイムゾーン

PostgreSQLではタイムゾーンの指定方式として3つの方式をサポートしています(**表5-5**)。タイムゾーンの指定例を**コマンド5-1**に示します。JSTは日本の、GMTはグリニッジ標準時のタイムゾーンの略称です。

時刻型にタイムゾーンを含めるかどうかは、システムで扱う情報が時間帯をまたがる必要があるかどうかによります。1つの時間帯に時刻情報が収まるようなケース(例えば日本国内の時刻のみを意識すればよいケース)では、タイムゾーンなしの型で問題ないと考えられます。タイムゾーンを含む場合は「time with time zone」より「timestamp with time zone」を使用するほうが望ましいです。理由はtime型のみでは日付情報を持っていないために、夏時間への対応が不十分となることと、データ格納領域の観点からも「time with time zone」より「timestamp with time zone」のほうが有利だからです。

表5-5　タイムゾーンの指定方式

指定方式	説明
正式名の指定	タイムゾーンの正式名称を指定する。タイムゾーン名は大文字/小文字を区別しない。タイムゾーン名の一覧は、システムカタログのpg_timezone_namesビューで確認できる
略称の指定	タイムゾーンの略称を指定する。略称は大文字/小文字を区別しない。タイムゾーン名の略称の一覧は、システムカタログのpg_timezone_namesビューまたはpg_timezone_abbrevsビューで確認できる
オフセットの指定	略称とオフセットを指定する

コマンド5-1　タイムゾーンの指定例

```
=# SELECT '1999-10-29 01:30:00'::timestamptz; ↵
      timestamptz
------------------------
 1999-10-29 01:30:00+09
(1 row)

=# SELECT '1999-10-29 01:30:00 JST'::timestamptz; ↵
      timestamptz
------------------------
 1999-10-29 01:30:00+09
(1 row)

=# SELECT '1999-10-29 01:30:00 GMT'::timestamptz; ↵
      timestamptz
------------------------
 1999-10-29 10:30:00+09
(1 row)
```

Column アンチパターン：文字型で日時を管理する

日付や時刻は表示可能な文字で表現することも可能なので、日時を文字型に格納するケースがありますが、2つの観点から望ましくありません。

1つ目は格納領域が無駄になることです。例えばYYYY-MM-DD形式の日付をvarchar型へ格納すると、ヘッダ(1バイト)＋10バイトの領域を取ることになりますが、date型であれば4バイトで済みます。同様にYYYY-MM-DD hh:mm:ss形式の日付をvarchar型へ格納すると、ヘッダ(1バイト)＋19バイトの領域を取ることになりますが、timestamp型であれば8バイトで済みます。

2つ目は文字型のままでは日時に関する演算ができないためです。date型またはtimestamp型であれば、PostgreSQLで用意しているさまざまな演算関数をそのまま使用できます。文字型で格納した場合は、一旦、日時型に型変換するか、自分で演算処理を作成する必要があります。このため、日時を文字型で管理することは避けるべきです。

アプリケーションなどで日時を文字型として扱いたい場合などは、日時型をtext型でキャストした結果を取得することで対応できます。

5.1.4：バイナリ列データ型

バイナリ列データ型を扱う場合は、基本的にbytea型を使用します。しかし格納するデータ量が非常に大きい場合やデータの一部のみを書き換えるような使い方を想定する場合は、ラージオブジェクトの使用も検討してください。

定量制限として、bytea型では最大で1GBまでしか格納できません。ラージオブジェクトは4TBまで格納できます。性能の観点では、格納するデータ量が大きい場合、内部でのデータコピー量が多くなることからbytea型へ

図5-5　ラージオブジェクトの管理

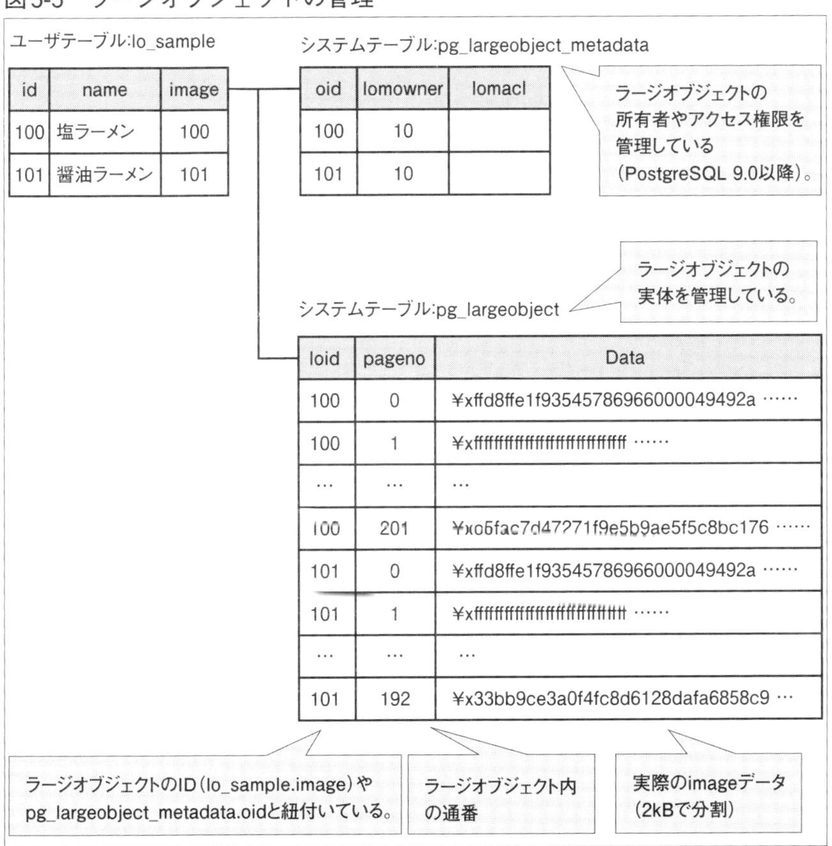

のアクセス性能が悪くなる傾向があります。格納するデータ量が100kBまではbytea型を、それ以上の場合にはラージオブジェクトを使用することを推奨します。

ラージオブジェクトは、PostgreSQL内部での管理方法やアクセス方法がbytea型とはまったく異なります。ラージオブジェクト型のようなデータ型があるわけではなく、テーブル定義上はラージオブジェクトへのポインタとなるラージオブジェクト識別子(oid型)の列を定義します。

ラージオブジェクトの実体はpg_largeobjectというシステムテーブルに格納されます。ラージオブジェクトデータはTOASTと同様に2kB単位のチャンクとして分割して格納されます(**図5-5**)。

ラージオブジェクトへのアクセスは、OSのファイルアクセスに似たAPIを用いて、任意の箇所へシーク／読み込み／書き込みを行います。ラージオブジェクトの詳細な使用方法についてはPostgreSQL文書の「第34章：ラージオブジェクト」を参照してください。

Column JSON型とJSONB型

PostgreSQL 9.4からはJSON型だけではなく、JSONB型というデータ型が追加されました。JSON型とJSONB型の実装上の違いは格納方法にあります。

JSON型はJSON文字列そのものを格納しますが、JSONB型はJSON演算子を高速に処理するためのバイナリ形式として格納します。このため、挿入処理はJSON型が、JSON演算子を用いた検索処理はJSONB型が高速です。用途に応じてJSON型とJSONB型を使い分けることも重要です。

Column 型名のエイリアス

PostgreSQLでは、異なる名称で同じ意味を示すデータ型がいくつか存在しています。例えば、整数値型を示す型名として、int2(smallintと同じ)、int4(integerと同じ)、int8(bigintと同じ)を使用できます。同様にnumeric

と同等のdecimalや、double precisionと同等のfloatという型名を使用できます。

なお、PostgreSQL内のシステムカタログ(pg_type.typname)上ではSQL標準規定のsmallint、integer、bigintという名前ではなく、int2、int4、int8で登録されています。しかし、psqlの¥dメタコマンドなどではsmallint、integer、bigintなどの名前で表示されます(コマンド5-B)。これは¥dメタコマンドで発行されるSQL内で使用している、pg_catalog.format_type()の中で変換しているためです。

コマンド5-B　¥dメタコマンドでの表示

```
=# CREATE TABLE foo (c1 INTEGER, c2 int4, c3 SMALLINT, c4 int2); ↵
CREATE TABLE
=# ¥d foo ↵
                  Table "public.foo"
 Column |   Type   | Collation | Nullable | Default
--------+----------+-----------+----------+---------
 c1     | integer  |           |          |
 c2     | integer  |           |          |
 c3     | smallint |           |          |
 c4     | smallint |           |          |
```

5.2 制約

5.2.1：主キー

主キーは、テーブルの行を一意に特定するため、PRIMARY KEY指定で明示的に設定する列の集合です。PostgreSQLでは主キーに対して、暗黙のうちにB-treeインデックスが設定されます。なお、デフォルトのログレベルの場合、PostgreSQL 9.2までは暗黙のインデックス設定をメッセージとして出力しますが、PostgreSQL 9.3からは暗黙のインデックス設定をメッセージとして出力しなくなりました。

5.2.2：一意性制約とNOT NULL制約

一意性制約とNOT NULL制約により、それぞれ列値に重複がないこと、NULLを含まないことを保証できます。なお、暗黙のB-treeインデックスは主キーだけでなく、一意性制約が定義された列にも作成されます(**コマンド5-2**)。

5.2.3：外部キー制約

複数のテーブル間でデータの整合性をとる(参照整合性と呼びます)場合、外部キーを使用します。外部キーをREFERENCESで指定することで、指定した先のテーブルに存在しない値を該当の列値として使用することができなくなります。

また、RESTRICT指定で参照先の行の削除を抑止したり、CASCADE指定で他のテーブルに依存している行を同時に削除することもできます。更新についても同様の指定が可能です(**コマンド5-3〜5-6**)。

外部キー制約の注意点

外部キー制約は複数のテーブル間でデータの整合をとるために非常に有効ですが、PostgreSQLで使う場合にはいくつか注意点があります。

コマンド5-2　暗黙的なインデックスの設定

```
=# CREATE TABLE foo (id1 int unique not null, id2 int unique, data1 int, ↩
data text); ⏎
CREATE TABLE
=# ¥d foo ⏎
                 Table "public.foo"
 Column |  Type   | Collation | Nullable | Default
--------+---------+-----------+----------+---------
 id1    | integer |           | not null |
 id2    | integer |           |          |
 data1  | integer |           |          |
 data   | text    |           |          |
Indexes:
    "foo_id1_key" UNIQUE CONSTRAINT, btree (id1)
    "foo_id2_key" UNIQUE CONSTRAINT, btree (id2)
```

コマンド5-3 外部キー制約の例

```
=# ¥d ⏎
             List of relations
 Schema |    Name     | Type  |  Owner
--------+-------------+-------+----------
 public | order_items | table | postgres
 public | orders      | table | postgres
 public | products    | table | postgres
(3 rows)

=# ¥d products ⏎
                 Table "public.products"
   Column   |  Type   | Collation | Nullable | Default
------------+---------+-----------+----------+---------
 product_no | integer |           | not null |
 name       | text    |           |          |
 price      | integer |           |          |
Indexes:
    "products_pkey" PRIMARY KEY, btree (product_no)
Referenced by:
    TABLE "order_items" CONSTRAINT "order_items_product_no_fkey" FOREIGN ➡
KEY (product_no) REFERENCES products(product_no) ON DELETE RESTRICT

=# ¥d orders ⏎
                    Table "public.orders"
      Column      |  Type   | Collation | Nullable | Default
------------------+---------+-----------+----------+---------
 order_id         | integer |           | not null |
 shipping_address | text    |           |          |
Indexes:
    "orders_pkey" PRIMARY KEY, btree (order_id)
Referenced by:
    TABLE "order_items" CONSTRAINT "order_items_order_id_fkey" FOREIGN KEY ➡
(order_id) REFERENCES orders(order_id) ON DELETE CASCADE

=# ¥d order_items ⏎
               Table "public.order_items"
   Column   |  Type   | Collation | Nullable | Default
------------+---------+-----------+----------+---------
 product_no | integer |           | not null |
 order_id   | integer |           | not null |
 quantity   | integer |           |          |
Indexes:
    "order_items_pkey" PRIMARY KEY, btree (product_no, order_id)
```

（次ページへ続く）

（前ページからの続き）

```
Foreign-key constraints:
    "order_items_order_id_fkey" FOREIGN KEY (order_id) REFERENCES ⮒
orders(order_id) ON DELETE CASCADE
    "order_items_product_no_fkey" FOREIGN KEY (product_no) REFERENCES ⮒
products(product_no) ON DELETE RESTRICT

=# TABLE products; ⏎
 product_no |  name  | price
------------+--------+-------
        101 | Orange |    50
        102 | Banana |   150
        103 | Melon  |   300
(3 rows)

=# TABLE orders; ⏎
 order_id | shipping_address
----------+------------------
     1001 | Kanagawa
     1002 | Tokyo
(2 rows)

=# TABLE order_items; ⏎
 product_no | order_id | quantity
------------+----------+----------
        101 |     1001 |        5
        102 |     1001 |        2
        101 |     1002 |        3
(3 rows)
```

コマンド5-4　外部キー制約による挿入失敗（例）

```
=# INSERT INTO order_items VALUES (104, 1002, 1); ⏎
ERROR: insert or update on table "order_items" violates foreign key ⮒
constraint "order_items_product_no_fkey"
DETAIL: Key (product_no)=(104) is not present in table "products".
```

コマンド5-5　外部キー制約による削除の抑止（例）

```
=# DELETE FROM products WHERE product_no = 101; ⏎
ERROR: update or delete on table "products" violates foreign key ⮒
constraint "order_items_product_no_fkey" on table "order_items"
DETAIL: Key (product_no)=(101) is still referenced from table "order_items".
```

コマンド5-6　外部キー制約による削除のカスケード（例）

```
=# DELETE FROM orders WHERE order_id = 1002; ↵
DELETE 1
=# TABLE orders; ↵
 order_id | shipping_address
----------+------------------
     1001 | Kanagawa
(1 row)

=# TABLE order_items; ↵
 product_no | order_id | quantity
------------+----------+----------
        101 |     1001 |        5
        102 |     1001 |        2
(2 rows)
```

1つ目の注意点は、外部キーには暗黙的なインデックスが設定されない点です。例えばテーブルAの主キー列をテーブルBの外部キー列として指定した場合、テーブルAの主キー列には暗黙的なインデックスが設定されますが、テーブルBの外部キー列には暗黙的なインデックスが設定されません。この状態でテーブルBの外部キー列を条件とするクエリを発行した場合、テーブルBをフルスキャンしてしまいます。これを防止するため、外部キー側にも明示的なインデックスを必要に応じて設定してください。

2つ目の注意点は、テーブル間で外部キーの型を一致させることです。通常は異なる型で外部キーを作成することはないですが、型が異なる場合は型変換や関数で型を一致させる必要があります。

5.2.4 検査制約

これまでの制約のほかに、任意の制約(検査制約)を指定できます。検査制約を用いることで、システム要件に合わせた列の値域を制約して、不正なデータが登録されないようにできます。PostgreSQLの検査制約には、列制約(1つの列に対する制約)とテーブル制約(複数の列に対する制約)の2種類があります。

列制約（1つの列に対する制約）

列定義にCONSTRAINT句と条件式を指定することで、列に対する検査

コマンド5-7　検査制約（列制約）の例

```
=# CREATE TABLE book (id INTEGER PRIMARY KEY, name TEXT, price INTEGER ↗
CONSTRAINT positive CHECK (price >= 0)); ↵
CREATE TABLE
=# ¥d book ↵
                Table "public.book"
 Column |  Type   | Collation | Nullable | Default
--------+---------+-----------+----------+---------
 id     | integer |           | not null |
 name   | text    |           |          |
 price  | integer |           |          |
Indexes:
    "book_pkey" PRIMARY KEY, btree (id)
Check constraints:
    "positive" CHECK (price >= 0)

=# INSERT INTO book VALUES (1, 'PostgreSQL note', -1000); ↵
ERROR:  new row for relation "book" violates check constraint "positive"
DETAIL:  Failing row contains (1, PostgreSQL note, -1000).
```

コマンド5-8　検査制約（テーブル制約）の例

```
=# CREATE TABLE book (id INTEGER PRIMARY KEY, name TEXT, price INTEGER, ↗
discount INTEGER, CONSTRAINT price_discount CHECK (price > discount)); ↵
CREATE TABLE
=# ¥d book ↵
                 Table "public.book"
  Column  |  Type   | Collation | Nullable | Default
----------+---------+-----------+----------+---------
 id       | integer |           | not null |
 name     | text    |           |          |
 price    | integer |           |          |
 discount | integer |           |          |
Indexes:
    "book_pkey" PRIMARY KEY, btree (id)
Check constraints:
    "price_discount" CHECK (price > discount)

=# INSERT INTO book VALUES (1, 'PostgreSQL note', 1000, 1200); ↵
ERROR:  new row for relation "book" violates check constraint "price_discount"
DETAIL:  Failing row contains (1, PostgreSQL note, 1000, 1200).
```

制約を設定できます。例えば、**コマンド5-7**ではinteger型の「price」に対して「0以上の数」という検査制約を設定することで、負数の登録を抑止します。

テーブル制約（複数の列に対する制約）

複数の列に関連するテーブル制約を指定したい場合には、列定義のリストとしてCHECK(条件式)という形式で記述します。例えば**コマンド5-8**のように、discountはpriceよりも必ず小さな値になるという制約を設定できます。

検査制約の適用順序

1つの表に対して列制約やテーブル制約を複数記述できますが、その場合、どういった順序で制約が評価されるのかはPostgreSQLバージョンによって異なります。PostgreSQL 9.4までは、制約の評価順序は不定でした。PostgreSQL 9.5以降は、列制約およびテーブル制約の名称順に評価されます。

どれか1つの制約に違反しても挿入や更新は失敗するので、制約の評価順序を意識して制約を定義する必要はありませんが、PostgreSQL 9.5以降では制約違反が発生した場合に出力されるエラーメッセージを確認することによって、どの制約まで妥当と評価されたのかが判断しやすくなりました。

5.3 PostgreSQL固有のテーブル設計

5.3.1：TOASTを意識したテーブル設計

TOASTとは「過大属性格納技法(The Oversized-Attribute Storage Technique)」の略称で、名前のとおり非常に大きな列の値を格納する実装技法です(**図5-6**)。

PostgreSQLサーバ側でこうした管理をすることで、データベースにアクセスするクライアントは1行のサイズが短くても長くても、特にアクセス方

図5-6 TOASTの格納イメージ

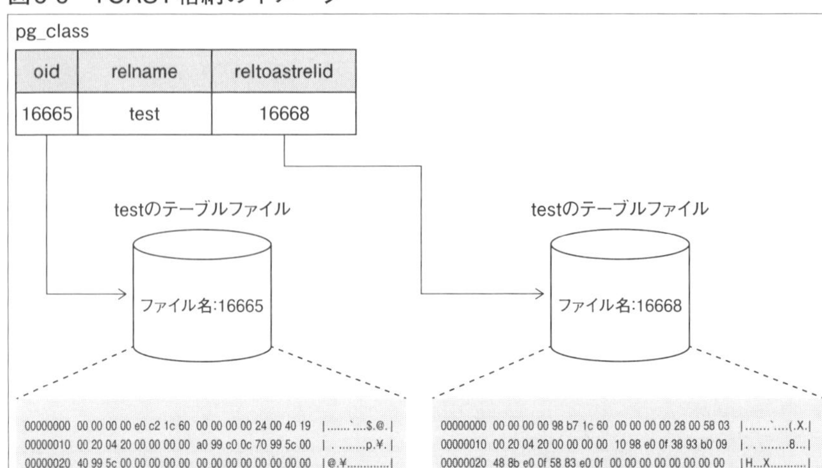

式やSQLを変えることなくデータを参照／更新できます。

非常に大きなデータを1つの列に格納する場合や、大量の列を持ち1行の長さが大きくなる場合は、PostgreSQLではTOAST（特殊な領域）にデータを配置し、データブロック内には該当するTOAST領域への参照情報を持ちます。TOAST化はテーブルに格納しようとする行のサイズが2kB[注1]を超えるときに実行されます。TOAST化の処理では、行のサイズが2kBより小

注1　通常は2kBです。ソースファイルからPostgreSQLをビルドするときにファイルのブロックサイズを変更した場合、そのブロックサイズの1/4のサイズになります。

表5-6　TOASTの格納方法

格納方法	説明	対応する主なデータ型
PLAIN	圧縮や行外への格納を行わない。固定長データ型などのTOAST化不可能のデータ型に適用する	INTEGER
		FLOAT
		DOUBLE PRECISION
		DATE
		TIMESTAMP
EXTENDED	圧縮と行外の格納を行う。ほとんどのTOAST可能のデータ型のデフォルトはこの方法である	CHAR(n)
		VARCHAR(n)
		TEXT
		BYTEA
EXTERNAL	非圧縮の行外格納を行う。TEXTとBYTEAに対して設定すると格納領域が増加する代わりに列全体に対する部分文字列操作が高速化される	
MAIN	圧縮を行うが、行外の格納は極力行わない	NUMERIC

さくなるまで個々の列の値を圧縮し、行内とは別の領域に列の値を移動しようとします。

TOASTの格納方法は4種類あります(表5-6)。

格納方法は通常、データタイプごとに決められていますが、テーブル作成後に次のコマンドで変更することも可能です。必要に応じて変更するようにしましょう。

```
ALTER TABLE テーブル名 ALTER 列名 SET STORAGE 格納方法
```

TOASTされた行が格納されるときに分割処理や圧縮処理などが行われ、また逆にそうした行を参照する場合には、圧縮されたデータが伸長/結合されることになります。

PostgreSQLのTOAST処理は十分に効率化されているため、TOASTを発生させないように意識する必要はそれほどありません。しかし、列数が非常に多くなることで1行の格納サイズがTOAST対象になる場合には、表を適切に垂直分割することでTOAST対象外にできます。

5.3.2：結合を意識したテーブル設計

テーブルの結合処理(JOIN)は、性能に大きな影響を与えることがあります。テーブルの論理設計で忠実に正規化することにより、業務上必要なクエリを発行するときに結合数が増加することがあります。結合数が非常に多くなると、通常の問い合わせ最適化より若干精度の劣る問い合わせ最適化になることがあります。このような場合は、正規化を崩して結合数を減らすことも検討します。

Column 遺伝的問い合わせ最適化

PostgreSQLのプランナでは結合方式の最適化のために実行計画を総当たりで評価します。この方式は、結合対象となるテーブルの数が少ない場合には性能上大きな問題にはなりませんが、テーブル数の増加に伴って指数的に最適化処理のコストが増加していきます。

このため、クエリ内で扱うテーブル数がある一定の閾値(通常は12です)を超えた場合に、遺伝的問い合わせ最適化という手法により実行計画を生成します。遺伝的問い合わせ最適化で生成された実行計画は、総当たり方式で生成された実行計画よりも精度の面では劣ることがありますが、実行計画自体の作成時間を総当たり方式より短縮できます。

詳細はPostgreSQL文書「第59章：遺伝的問い合わせ最適化」を参照してください。

5.4 ビューの活用

ビューとは1つ以上の表に対する問い合わせ結果を1つの表としてまとめたものです。ビューを有効に使うことで、アプリケーションに対するクエリを簡易化したり、セキュリティの観点で参照させたくない列を見せなくするといったことが可能になります。

ビューには大きく分けて「ビュー」と「マテリアライズドビュー」の2種類があります。

5.4.1：ビュー

ビューには実体はありません。ビューを定義するときにはクエリを指定します。例えば、**コマンド5-9**のようなテーブルが存在するデータベースがあるとします。

pgbench_accountsとpgbench_branchesを結合したビューを定義します(**コマンド5-10**)。

ビューの内容はpsqlの**¥d+**メタコマンドで確認できます(**コマンド5-11**)。ビューの表示内容はテーブルの表示内容と似ていますが、View definitionとしてCREATE VIEW文の実行時に指定したクエリ内容も表示されます。

ビューには実体がないため、テーブルサイズの取得関数をビューに対して実行しても、サイズは0として表示されます(**コマンド5-12**)。

定義したビューを検索するときには、ビューの定義時に指定したクエリが

コマンド5-9　テーブルの一覧

```
=# ¥d ⏎
              List of relations
 Schema |       Name       | Type  |  Owner
--------+------------------+-------+----------
 public | pgbench_accounts | table | postgres
 public | pgbench_branches | table | postgres
 public | pgbench_history  | table | postgres
 public | pgbench_tellers  | table | postgres
(4 rows)
```

コマンド5-10　ビュー定義の例

```
=# CREATE view v_accounts_branches AS ⏎
-# SELECT a.aid, ⏎
-#    b.bid, ⏎
-#    a.abalance, ⏎
-#    b.bbalance ⏎
-# FROM pgbench_accounts a ⏎
-# JOIN pgbench_branches b ON a.bid = b.bid; ⏎
CREATE VIEW
```

コマンド5-11 ビュー内容の表示の例

```
=# ¥d+ v_accounts_branches ↵
                     View "public.v_accounts_branches"
  Column  |  Type   | Collation | Nullable | Default | Storage | Description
----------+---------+-----------+----------+---------+---------+-------------
 aid      | integer |           |          |         | plain   |
 bid      | integer |           |          |         | plain   |
 abalance | integer |           |          |         | plain   |
 bbalance | integer |           |          |         | plain   |
View definition:
 SELECT a.aid,
    b.bid,
    a.abalance,
    b.bbalance
   FROM pgbench_accounts a
     JOIN pgbench_branches b ON a.bid = b.bid;
```

コマンド5-12 ビューのサイズ表示

```
=# SELECT pg_relation_size('v_accounts_branches'); ↵
 pg_relation_size
------------------
                0
(1 row)
```

実行され、そのクエリの結果を見せます。ビューに対して全列／全件取得するクエリ(TABLE文)をEXPLAINを付けて実行してみると、ビューの定義時に指定したクエリの計画が表示されます(**コマンド5-13**)。

もちろん、ビューに対する検索時に別の条件を指定することもできます(**コマンド5-14**)。別の条件を付与した場合でも、ビューの結果に対して別の条件を適用するわけではなく、プランナがビューに指定したクエリと別に指定した条件を合わせて最適な実行計画を作成します。

基本的にはビューを指定することによって実行計画が劣化する心配はありません。ビューを使うことでアプリケーションから見たクエリの見通しを良くすることもできるため、積極的に使っておきたい機能です。

PostgreSQL 9.3から、単純なビュー定義の場合、そのビューに対して更新(INSERT、UPDATE、DELETE)が可能になりました。単純なビュー定義というのは、例えば、ただ1つのFROM句から構成されたSELECT文で

コマンド5-13 ビューに対する検索例

```
=# EXPLAIN TABLE v_accounts_branches; ↵
                                    QUERY PLAN
----------------------------------------------------------------------------------
 Hash Join  (cost=1.02..3016.02 rows=100000 width=16)
   Hash Cond: (a.bid = b.bid)
   ->  Seq Scan on pgbench_accounts a  (cost=0.00..2640.00 rows=100000 width=12)
   ->  Hash  (cost=1.01..1.01 rows=1 width=8)
         ->  Seq Scan on pgbench_branches b  (cost=0.00..1.01 rows=1 width=8)
(5 rows)
```

コマンド5-14 ビューに対する検索例（条件を付与）

```
=# EXPLAIN SELECT aid, abalance, bbalance FROM v_accounts_branches WHERE aid = 100; ↵
                                    QUERY PLAN
----------------------------------------------------------------------------------------------------
 Nested Loop  (cost=0.29..9.33 rows=1 width=12)
   Join Filter: (a.bid = b.bid)
   ->  Index Scan using pgbench_accounts_pkey on pgbench_accounts a  (cost=0.29..8.31 rows=1 width=12)
         Index Cond: (aid = 100)
   ->  Seq Scan on pgbench_branches b  (cost=0.00..1.01 rows=1 width=8)
(5 rows)
```

ある、集約関数を使用しないなどの条件を満たすものです。

更新可能ビュー定義の詳細はPostgreSQL文書の「パートIV. I. SQLコマンド」を参照してください。

5.4.2：マテリアライズドビュー

マテリアライズドビューは、名前のとおり「実体化された」ビューです。

ビューはデータの実体を持たず、ビューに対して検索されたときに、定義されたクエリを実行して結果を返却するものです。マテリアライズドビューは作成時に、指定したクエリを実行した結果を保持します。つまりテーブルのように実体を持ちます。ただし、実際の表とは異なり、マテリアライズドビューに対する更新操作はできません。

ビューの場合、定義されたクエリで使用しているテーブルの内容が変更されれば、それに応じてビューの検索結果は変わります。しかし、マテリアライズドビューの場合には、元になったテーブルの内容が変更されても、マテリアライズドビューの検索結果は変わりません。マテリアライズドビューの内容を更新するためには、REFRESH MATERIALIZED VIEWという別の更新コマンドを使用します。

マテリアライズドビューが有効なケース

マテリアライズドビューを有効的に利用するケースは、集約処理などの複雑で時間のかかるクエリの結果を保存する場合です。クエリの結果に対しても検索できるので、いわば複雑な検索処理の中間結果として使えます。しかし、マテリアライズドビューを生成する元になった表が更新されても、マテリアライズドビューの結果は変わらないため、必ずしも最新の情報から結果を得る必要がない、といった場合に有効なビューといえます。

マテリアライズドビューの更新

現状のPostgreSQLではマテリアライズドビューの更新は、以前の結果を破棄して新規に再生成します。残念ながら更新差分のみを取り出して反映できません。このため、マテリアライズドビューの更新は、初期生成時と同じ程度のコストがかかる処理であると意識してください。

PostgreSQL 9.3では、マテリアライズドビューの更新中は、他セッションからの検索もロックされてしまいます。PostgreSQL 9.4 以降では、特定条件を満たす場合、かつCONCURRENTLYオプションを付けることで更新中に他セッションからの検索が可能になります(更新処理に時間はかかるようになります)。

鉄則

- ☑文字列型を扱う場合はTOASTの影響を考慮します。
- ☑暗黙的に作成されるインデックスを確認し、無駄なインデックスを排除します。
- ☑ビューやマテリアライズドビューの作成も考慮します。

第6章 物理設計

データベースを効率良く運用するためには、各ファイルをどこに、どのように格納するかといった物理的な面を考慮した設計が重要です。
本章では、性能を引き出すためのデータ配置のポイントやインデックス定義について説明します。

6.1 各種ファイルのレイアウトとアクセス

データベースの容量を設計する際に必要なPostgreSQLで使われる各種ファイルのレイアウトやファイルサイズが増加／減少するタイミングを説明します。

6.1.1：PostgreSQLのテーブルファイルの実態

PostgreSQLでは、テーブル用のファイルもインデックス用のファイルもファイル形式は統一されています。

基本的には8,192バイトのページと呼ばれる固定長領域が連続して配置されたものになります。固定長領域は、最大約1GBまで拡張され、それを超える場合はファイル名(ファイルノード番号がファイル名になります)が同一で、異なる拡張子(連番が付与されます)を持つセグメントとして分割管理されます。つまり、1GB以上のテーブル／インデックスは、「ファイルノード番号」「ファイルノード番号.1」「ファイルノード番号.2」……といった形で管理されていきます(**図6-1**)。このような構成にすることでファイルシステムの制約により長大なファイルを管理できないOS上でも、非常に大きなサイズのテーブルを管理できるようになります。

コマンド6-1は3つのセグメントに分かれているテーブルファイルの例を示します。pgbench_accountsテーブルのファイルノード番号をpg_classシステムカタログから検索しています(**コマンド6-1**では「16416」です)。このテーブルが属するデータベースディレクトリに、16416ファイルとセグメントのファイルを示す拡張子が「.1」と「.2」のファイルが存在していることがわかります。

なお、PostgreSQLで管理できる1つのテーブルやインデックスのサイズの上限は32TBです。ただし、テーブルのパーティショニングを用いて、32TBよりも大きなテーブルを管理することも可能です。

図6-1　テーブル／インデックスファイルの構成

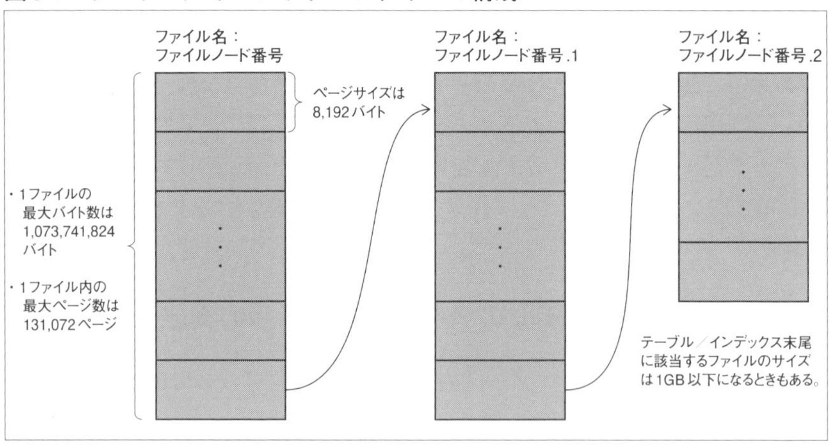

コマンド6-1　複数のセグメントを持つテーブルファイルの例

```
pgbench=# SELECT relname, relfilenode FROM pg_class WHERE relname LIKE 
'pgbench_accounts';
     relname      | relfilenode
------------------+-------------
 pgbench_accounts |       16416
(1 row)

pgbench=# ¥q
$ ls -l base/16384/16416*
-rw-------. 1 postgres postgres 1073741824  6月 10 15:35 base/16384/16416
-rw-------. 1 postgres postgres 1073741824  6月 10 15:35 base/16384/16416.1
-rw-------. 1 postgres postgres  538419200  6月 10 15:35 base/16384/16416.2
-rw-------. 1 postgres postgres     679936  6月 10 15:35 base/16384/16416_fsm
-rw-------. 1 postgres postgres          0  6月 10 15:33 base/16384/16416_init
-rw-------. 1 postgres postgres      90112  6月 10 15:35 base/16384/16416_vm
```

6.1.2：テーブルファイル

テーブルファイルは、データ実体を格納するファイルで、固定長領域(ページ)が連続して配置されています。ページ内のレイアウトは**図6-2**のとおりです。また、各ページは大きく分けて、**表6-1**に示す5つの領域に分けられています。

ページヘッダ

ページヘッダ(PageHeaderData)はページ先頭にある領域で、サイズは24バイト固定です。ページヘッダには、自ページ内の管理情報が格納されて

図6-2 ページ内のレイアウトイメージ

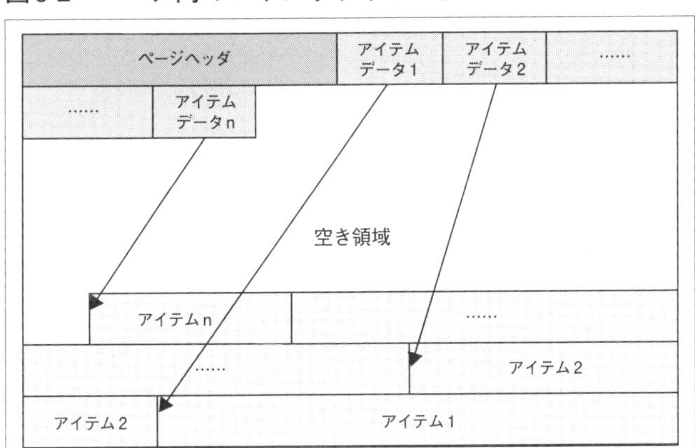

表6-1 ページ内の領域

領域名	サイズ	内容
ページヘッダ	24バイト	ページ内の管理情報と自ページに対する最近の更新情報(WALに関する情報)
アイテムIDデータ	可変	アイテムのオフセットや長さ、アイテムの属性情報
空き領域	可変	アイテムデータ末尾とアイテム先頭の間の使用されていない領域。FILLFACTORの設定でデータ挿入時に使用可能な空き領域の割合が変動する
アイテム	可変	タプルの実体。空き領域の末尾から格納される
特殊な空間	可変	空き領域の後に配置される。ページ内容がインデックスの場合に設定される（テーブルの場合は設定されない）

います(表6-2)。

アイテムIDデータ

アイテムIDデータは、行データの開始オフセットと行長、行の状態を示すフラグが格納されています(表6-3)。必要なアイテムIDデータの数はページ内に格納されている行数と同じになり、個々のアイテムIDデータは32ビット(4バイト)の領域が必要です。つまり、アイテムIDデータ領域全体のサイズは次のとおりです。

```
4 * ページ内に格納されている行数
```

表6-2　ページヘッダ

領域名	長さ（バイト）	内容
pd_lsn	8	LSN（Log Sequence Number；このページに対して行われた最後の更新ログの位置）
pd_checksum	2	ページチェックサム
pd_flags	2	フラグ（ビット列）の格納領域
pd_lower	2	空き領域の開始箇所のページ先頭からのオフセット
pd_upper	2	空き領域の終了箇所のページ先頭からのオフセット
pd_special	2	特殊な空間のページ先頭からのオフセット
pd_pagesize_version	2	ページサイズおよびレイアウトのバージョン番号の情報※
pd_prune_xid	4	ページ内で最古のトランザクションID

※バージョン8.3以降:「4」、8.2および8.1:「3」、8.0:「2」、7.4および7.3:「1」、7.2以前:「0」

表6-3　アイテムIDデータ

領域名	長さ（ビット）	内容
lp_off	15	対応するタプルの開始オフセット（バイト数）
lp_flags	2	タプルの状態を示すビットフラグ。 次の4つの状態のいずれかがセットされている 0：未使用 1：使用中 2：HOT更新でリダイレクトされている 3：無効
lp_len	15	対応するタプルの長さ（バイト数）

空き領域

空き領域はアイテムIDデータの末尾とアイテムデータの先頭までの領域です。行の追加時にFILLFACTORで設定した比率の充填率を超える場合は、新規にページを作成して追加します。

アイテム

行データそのものが格納される領域で、ページ末尾からページ先頭方向に向かって格納されます。行データの大きさは可変で、行ヘッダと各列の値によって決まります。

特別な領域

インデックスアクセスメソッドに関連する特殊な情報が格納されるため、テーブルファイルの場合は使用されません。例えば、B-treeインデックスのインデックスファイルの場合は、ツリー構造上の両隣のページへのリンクなどが格納されます。

テーブルファイルおよびページ内のレイアウトを理解することで、次のようにテーブルファイルの総サイズの概算値を算出できます。テーブルファイルの形式はバージョンによって異なりますが、PostgreSQL 8.3以降のファイル形式(ページサイズ＝8,192バイト)を例にします。

テーブルファイルの概算値を求めるために必要な入力情報は、「行の想定平均サイズ(TS)[注1]」「想定レコード数(RN)」「FILLFACTOR(FF)」の3つです。

総ページ数の概算値の算出例を示します。

```
総ページの概算値 = (RN * TS) / ((8192 * FF) - 24)
```

例えば、「行の想定平均サイズが100バイト」「想定レコード数が10万件」「FILLFACTORが80%」の場合は、次のようなページ数となります。

```
1532(ページ数) ≒ ( 100000 * 100 ) / ( ( 8192 * 0.8 ) - 24 )
```

注1　行ヘッダや可変長列ヘッダサイズを含みます。

テーブルファイルのサイズは、次のタイミングで増加します。

・データの挿入時
・データ更新時に既存の再利用可能な領域が使用できず、新規ページが追加された場合

また、テーブルファイルのサイズは、次のタイミングで減少します。

・DROP TABLEでテーブル自体を削除した場合
・TRUNCATE TABLEでテーブル全体を空にした場合
・CLUSTERでテーブルをインデックス順に再構成した場合[注2]
・VACUUM FULLを実行した場合[注2]

なお、テーブルファイルの末尾に無効領域しか存在しない場合はFULLオプションのないVACUUMでもテーブルファイルが減少することがあります。

6.1.3：インデックスファイル

インデックスファイルは、CREATE INDEX文で作成されたインデックスの実体を格納するファイルです。

インデックスファイルの構成は、テーブルファイルの構成(**図6-1**)とほぼ同様ですが、各ページの末尾で「特別な領域」を持ち、行の代わりにインデックスエントリが格納されます。インデックスは、メタページ、ルート、インターナル、リーフの4種類のページから構成され、全体として1つ木構造を構成します(**図6-3**)。

インデックスファイルの先頭ページは、制御用の情報が格納されたメタページとなります。インデックスファイルのサイズは、次のタイミングで増減します。

注2　CLUSTER／VACUUM FULLの処理中には、再構成対象のテーブルと同じ大きさの中間領域が必要となります。このため、ディスク容量が溢れそうな状態では、これらのコマンドの実行が失敗する可能性があります。

図6-3 インデックスファイルとインデックスツリー

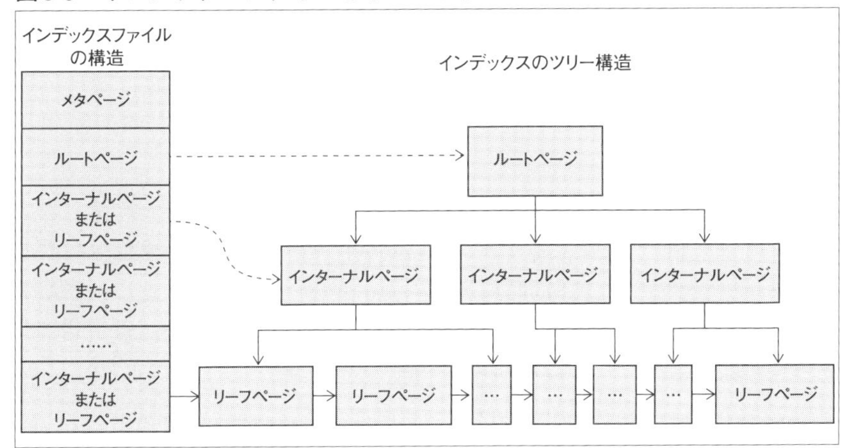

増加するタイミング

・データの挿入時
・データ更新時に既存の再利用可能な領域が使用できず、新規ページが追加された場合

減少するタイミング

・DROP INDEXでテーブル自体を削除した場合
・TRUNCATE TABLEでテーブル全体を空にした場合
・REINDEXでインデックスを再構成した場合

6.1.4：テーブルファイルに対するアクセス

テーブルに対するアクセスは、大別すると「シーケンシャルアクセス」と「インデックスアクセス」に分類されます。

シーケンシャルアクセス

シーケンシャルアクセスは条件を与えない検索やインデックスを使用しない場合にテーブルファイルのすべてのページを順々に参照するアクセス方法です。すべてのページを参照するため、テーブルファイルのサイズに応じてほぼ線形に処理時間が増大します。また、更新によって発生した不要領域もページに含まれるため、不要領域の量が多いと参照に時間がかかることがあります。

インデックスアクセス

インデックスアクセスは、インデックスファイル内に格納されたインデックスを辿り、インデックスのリーフに設定されたテーブルファイルへのポインタからテーブルファイルの特定のページを取得します。シーケンシャルアクセスと比較すると、ファイル先頭から各ページを読む必要はないため、テーブルサイズによる性能への影響は低くなります。代わりにファイルに対するランダムアクセスが頻発することになります。

6.2 WALファイルとアーカイブファイル

PostgreSQLに限らず、データベースシステムにおいて信頼性、つまりコミットされたトランザクションを担保する仕組みはとても重要です。PostgreSQLでは停電、OSの障害、PostgreSQL自体の障害などによる異常が発生しても、異常発生直前にコミットされた状態までリカバリ(クラッシュリカバリ)できます。また、データベースファイルの破壊があっても過去の更新ログを用いてリカバリ(ポイントインタイムリカバリ)することもできます。ここでは、そうしたリカバリ時に使用されるファイルの内容について説明します。

6.2.1：WALファイル

WALファイルは、先行書き込みログ(WAL：Write Ahead Logging)が格納される非常に重要なファイルです。PostgreSQLに対して更新要求があった場合、まず更新のログをWALバッファに書き込みます。そしてトランザクションがコミットされる、あるいは更新量が多いためWALバッファがあふれる場合に、WALバッファの内容がWALファイルに書き込まれます。

WALファイルは16MB単位のファイルとして作成され、サイズは変動しません。また、シーケンシャルにWALの情報が書き込まれています。なお、PITR(Point In Time Recovery)によるリカバリでは、WALファイルだけでは完全な復旧ができないケースがあります(PITRによる復旧にはアーカイブファイルも必要です)。

テーブルファイルやインデックスファイルとは異なり、pg_wal上に存在する総WALファイルサイズは、PostgreSQLの設定パラメータ「max_wal_size」によって決定します。

WALファイルの領域は、少なくともmax_wal_size分の容量が必要になります。適切にmax_wal_sizeの値が設定されていれば、この容量を超えることはありませんが、アーカイブファイルの取得に失敗するケースなどでは上限を超えることに注意が必要です。なお、max_wal_sizeの値はチェックポイントが動作するタイミングを制御するものでもあります。チェックポイントが動作するWALファイル数には、checkpoint_completion_targetパラメータも関与しており、次の式で求められます。

```
チェックポイントが動作するWALファイル数 =
(max_wal_size / 16MB) / (2 + checkpoint_completion_target)
```

短期間に更新ログが多く発生し、総WALファイルサイズを使い切るとWALファイルは再利用されます。つまり、以前の更新ログが上書きされ、消去されてしまいます。

6.2.2：アーカイブファイル

アーカイブファイルはPITR(Point In Time Recovery)で必要となる過去の更新ログファイルです。アーカイブファイルは、PostgreSQLの設定でアーカイブモードを有効にしているときに、WALファイルのコピーとして生成されます[注3]。アーカイブファイルの内容はWALファイル(前項)と同一のものになります。

アーカイブファイルは最新のベースバックアップ取得後のもののみ使用されます。つまり、最新のベースバックアップより以前のアーカイブファイル

注3　PostgreSQLの設定パラメータで「wal_level=replica」、「archive_mode=on」を設定する必要があります。また、archive_commandで指定したコマンド(通常はOSのcpコマンドを使用)によってWALファイルからアーカイブファイルへコピーが行われます。

は保持しても意味がないため、古いアーカイブファイルを削除する運用が必要になります。アーカイブファイルはWALファイルとは異なり、循環的に利用することはないためディスク上限まで増加します。

6.3 HOTとFILLFACTOR

6.3.1：HOT

PostgreSQL 8.3からHOT(Heap Only Tuple[注4])という仕組みが導入され、PostgreSQLの更新性能が大幅に向上しました。また、HOTによりバキュームの対象となる不要領域そのものの発生量が減少しました。

HOTは次のような処理をすることで更新性能を向上させています。

・UPDATE時のインデックスエントリの追加処理をスキップする
・VACUUM処理を待つことなく不要領域を再利用可能にする

HOTが有効になるのはインデックスを持たない列への更新時で、さらに更新対象の行と同じページ内に空きがあり、新しい行を挿入可能な場合です。空きがない場合にはHOT更新とはならず、新規にページを払い出して行を挿入します(**図6-4**)。次のような更新処理の場合、HOTは働きません。

・DELETE + INSERTのような更新シーケンス
・インデックス列を更新するUPDATE
・一度に大量の行を更新するようなUPDATE

なお、TOAST対象となった列へのUPDATEでは、HOT機能のうちインデックスエントリの追加処理をスキップする機能は働きません。これは、TOASTの更新が削除と挿入の組み合わせで実装されているためです。た

注4　PostgreSQLではテーブル内に格納する行を「タプル(tuple)」と呼びます。

図6-4　HOT機能

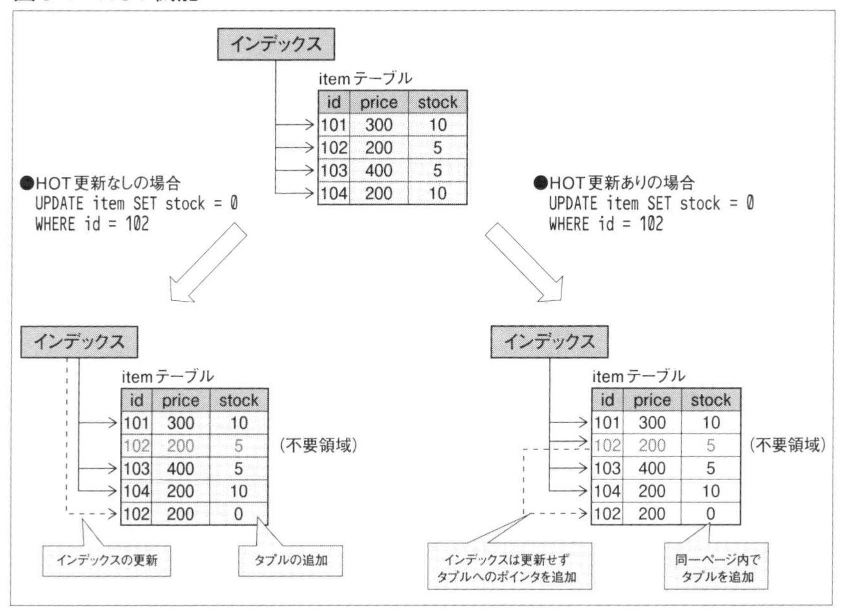

だし不要領域の即時再利用については動作します。

HOT機能自体は、ユーザが意識的に制御できるものではありませんが、HOTを効果的に活用するためにはFILLFACTORによる物理設計を考慮する必要があります。

6.3.2：FILLFACTOR

FILLFACTORはページ内の空き領域を、どの程度データ挿入用に利用するのかを示すパラメータです。パラメータを小さくすると、挿入時に使用できる領域は減りますが、更新時に空き領域を有効活用できます。

PostgreSQLは追記型のアーキテクチャをとっているため、データページに更新があった場合、同一ページの空き領域を更新のために使用しますが、空き領域がない場合には、新しくページを生成して更新情報を格納します(図6-5)。

更新操作が発生するテーブルの場合、更新用の領域をある程度確保して

図6-5 FILLFACTOR有無による挙動の違い

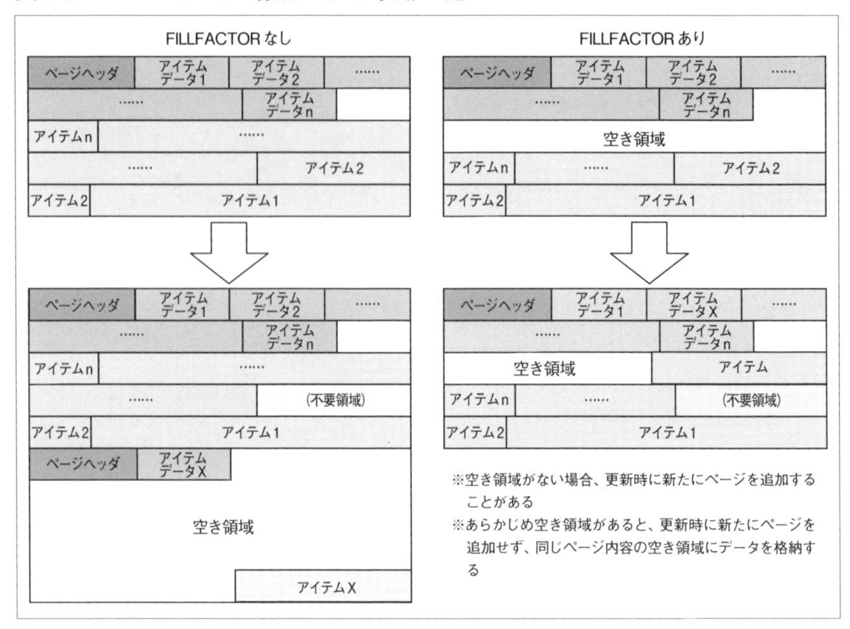

おくことで、新しいページの生成を抑止できます。FILLFACTORのデフォルト値は、テーブルでは「100%」、インデックスでは「90%」になっています。テーブルのFILLFACTOR値は、次の考え方で設定します。

- 該当テーブルに対する更新や削除がない場合(挿入と検索しか行わない場合)は「100%」のままとする
- 更新がある場合、該当テーブルの平均的なレコード長の2倍程度の空き領域を確保するように設定する(2レコード分の空き領域があれば、同時にそのページへの更新が発生しないかぎり空き領域を交互に使う可能性が高いため、新規ページを確保する可能性が減少する)
- FILLFACTORはあまり小さくしすぎると各ページで多くの空き領域を抱えることになり無駄が生じる(同じレコード数を格納する場合、より多くのディスク容量を使用する)。一般的にFILLFACTORの下限は70%程度が適切と考えられる

FILLFACTORの確認方法

FILLFACTORはCREATE TABLE文を用いてテーブル作成時に設定したり、ALTER TABLE文を使って変更できますが、設定したFILLFACTORの値はどう確認するのでしょうか？

実はFILLFACTORの値は、psqlの¥dメタコマンドなどでは表示されません。FILLFACTORの値は、pg_classシステムカタログのreloptions列に「fillfactor=数値」という書式で格納されています(reloptionsに他のオプションも設定されている場合は一緒に設定されています)。このため、テーブルごとのFILLFACTORの値を確認したい場合には、**コマンド6-A**のようなクエリを実行します(FILLFACTORを明示的に設定していない場合は空白になります)。

コマンド6-A　テーブルごとのFILLFACTORの値を確認

```
pgbench=# SELECT nspname as schema, relname, relkind, reloptions FROM ↗
pg_class C LEFT JOIN pg_namespace N ON relnamespace = N.oid WHERE ↗
relkind IN ('i', 'r') AND nspname = 'public'; ↵
 schema |        relname         | relkind |   reloptions
--------+------------------------+---------+-----------------
 public | pgbench_history        | r       |
 public | pgbench_tellers        | r       | {fillfactor=80}
 public | pgbench_branches       | r       | {fillfactor=80}
 public | pgbench_accounts       | r       | {fillfactor=80}
 public | pgbench_branches_pkey  | i       |
 public | pgbench_tellers_pkey   | i       |
 public | pgbench_accounts_pkey  | i       |
(7 rows)
```

6.4 データ配置のポイント

PostgreSQLの各種ファイルは、通常データベースクラスタ内に格納されています。ただし、設定により各種ファイルをデータベースクラスタ外に配置できます。ここでは、それぞれの領域についてデータベースクラスタ外に配置するときの注意点を確認していきます。

6.4.1：base領域

base領域にはデータベースディレクトリが格納され、その配下にテーブルファイルやインデックスファイルなどが格納されます。基本的にはデータの挿入によりサイズが増加します。この領域のサイズは、初期時の想定サイズだけでなく、運用開始後のデータ増分予測も踏まえて検討する必要があります。なお、テーブル空間機能(次節)によって、テーブルやインデックスの物理的なディスク配置場所を変更することも可能です。

6.4.2：WAL領域

WAL領域はWALファイルが格納される領域で、更新のタイミングでWALが生成されると増加していきます。ただし増加する数には上限があり、上限に達した以降は使用したWALファイルを再利用するため、領域全体のサイズは増加しません。

WALファイルはリカバリ時に必要なファイルです。テーブルやインデックスが格納されたデータベースクラスタと別の領域に配置することで、データベースクラスタが置かれたHDDが故障しても、オンラインバックアップとアーカイブファイル、そしてWALファイルから復旧できます。WAL領域はデータベースクラスタとは別のディスクに配置し、さらに可能であれば二重化が可能なストレージ上に配置することも検討します。

WAL領域をデータベースクラスタの外に配置する場合、`initdb`コマンド(あるいは`pg_ctl`コマンドのinit/initdbモード)のオプションとして`--waldir`、または`-X`を指定します。

6.4.3：アーカイブ領域

設定パラメータarchive_commandで指定されたコピー先のディレクトリがアーカイブ領域です。アーカイブファイルはWALファイルとは異なり、循環的に利用しないためにHDD容量の上限まで増加します。もしHDD容量の上限まで使用して書き込めなくなると、WAL切り替えのタイミングで発生するアーカイブ領域へのコピーに失敗しリトライを試みます。

アーカイブ領域がディスクフルになった場合、即座にPostgreSQLサーバが異常終了するわけではありません。しかし、この状態を放置すると、WALファイルがWAL領域に残り続けます。WAL領域が配置されたディスクがディスクフルになると、PANICが発生して異常終了します。異常終了のリスクを軽減するためにも、アーカイブ領域も、WAL領域とは別領域に配置します。

6.5 テーブル空間とテーブルパーティショニング

データベースやテーブル、インデックスを格納する領域をテーブル空間として定義できます(テーブル空間が属する物理的なディスク領域を指定します)。PostgreSQLにおけるテーブル空間の実装は、物理的なディスク領域へのシンボリックリンクをデータベースクラスタに生成します(**図6-6**)。

I/O分散を考慮した物理設計の場合、PostgreSQLのテーブル空間を利用

図6-6　テーブル空間の使用例

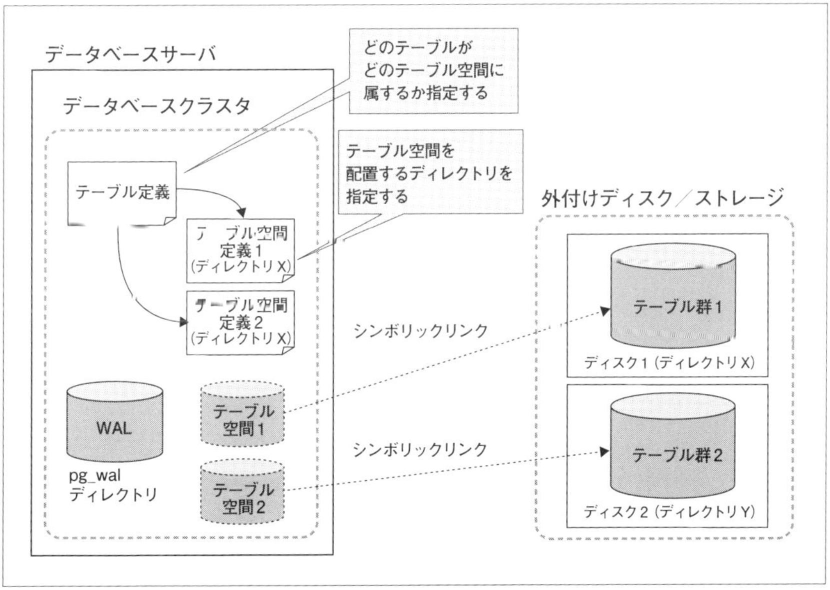

する方法とストレージ側の機能を利用する方法があります。

PostgreSQLのテーブル空間を利用する方法として、例えばアクセス頻度の高いテーブルやインデックスが複数存在する場合に個々のディスク上にテーブル空間を設定し、それぞれのテーブル空間にテーブルやインデックスを配置することで、並列に読み込みや書き込みができます。

ストレージ側の機能を使う場合には、ストレージ側でストライピングを構成し、PostgreSQLではテーブル空間を定義せずにI/Oを分散します。ストレージの構成については耐障害性の要件(ミラーリングの要否)も含めて検討が必要です。

6.5.1：テーブルパーティショニングとの組み合わせ

もう1つのテーブル空間を使う目的として、巨大なテーブルを複数のディスクに分割し、1つのテーブルとして管理したいケースがあります。これはテーブルパーティショニングとの組み合わせで実現します。

1つのディスクに格納しきれない大きなサイズのテーブルを構築する場合は、テーブルをパーティショニング(複数の子テーブルに分割する)し、各子テーブルを別々のディスクに作成したテーブル空間に配置します。こうすることで、物理的に分散して格納されているテーブルを1つのテーブルとして扱えます。

PostgreSQL 9.6までは、テーブルパーティショニングは、トリガ関数やトリガ定義で挿入方式を定義し、テーブルへのCHECK制約定義を組み合わせて実現する必要があり、手順や運用が煩雑なところもありました。PostgreSQL 10以降は、CREATE TABLEの設定だけでテーブルパーティショニングが可能になりました。さらにリストパーティション(個別の値を元に分割する。例えば都道府県名など)とレンジパーティション(値の範囲を元に分割する。例えば日付など)に対応しています。PostgreSQL 11ではハッシュパーティションへの対応や、パーティショニングをより使いやすくした改善も取り込まれる予定です。

リスト6-1はPostgreSQL 10のパーティショニング定義の例で、都道府県名をパーティションキーとして定義して、4つのパーティションテーブルを

リスト6-1 PostgreSQL 10のパーティショニング定義の例

```
・親テーブルの定義
CREATE TABLE japan (
  pref text,
  city text,
  data text
)
PARTITION BY LIST (pref);

・子テーブル群の定義
CREATE TABLE kanagawa PARTITION OF japan FOR VALUES IN ('神奈川');
CREATE TABLE tokyo PARTITION OF japan FOR VALUES IN ('東京');
CREATE TABLE yamanashi PARTITION OF japan FOR VALUES IN ('山梨');
CREATE TABLE shizuoka PARTITION OF japan FOR VALUES IN ('静岡');
```

作成しています。

なお、テーブル空間によって複数のディスク上にテーブルやインデックスを分散させた場合、バックアップの取得時には、すべてのテーブル空間に割り当てたディスクを一括して取得する必要があります。

別のテーブル空間へのデータベースオブジェクトの一括移動

PostgreSQL 9.4以降では、ALTER TABLE文、ALTER INDEX文、ALTER MATERIALIZED VIEW文のオプションが追加され、複数のテーブル／インデックス／マテリアライズドビューをまとめて別のテーブル空間へ移動できるようになりました。

6.6 性能を踏まえたインデックス定義

検索性能を向上させるためにインデックスの設計は必須です。インデックスを使用しない検索は、データ量が少ない場合にはあまり遅く感じなくても、データ量が多くなってくるとデータ量に対し線形に処理時間が増加する傾向があります。

ここでは、インデックス定義で注意が必要な点を確認していきます。

6.6.1：インデックスの概念

インデックスの基本的な概念は、書籍における索引(インデックス)と同じです。例えば何百ページもある書籍からある単語を含むページを探し出そうとするケースを考えてみてください。索引が存在しなければ、書籍の先頭ページから1ページずつ順々に参照して、調べたい内容が含まれているかを確認しなければならず、作業のコストは非常に大きくなるでしょう。語順でソートされた索引のページがあれば、調べたい内容に相当する単語とページ番号から素早く該当のページを参照できます。

インデックスを利用するためには、検索したい列に対してCREATE INDEX文でインデックスを作成しておきます。基本的にはこれだけで、以降の検索時にインデックスを使った高速な検索が可能になります(実際に問い合わせでインデックスが使われるかどうかは、後述の実行計画の生成によって決定されます)。また、インデックスの対象となる列が更新されたり、行の追加や削除があった場合にもインデックスは自動的に更新されます。

6.6.2：更新に対するインデックスの影響

PostgreSQLのインデックスはインデックス対象の列が更新されたり、追加や削除があった場合に、自動的に追随してインデックスを更新してくれます。逆に言うと、本来のテーブルへの更新以外にインデックスを更新するコストが加算されることになります。そのため、検索で使われないインデックスを作成するというのは、ディスク容量の無駄になるばかりでなく、更新処理の性能劣化の原因の1つにもなります。

6.6.3：複数列インデックス使用時の注意

PostgreSQLでは複数の列値を組とした複数列インデックスも作成できます。しかし、複数列インデックスを作成しても、実際の問い合わせで使用されないケースがあるので注意が必要です。例えば、検索時の条件として複数列インデックス作成時に最初に指定した列が含まれない場合には、作成した複数列インデックスは使用されません(**コマンド6-2**)。

検索条件中に複数列インデックスに指定した列をすべて含む必要は必ずしもありませんが、複数列インデックス作成時に記述した列のうち、先頭側に記述した列による絞込みの効果が高いとプランナが判断した場合に、複数列インデックスは使用されます。

複数列インデックスは、問い合わせ内の検索条件の対象となる複数の列が決まっている場合に有効です。しかし、ほとんどの場合には検索条件として使われる可能性がある個々の列に対して、別々のインデックスを作成すれば十分なケースが多いと考えられます。

コマンド6-2 複数列インデックスが検索時に使用されない例

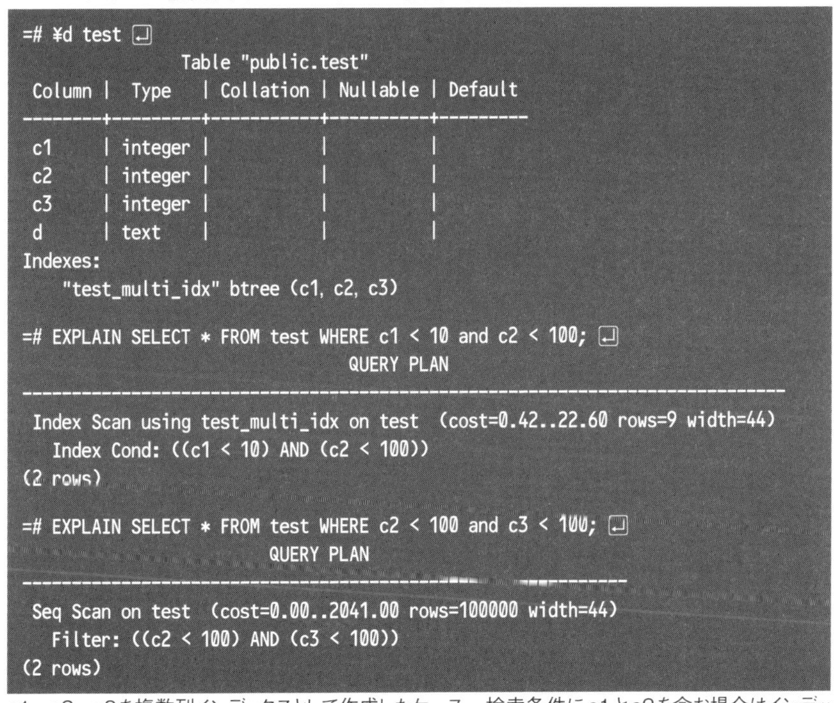

```
=# ¥d test ↵
                Table "public.test"
 Column |  Type   | Collation | Nullable | Default
--------+---------+-----------+----------+---------
 c1     | integer |           |          |
 c2     | integer |           |          |
 c3     | integer |           |          |
 d      | text    |           |          |
Indexes:
    "test_multi_idx" btree (c1, c2, c3)

=# EXPLAIN SELECT * FROM test WHERE c1 < 10 and c2 < 100; ↵
                                  QUERY PLAN
---------------------------------------------------------------------------------
 Index Scan using test_multi_idx on test  (cost=0.42..22.60 rows=9 width=44)
   Index Cond: ((c1 < 10) AND (c2 < 100))
(2 rows)

=# EXPLAIN SELECT * FROM test WHERE c2 < 100 and c3 < 100; ↵
                          QUERY PLAN
--------------------------------------------------------------
 Seq Scan on test  (cost=0.00..2041.00 rows=100000 width=44)
   Filter: ((c2 < 100) AND (c3 < 100))
(2 rows)
```

c1、c2、c3を複数列インデックスとして作成したケース。検索条件にc1とc2を含む場合はインデックスを使って検索するが、検索条件として先頭側に指定したc1を使わない場合は、インデックスを使って検索しない

6.6.4：関数インデックスの利用

インデックスの対象となるのは列値そのものだけではなく、列値を用いた演算結果やSQL関数を適用した結果も含まれます。これを関数インデックスと呼びます。関数インデックスを使う場合は、発行するクエリ側でも同じ形式で関数を呼び出す必要があります(**コマンド6-3**)。関数インデックスは、列値そのままでは評価する演算子を持たないXML型の列を評価する場合などにも使用されます。

コマンド6-3　関数インデックスの使用例

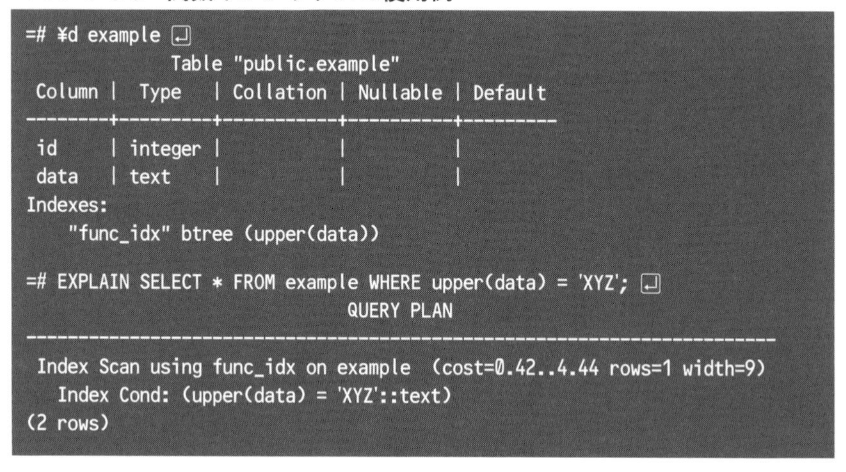

```
=# ¥d example ↵
              Table "public.example"
 Column |  Type   | Collation | Nullable | Default
--------+---------+-----------+----------+---------
 id     | integer |           |          |
 data   | text    |           |          |
Indexes:
    "func_idx" btree (upper(data))

=# EXPLAIN SELECT * FROM example WHERE upper(data) = 'XYZ'; ↵
                              QUERY PLAN
-------------------------------------------------------------------------
 Index Scan using func_idx on example  (cost=0.42..4.44 rows=1 width=9)
   Index Cond: (upper(data) = 'XYZ'::text)
(2 rows)
```

6.6.5：部分インデックスの利用

部分インデックスは、特定の条件を満たす行の値のみをインデックス化の対象とし、列値の分布に偏りがある場合に有効です。例えば、通常のインデックスを作成しても、頻出する値を検索条件に設定した問い合わせではインデックスを使って検索しません。つまり、出現頻度が高い値はインデックスに含まれていますが、検索時に使われない無駄な情報となります。

部分インデックスを使うことで、出現頻度が低いデータのみをインデックス化の対象にできます。また、部分インデックスを作成することで、インデックスサイズの増大を抑止できます。さらに、インデックス対象の列を更新

Column インデックスの種類

PostgreSQLは、さまざまな種別のインデックスをサポートしているのも特徴の1つです(**表6-A**)。B-treeインデックスはCREATE INDEX文のデフォルトのインデックス種別です。ほとんどのケースでB-treeインデックスを使うことになるでしょう(本書で説明するインデックスもB-treeインデックスを対象としています)。

表6-A PostgreSQLでサポートしているインデックスの種類

種別	説明
B-tree	もっとも一般的なインデックス。ある順番でソート可能なデータに対する等価性や範囲を問い合わせる場合に用いる。CREATE INDEX文で作成されるデフォルトのインデックス種別
Hash	単純な等価性比較で問い合わせる場合に用いる。9.6以前のバージョンではHashインデックスに対する操作はWALに記録されないため、クラッシュリカバリ後に別途REINDEXが必要となる、また、ストリーミングレプリケーションに対応できていないため使用は推奨されていない。PostgreSQL 10からはWALに記録されるようになり、これらの制約はなくなった
GiST	汎用的なインデックス実装の基盤となるインデックス種別
SP-GiST	GiSTと同様に汎用的なインデックス実装の基盤となるインデックス種別。SPとは空間分割（Space Partitioned ）を示し、主に分割管理されるデータ構造をインデックスファイルとして格納する。PostgreSQL 9.2以降からサポートされている
GIN	汎用転置インデックス種別。インデックスの対象となる項目が複数存在するデータに用いる。例えば全文検索で文書に含まれる単語をGINインデックスとして構築するような用途で使われる
BRIN	ブロックレンジインデックス。論理的な値の並びと物理的な並びに強い相関があり、かつ大規模なテーブルに対する範囲検索で有効になる
bloom	contribモジュールとして提供されるブルームフィルタを利用したインデックス。任意の列の組み合わせに対する等価性比較を行う場合に有効になる

する場合も部分インデックスの条件で対象外となった行の列値はインデックス更新対象外となり、無駄な更新も発生しなくなります。

部分インデックスを構築するためには、CREATE INDEX文で指定する列にWHERE条件を付加します。このとき、WHERE条件には出現頻度の高い値を除外する条件を指定するとよいでしょう。

アプリケーション要件で事前に値の出現頻度が判明し、頻度の高い値が存在する、あるいはNULLが多いなどの情報がある場合には、部分インデックスの適用を検討する価値があります。値の分布が事前に予測できない場合には、部分インデックスを適用するのはリスクを伴うので慎重に検討してください。

部分インデックスの使用例を**コマンド6-4**に示します。この例では値の99%が1または2、残り1%が100以上という数値の分布になっています。部分インデックスを使用せずにインデックスを作成して、最頻値の値で検索してもインデックスは使われていません。このような数値の分布の場合は、最頻値を除いた範囲(100以上)で部分インデックスを作成すると、インデックスサイズ(pg_indexes_size関数の結果)が大幅に削減されます。

6.7 文字エンコーディングとロケール

6.7.1：文字エンコーディング

PostgreSQLでは、**表6-4**の文字エンコーディングをサポートしています。

エンコーディングはサーバ側とクライアント側で設定できますが、それぞれのエンコーディングが異なる場合、エンコーディングの変換が発生するため、性能上のロスが発生します。このため、サーバとクライアントのエンコーディングは、可能なかぎり同一のものを使用することが望ましいです。

データベースのエンコーディングとして何を指定すべきかはアプリケーション要件にも依存します。一般的にJavaアプリケーション内でのエンコーディングはUTF-8になるため、余分なエンコードをせずに済むUTF-8エンコーディングを指定するのが無難です。

6.7.2：ロケール

ロケールとは、地域(国)によって異なる表記や比較規則を指します。具体的には、単位、記号、日付、通貨などに適用される規則です。PostgreSQL

コマンド6-4　部分インデックスの使用例

```
test=# CREATE INDEX test_idx ON test (value) ; ↵
CREATE INDEX
test=# SELECT pg_indexes_size('test'); ↵
 pg_indexes_size
-----------------
        22487040
(1 row)

test=# EXPLAIN SELECT * FROM test WHERE value = 2; ↵
                          QUERY PLAN
--------------------------------------------------------------
 Seq Scan on test  (cost=0.00..21846.00 rows=496467 width=41)
   Filter: (value = 2)
(2 rows)

test=# DROP INDEX test_idx ; ↵
DROP INDEX
test=# CREATE INDEX test_idx ON test (value) WHERE value >= 100; ↵
CREATE INDEX
test=# SELECT pg_indexes_size('test'); ↵
 pg_indexes_size
-----------------
          245760
(1 row)

test=# EXPLAIN SELECT * FROM test WHERE value = 120; ↵
                              QUERY PLAN
----------------------------------------------------------------------
 Index Scan using test_idx on test  (cost=0.29..7.34 rows=1 width=41)
   Index Cond: (value = 120)
(2 rows)
```

表6-4　日本語をサポートしているエンコーディング

エンコーディング名	内容
EUC_JP	日本語拡張Unixコード
EUC_JIS_2004	日本語拡張Unixコードの一種（JIS X 0213の符号化方式の1つ）
SJIS	Shift JIS コード。主にWindows系OSで使用されている
SHIFT_JIS_2004	Shift JIS コードの一種（JIS X 0213の符号化方式の1つ）
UTF-8	UTF8 Unicodeで定義された文字列を表現するコード

ではこうしたロケールの概念をサポートしており、データベースクラスタ全体、またはデータベース単位(PostgreSQL 8.4以降)でロケールを指定できます。ただし、ロケールの使用はメリットだけでなくデメリットもあるため、使用には注意が必要です。

ロケールを適用するメリット

- ・文字列関数(upperなど)で半角英数字と全角英数字を等価に扱えるようになる。ロケールを使用すると、半角英数字と全角英数字が等価にみなされるため、厳密に区別したい場合にはロケールの使用は適さない
- ・文字列に対してORDER BYを指定したときに、バイトコード順ではなくロケールの辞書による順序で並べ替えられる
- ・通貨型を参照するときに、ロケールに従った通貨記号(日本の場合だと¥記号)が付与される

ロケールを適用するデメリット

- ・並び替えやインデックス作成処理などでロケール処理によるオーバヘッドが発生する
- ・前方一致検索(LIKE '条件値%')でインデックスが使用できなくなる。ロケールを設定しない場合は、前方一致検索でインデックスを使用することができる
- ・OSのロケール機能に依存しているため、同じロケールであってもOSのバージョンやライブラリバージョンが異なると挙動が変わる可能性がある
- ・ロケールを指定することで、指定できるエンコーディングが固定される可能性がある。UTF-8以外のエンコーディングを使う場合には、ロケールを使うことは推奨できない

このように、メリットもありますがデメリットも多いため、本書ではロケールを使用しない設定を推奨します。ロケールを使用しないようにするためには、データベースクラスタを作成するときに`--no-locale`オプションを指定します。PostgreSQL 8.4以降では、データベースを作成するときにも

--localeオプションでロケールを指定できます。データベースクラスタ作成時と異なるロケールをデータベースに設定する場合は、createdbコマンドで--template=template0オプションを指定しなければなりません。

createdbコマンドによりロケールを設定する例をコマンド6-5に示します。

コマンド6-5　createdbコマンドによるロケールの設定例

```
$ createdb --locale=ja_JP.UTF-8 --template=template0 lc_sample ↵
$ psql -l ↵
                                List of databases
   Name    |  Owner   | Encoding |   Collate   |    Ctype    |   Access privileges
-----------+----------+----------+-------------+-------------+-----------------------
 lc_sample | postgres | UTF8     | ja_JP.UTF-8 | ja_JP.UTF-8 |
 postgres  | postgres | UTF8     | C           | C           |
 template0 | postgres | UTF8     | C           | C           | =c/postgres          +
           |          |          |             |             | postgres=CTc/postgres
 template1 | postgres | UTF8     | C           | C           | =c/postgres          +
           |          |          |             |             | postgres=CTc/postgres
(4 rows)
```

鉄則

- ☑ データファイルのレイアウトを理解し、HOTやFILLFACTORを考慮した設計を心がけます。
- ☑ データファイル、WALファイル、アーカイブファイルの書き出し先を分けます。

第7章 バックアップ計画

本章では、バックアップ計画を立てるうえで押さえておくべき「方式」「要件」などを整理します。まずは、PostgreSQLで実行可能なバックアップ方式の「コールドバックアップ」「オンライン論理バックアップ」「オンライン物理バックアップ」の違いを踏まえた考え方を把握しましょう。

7.1 最初に行うこと

バックアップ計画を立てる際は、最初にリカバリ要件を明確にします。

・どの時点までのデータが必要か？
・どのくらいの時間で復旧させるか？

そして、データをバックアップするのに許容される時間や世代管理などの要件に合うバックアップ方式を用いた計画を作成します。

7.2 PostgreSQLのバックアップ方式

PostgreSQLのバックアップを大きく分類すると「オフラインバックアップ」と「オンラインバックアップ」の2種類があります。それぞれいくつかの方法で実現可能ですが、各バックアップ方式で特徴が異なります。特徴を理解して必要なバックアップ方式を採用します。

7.2.1：オフラインバックアップ

物理バックアップ

コールドバックアップと呼ばれる方式です。PostgreSQLを停止してデータベースクラスタのバックアップを取得します。リストアはバックアップ取得時点までです。

7.2.2：オンラインバックアップ

論理バックアップ

pg_dumpコマンドやpg_dumpallコマンドを用いてバックアップを取得します。リストアはバックアップ取得時点までです。PostgreSQL 9.3以降では、パラレルpg_dumpコマンドやパラレルpg_restoreコマンドも利用でき、CPUコア数やディスク性能に余裕のあるケースでは効率良くバックアップ／リストアできます。

物理バックアップ

ベースバックアップ(pg_basebackupコマンドを使う、もしくはpg_start_backup関数とpg_stop_backup関数の間にバックアップを取得)とWALファイルをバックアップ(アーカイブ)します。ベースバックアップ取得後(pg_basebackupコマンド、pg_stop_backup関数実行以降)の任意の時点に、WALファイルを用いてリカバリできます。

表7-1に各バックアップ方式の長所と短所をまとめます。これらのほかに、レプリケーションのスタンバイをバックアップと見立てることもできます(第10章で詳説します)。

表7-1　バックアップ方式による長所／短所

バックアップの種類	バックアップ方式	長所	短所
オフラインバックアップ	物理バックアップ	・手順が簡易である	・運用中にバックアップできない ・リカバリはバックアップ取得時点のみ
オンラインバックアップ	論理バックアップ	・運用中にバックアップできる ・手順が簡易である	・リカバリはバックアップ取得時点のみ
	物理バックアップ	・運用中にバックアップできる ・任意の時点にリカバリできる	・手順が煩雑である

7.3 主なリカバリ要件／バックアップ要件

主なリカバリ要件は、「取得時点に戻せればよいのか？」「問題発生(オペレーションミスやクラッシュ)直前まで戻すのか？」といったリカバリポイントに対する要件と、「許容されるサービス停止時間内に復旧できるか？」といったリカバリ時間に対する要件があります。

一方、主なバックアップ要件は、バックアップ取得に許容できる時間やPostgreSQLの停止可否、世代管理方針などがあります。

7.3.1：要件と方式の整理方法

バックアップ計画を立てる場合には、まずはリカバリポイント要件を満たすバックアップ方式から検討し、その後、リカバリ時間やバックアップ要件と照らし合わせて詳細化していきます。

まず、リカバリポイント要件に対応するバックアップ方式として、次のように整理します(図7-1)。

・バックアップ取得時点まで戻したい
　→「コールドバックアップ」「オンライン論理バックアップ」

図7-1　バックアップ計画立案の流れ

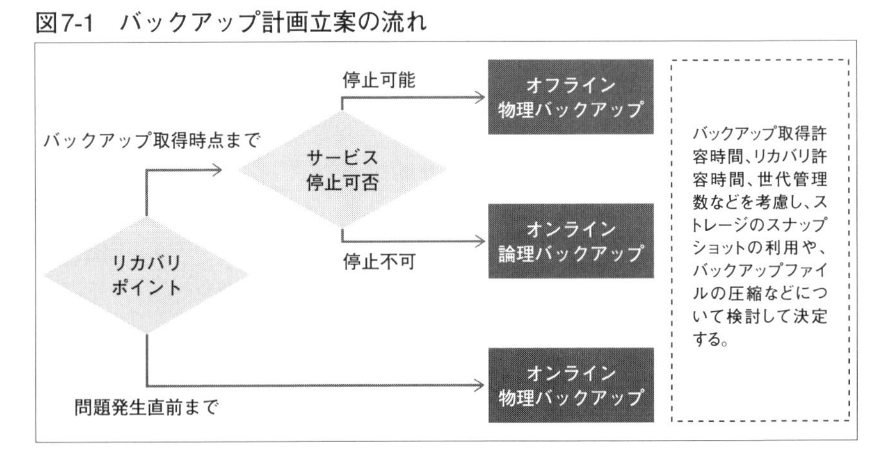

・問題発生直前まで戻したい
　→「オンライン物理バックアップ」

バックアップ取得時点まで戻すのであれば、次にPostgreSQLを止めてもよいかのバックアップ要件の観点も加えて検討します。PostgreSQLを止めてもよいのであれば「コールドバックアップ」の取得を、PostgreSQLの継続動作が必要であれば「オンライン論理バックアップ」の取得を検討します。

続いて、バックアップ取得時間やリカバリ時間、世代管理方針の要件をクリアできるかも含めて検討します。この際、システムとしてデータ量がどのように増加していくのかといった想定や、利用するサーバのスペックを加味する必要があります。同程度の状況を再現し事前に検証できるとよいでしょう。

7.4 各バックアップ方式の注意点

各バックアップ方式で注意すべき点をまとめます。

7.4.1：コールドバックアップの注意点

PostgreSQLを停止し、データベースクラスタを丸ごとバックアップすれば完了です。その際、テーブル空間も忘れずにバックアップを取得してください。

データベースクラスタ配下のpg_tblspcには、実際のテーブルやインデックスが格納される領域へのシンボリックリンクが格納されているだけなので、リンク先にあるデータ実体もきちんとバックアップする必要があります。バックアップ取得時に使用するコマンドによっては、シンボリックリンクだけ取得してしまったり、シンボリックリンクの格納場所にデータ実体をコピーしたりすることもあるので注意してください。

リストア／リカバリについても、データベースクラスタ、テーブル空間のデータをすべて元の位置に配置しなおしてPostgreSQLを起動する必要があります。

また、WAL領域(pg_wal)の位置にも気を付けてください。具体的には、initdb -Xでデフォルトとは異なる位置にWAL領域を指定していた場合には、テーブル空間同様にデータベースクラスタ配下のpg_walは実際のWAL領域を指し示すシンボリックリンクとなります。このため、実体であるWAL領域のWALファイルも確実にバックアップしておきます。

7.4.2：オンライン論理バックアップの注意点

PostgreSQL付属コマンドのpg_dumpもしくはpg_dumpallを用いてオンライン論理バックアップを取得します。その際、どのような形式のバックアップを取得するかに注意します。

pg_dumpではプレインテキスト、カスタム、tar、ディレクトリといった形でバックアップを取得可能です。プレインテキストは人が見て編集も可能なテキスト形式のバックアップで、カスタム、tar、ディレクトリはバイナリ形式のバックアップです。リストア時にはプレインテキスト形式であればpsqlコマンドを用い、バイナリ形式であれば、pg_restoreコマンドを用います。

またpg_dumpでは、データベース／テーブル単位のバックアップが可能ですが、逆に言うとユーザやデータベースクラスタ全体に共通のデータはバックアップできません。これらのデータをバックアップする際には、pg_dumpallでバックアップを取得します。pg_dumpallはテキスト形式のバックアップのみサポートしているので、リストア時はpsqlを用います。

なお、pg_dump、pg_dumpallともテーブル空間やラージオブジェクトのバックアップにも対応しています。

7.4.3：オンライン物理バックアップの注意点

コールドバックアップの注意点と同様にテーブル空間、WAL領域のデータも確実にバックアップする必要があります。pg_basebackupコマンドを利用する場合は、PostgreSQLがレプリケーションできる状態になっている必要がありますが、テーブル空間やWAL領域のバックアップをオプションで選択できるメリットがあります。

また、システムのバックアップ要件や世代管理方針にもよりますが、基本的にベースバックアップの取得後、その時点(pg_stop_backup関数実行時点)より前の状態へのリカバリが不要であれば、pg_start_backup関数実行前までのアーカイブファイルは不要になります。しかし、PostgreSQLは自動的に不要なアーカイブファイルを削除しないので、定期的に削除する運用が必要になります。

なお、PostgreSQL 9.5からpg_archivecleanupというコマンドが追加されていて、比較的容易に取得したベースバックアップのリカバリに不要なアーカイブファイルを特定/削除できます(PostgreSQL 9.4まではcontribモジュールでした)。

鉄則

- ☑リカバリ要件を満たせるバックアップ方式を検討します。
- ☑バックアップの管理方法を忘れずに検討します。

第8章 監視計画

きちんと監視ができていないと、異常発生時の初動対応が遅れたり、何らかの兆候に気づけずにデータベースが停止してしまったりする恐れがあります。このような事態を回避するためにも、転ばぬ先の杖としてしっかりと監視計画を練って実施することが重要です。

8.1 監視とは

監視とは「PostgreSQLがデータベースとして健全に動作しているか？」を確認することです。監視計画では「健全に動作している」ことを確認するための「監視項目の選定」「確認する間隔」「何をもって異常と判断するかの閾値」を決定します。

確認する間隔は、SLA（Service Level Agreement）などのシステム要件を元に必要十分な間隔で計画します。一般的には、監視したい内容により数秒〜数分程度の間隔にします。例えば、サービスの継続性を重視する死活監視では数秒間隔とし、また性能監視では問題を切り分けて対処できるように多くの情報を数分間隔で収集することで容量を抑えた運用にするといった計画を立てます。

以降では、PostgreSQLを利用するにあたって、どのような「監視項目を選定」すべきか、どのような状態を「異常と判断するか」について説明していきます。

8.2 監視項目の選定

監視の最終目標は「データベースが健全に動作しているか？」を確認することです。最終目標から少しずつブレークダウンしていき、監視すべき項目を選定します。

データベースが健全に動作しているかどうかは大きく分類して次の2点があり、ここから細分化して具体的な監視項目とします。

・サーバに問題が起きていないか?
・PostgreSQLに問題が起きていないか?

8.2.1:サーバに問題が起きていないか? を監視する

サーバで問題が発生しているか否かを判断するため、サーバとして正常に動作しているか確認します。具体的には「CPU」「メモリ」「HDD」「ネットワーク」が正常に動作しているのか? さらに「サーバログ」に異常を知らせる通知はないか? を確認します。

これらの項目については、基本的にはOSやストレージに付属するコマンドで監視します。具体的には「sar」「iostat」「vmstat」「top」「netstat」コマンドなどを用いて、定期的に情報を収集します(表8-1)。

8.2.2:PostgreSQLに問題が起きていないか? を監視する

PostgreSQLで問題が発生しているか否かを判断するため、PostgreSQLのプロセスやディスク容量、稼働状況などを確認します。次の項目に対して、SQLやOSに付属するコマンドで定期的に必要な情報を収集していきます。

表8-1 主なOSコマンドで取得できる項目

コマンド	CPU	メモリ	ディスク	ネットワーク
sar	○	○	○	○
iostat			○	
vmstat	○	○		
top	○	○		
netstat				○

・必要なプロセスは正常に動作しているか？
・ディスク容量に問題はないか？
・想定どおりの性能が出せているか？
・PostgreSQLのログに異常を知らせる通知はないか？

必要なプロセスは正常に動作しているか？

OSのpsコマンド、PostgreSQLのpg_stat_activityビューやpg_stat_archiverビュー、pg_stat_progress_vacuumビューを参照し、動作しているバックエンドプロセス、バックグラウンドプロセスの数や状態を取得します。また、psqlなどのクライアントアプリケーションからPostgreSQLに接続できるかどうかも確認します。

ディスク容量に問題はないか？

OSのdfコマンドやduコマンド、PostgreSQLのpg_database_size関数、pg_total_relation_size関数などで、ディスク容量やデータベース、テーブル／インデックスのサイズを測定します。また、テーブルやインデックスが不必要に肥大化していないか、pg_stat_user_tablesビューやpg_stat_user_indexesビューも確認します。

想定どおりの性能が出せているか？

PostgreSQLの稼働統計情報ビューと着目すべき項目は表8-2です。

また、想定よりも時間のかかったクエリを出力するように設定し、PostgreSQLログを確認することも重要です。PostgreSQLログの設定は、postgresql.confのlog_min_duration_statementに適切な値を設定します。

PostgreSQLのログに異常を知らせる通知はないか？

PostgreSQLはさまざまな項目をログに出力することが可能です。ただし、デフォルトでは最低限の設定であるため、必要な設定を施したうえで、定期的にPostgreSQLログを確認し、早期に異常な状況や問題発生の兆候を発見できるようにします。

8.3 PostgreSQLログの設定

実際の運用では直接データベースに触れることが許されず、PostgreSQLログからさまざまな情報を収集して分析することが多くあるため、運用時には最低限必要な項目を設定しておくことが重要です。また、PostgreSQLをソースからインストールした場合は、PostgreSQLログのデフォルトの出力先が標準出力になっているため、ログをファイルに書き出すように設定します。

基本的には、PostgreSQLログを「どこに」「いつ」「何を」出力させるかといった項目を設定します。

表8-2 PostgreSQLの主な稼働統計情報ビューと確認するポイント

稼働統計情報ビュー	対象	内容	該当列
pg_stat_database	データベース	コミット/ロールバック数	xact_commit、xact_rollback
		データベースのキャッシュヒット率	blks_read、blks_hit
		デッドロック発生有無	deadlocks
pg_statio_user_tables、pg_statio_user_indexes	テーブルとインデックス	テーブルのキャッシュヒット率	heap_blks_read、heap_blks_hit
		インデックスのキャッシュヒット率	idx_blks_read、idx_blks_hit
pg_stat_activity	活動中のバックエンドプロセス	トランザクション実行時間	backend_start、xact_start、query_start
		実行中のクエリ	state、query

表8-3 ログ出力に関するpostgresql.confのパラメータ

パラメータ名	説明
log_destination	ログの出力先(stderr、csvlog、syslog、eventlog)
logging_collector	stderr、csvlogの内容をファイルに保存するかどうか
log_directory	ログファイルを格納するディレクトリ
log_filename	ログファイル名(strftimeで標準的に扱われるエスケープシーケンス(%)を利用できる

8.3.1：PostgreSQLログをどこに出力するか

postgresql.confでログ出力に関するパラメータは表8-3のとおりです。なお、RPMパッケージを用いた場合のデフォルト値は表8-4で、ログファイルはデータベースクラスタ配下のlogサブディレクトリ配下に「postgresql-Mon.log」といったファイル名で出力されます。

8.3.2：PostgreSQLログをいつ出力するか

PostgreSQLが出力するメッセージが条件に当てはまればログを出力する、という形で制御します。クライアントに送信する条件、サーバログに出力する条件を別々に設定できます。postgresql.confでログ出力条件に関するパラメータは表8-5のとおりです。

表8-4　RPMパッケージを用いた場合のデフォルト値

パラメータ名	デフォルト値
log_destination	stderr
logging_collector	on
log_directory	'log'
log_filename	'postgresql-%a.log'※

※ %aは曜日（3文字の省略形）を表す

表8-5　ログ出力条件に関するpostgresql.confのパラメータ

パラメータ名	説明	設定値（レベルが低い順）	デフォルト値
client_min_messages	クライアントに送信するレベル（送信するのは設定レベル以上）	DEBUG5 〜 DEBUG1 ＜ LOG ＜ NOTICE ＜ WARNING ＜ ERROR ＜ FATAL ＜ PANIC	NOTICE
log_min_messages	サーバログに書き込むレベル（記録するは設定レベル以上）	DEBUG5 〜 DEBUG1 ＜ INFO ＜ NOTICE ＜ WARNING ＜ ERROR ＜ LOG ＜ FATAL ＜ PANIC	WARNING
log_min_error_statement	エラー原因のSQLを書き込むレベル（記録するのは設定レベル以上）	DEBUG5 〜 DEBUG1 ＜ INFO ＜ NOTICE ＜ WARNING ＜ ERROR ＜ LOG ＜ FATAL ＜ PANIC	ERROR

8.3.3：PostgreSQLログに何を出力するか

postgresql.confでログ出力内容に関するパラメータは表8-6のとおりです。

log_line_prefixのエスケープシーケンス例

log_line_prefix（各ログ行の先頭に出力する情報）にはエスケープシーケンスを利用できます（表8-7）。

設定例と対応するログ出力は次のとおりです。スペースや括弧はそのまま出力されます。

```
・設定例
 log_line_prefix='(user:%u access to database:%d at [%m])'
・ログ出力例
 (user:postgres access to database:postgres at [2014-03-06 19:57:58.536 JST])……
```

表8-6 ログ出力内容に関するpostgresql.confのパラメータ

パラメータ名	説明
log_checkpoints	チェックポイントに関する情報の出力有無（on/off）。チェックポイントにどれくらい時間がかかったのか、どの程度書き出したのかなどの情報
log_connections、log_disconnections	サーバへの接続／切断に関する情報を出力有無（on/off）。誰がどこから接続してきたかの情報を収集できる
log_lock_waits	ロック獲得のために一定時間※以上待たされたデータベース、テーブル、接続などの情報
log_autovacuum_min_duration	設定した自動バキュームの実行時間（秒数）を超えた場合に実行内容を出力する（0はすべて出力する、-1（デフォルト値）は出力しない）
log_line_prefix	各ログ行の先頭に出力する情報。記述には、エスケープシーケンスを用いることが可能（後述）

※一定時間はdeadlock_timeoutパラメータで設定できる

表8-7 log_line_prefixのエスケープシーケンス（例）

エスケープシーケンス	展開される内容
%u	ユーザ名
%d	データベース名
%r	ホスト名／IPアドレス、ポート番号
%p	プロセス識別子（PID）
%m	ミリ秒付きタイムスタンプ

デフォルトでは何も設定されていないため、時刻との突き合わせなどで手間がかかるので、最低でも「%m」(ミリ秒付きタイムスタンプ)は設定しておくとよいでしょう。なお、PostgreSQL 9.3をRPMパッケージでインストールした場合、デフォルトで「< %m >」が設定されるようになっています。

8.3.4：PostgreSQLログをどのように保持するか

運用にあたってもう1つ重要なことは、PostgreSQLログをどのように保持しておくかです。PostgreSQLログが極端に大きくなりすぎると保守に手間がかかったり、いざ参照したいときに時間がかかったりと良いことがありません。最悪のケースではPostgreSQLログが肥大化してデータベースが停止してしまうこともありえます。このため、適度なタイミングでログをローテーション(循環)する設定が必要です。

log_destinationをsyslogに設定(PostgreSQLログをsyslogに出力)している場合は、syslogのローテート機能を使います。PostgreSQLが独自でファイルに出力している場合は、PostgreSQLが用意している**表8-8**の設定を変更してローテーションします。

ローテーション機能を有効にするためには、**表8-8**に加えてローテーション時に異なるファイル名になるように、log_filenameで次のように設定します(記述方法は一例です)。

```
log_filename = 'postgresql-%Y-%m-%d_%H%M%S.log'
```

表8-8　ログ保持に関するpostgresql.confのパラメータ

パラメータ名	説明
log_rotation_age、 log_rotation_size	指定した時間（分）またはサイズでログファイルを循環する。両方とも指定できる
log_truncate_on_rotation	ローテーション時に同じ名前のログファイルが存在する場合に、切り詰める／上書きする（on)、追記するか（off）を設定

8.4 異常時の判断基準

何をもって異常と判断するかはシステムにより異なります。このため具体的な指針を示すことはできませんが、判断基準を定めるにあたっては「想定」と「実績」の2つを考慮することを忘れないでください。

「想定」とは、システムがどのようなデータベースアクセスなのか、どのようにデータベースが増減するのかをきちんと把握しておくことです。「実績」とは、常日頃から監視し、正常な状態がどのような値になるのかを正確に把握しておくことです。これらの「想定」と「実績」をもとに異常と判断すべき値(閾値)を決めておきましょう。

鉄則

- ☑ PostgreSQLだけでなく、サーバも忘れずに監視します。
- ☑ ログは必ず取得し、ログのバックアップも含めて保持します。

第9章 サーバ設定

整然と設計されたシステムでも、サーバのリソースを相応に使えなければ、稼働が続くとボトルネックになってしまいます。
本章ではサーバのリソースを効率的に利用するために必要となるOSのパラメータ設定（CPU／メモリ／ディスクI/O）と、PostgreSQLのパラメータ設定について説明します。

9.1 CPUの設定

PostgreSQLはクライアントからの要求を1つのプロセスが処理するプロセスモデルのアーキテクチャを採用しています。

通常、データベースでは一貫性や独立性の保証のため、データアクセス時にロックを取得します。複数のクライアントが同時接続して待ち合わせが発生すると、この間はCPUが何もしない時間となってしまいます。

PostgreSQLではデータ参照／更新において、取得するロックを十分に小さい範囲に絞ることで、ロックの競合が起こりにくいような実装になっています。PostgreSQL 9.2以降では、少なくとも64コアのサーバまでCPUスケールすることが確認されています。

このため、PostgreSQLにおけるCPU関連のチューニングが必要になるケースは、他のリソースと比べて限定的です。CPU関連のチューニングは、「クライアント接続設定」と「ロック設定」の2つを考慮しておくとよいでしょう。

9.1.1：クライアント接続設定

PostgreSQLはクライアントからの接続要求ごとにバックエンドプロセスが1つ作成され、トランザクションや問い合わせを処理します。

バックエンドプロセスへのCPU割り当ては、カーネルがスケジューリングするため、CPUコア数より接続数が多くても問題はありませんが、数が多くなりすぎるとプロセスのコンテキストスイッチの切り替えが頻繁に発生するため、データベースの用途や利用者の数を踏まえて適切な値を設定します。

クライアント接続に関しては、postgresql.confで設定します(**表9-1**)。設定を変更した場合には、データベースの再起動が必要です。

クライアント接続設定の注意点

CPUチューニングとは異なりますが、クライアント接続の設定にはいくつか注意点があります。

まず、スタンバイサーバを運用している場合には、スタンバイのmax_connectionsの設定をプライマリと同じか、それ以上に設定しておく必要があります。プライマリとスタンバイは、当然設定ファイルが別々で、プライマリだけ接続数の設定を変えてしまうと、接続数が足りなくなり、スタンバイは起動できなくなってしまいます。スタンバイサーバ起動時に、次のようなエラーメッセージが出力されます。

```
FATAL:  hot standby is not possible because max_connections = 10 is a ⏎
lower setting than on the master server (its value was 100)
```

superuser_reserved_connectionsは、一般ユーザがクライアント接続を開放しないまま滞留した状況でも、データベースをメンテナンスできるように予約された接続数です。このため、デフォルトでは、一般ユーザの同時接続数はmax_connectionsから、superuser_reserved_connectionsを引いた97が最大値になります。なお、スタンバイサーバとの接続も、max_connectionsにカウントされます。スタンバイサーバが2台ある場合には、さらに同時接続数が2つ減り95になります。

表9-1 クライアント接続に関するpostgresql.confのパラメータ

パラメータ名	デフォルト値	説明
max_connections	100	データベースの最大同時接続数
superuser_reserved_connections	3	PostgreSQLのスーパーユーザ用に予約する接続数

9.1.2：ロックの設定

CPU処理に関わる設定にデッドロック検出があります。デッドロックを検出するのはデータベースに負担のかかる処理のため、頻繁に起こらないように猶予時間(deadlock_timeout)が設定されています。deadlock_timeoutは、ミリ秒単位で設定でき、デフォルト値は1000ミリ秒(＝1秒)です。

大量のトランザクションによってロック待ちが頻発するような場合には、デッドロック検出処理そのものが性能低下の原因にもなってしまうため、デフォルト値よりも大きめの値に設定することが推奨されます。

基準として、トランザクションの平均的な処理時間よりも大きくします。ただし、本当にデッドロックが発生してしまうと、デッドロックの解消やログ出力などによる通知が遅れることにも注意が必要です。

9.2 メモリの設定

PostgreSQLは、データをWALとデータベースファイルとしてHDDに保存することで、データの永続化を実現していますが、HDDなどからデータを取り出す時間と、メモリからデータを取り出す時間は、数百倍～数十万倍の性能差があるといわれます。

メモリを活かすため、データアクセス時にデータベースファイルをページ単位でメモリ上に展開し、繰り返しデータにアクセスする場合の処理性能を高めています。ただし、一般的にデータベースに保存されるデータ量は、サーバのメモリ容量よりも大きいため、すべてのデータをメモリ上で処理することはできません。

データベースの性能を高めるためには、メモリの活用は非常に重要で、そのためにOSのメモリ設定とPostgreSQLのメモリ設定は適切にしておく必要があります。

9.2.1：OSのメモリ設定

OSは、共有メモリの最大容量に制限を設けています。Linuxにおいて、制限を受ける可能性のあるカーネルパラメータは、共有メモリセグメントの最大容量を制限する「shmmax」と使用可能な共有メモリの総量を制限する「shmall」です(**表9-2**)。他のカーネルパラメータは通常デフォルト値で十分なサイズがあります。

カーネルパラメータの初期値は、OSのディストリビューションによって異なり、近年のLinuxでは次のコマンドで設定値を変更できます。

共有メモリサイズの制限を「16GB」にする場合は、「kernel.shmmax」を「17179869184(バイト)」に設定します。また、「kernel.shmall」を「4194304(ページ)」に設定します(ここでは1ページが4,096バイトとしています)。それぞれコマンドで設定する場合は、次のようになります。

```
$ sysctl -w kernel.shmmax=17179869184
$ sysctl -w kernel.shmall=4194304
```

なお、kernel.shmallは、サーバ全体で利用可能な共有メモリの上限となるため、PostgreSQLだけで16GBの共有メモリを取得することはできません。また、`sysctl`で設定した値はサーバを再起動するとデフォルト値に戻ってしまうため、/etc/sysctl.confファイルに設定値を保存することを強く推奨します。

PostgreSQLが確保したいメモリサイズが、カーネルパラメータで許容されるサイズよりも小さい場合には、次のようなエラーメッセージが、PostgreSQLサーバの起動時に出力されます。

```
FATAL:  could not create shared memory segment: Invalid argument
DETAIL:  Failed system call was shmget(key=5440001, size=4011376640, 03600).
```

9.2.2：PostgreSQLのメモリ設定

PostgreSQLが利用するメモリ領域は、共有メモリとPostgreSQLの各種プロセスが利用する領域に分かれます。

表9-2　カーネルパラメータ

項目名	説明
kernel.shmmax	共有メモリセグメントの最大値（バイト単位）
kernel.shmall	使用可能な共有メモリサイズ（ページ単位）

共有メモリ領域の設定

PostgreSQLのメモリ設定の中でも特に重要なパラメータは「shared_buffers」で、PostgreSQLが共有バッファのために確保する共有メモリのサイズを設定します（**表9-3**）。初期値は128MBと比較的小さな値が設定されているため、ほとんどの場合で設定変更することが推奨されます。目安はメモリを1GB以上搭載したサーバであれば、その25%程度を設定するとよいでしょう。

PostgreSQLでは、共有バッファを使い切ると利用されていないページをバッファから追い出す（Clocksweepアルゴリズム）ため、追い出されたデータを再読み込みする場合は処理性能が落ちます。しかし共有バッファが大きいほど性能が良いというわけではなく、サイズが大きくなるとバッファ探索に時間がかかるようになるほか、データベースファイルに書き戻すチェックポイント処理の負担も大きくなります。このため、適度な大きさの共有バッファを設定することが推奨されています。仮にshared_buffersから追い出されても、追い出された直後のデータはOSのディスクキャッシュに残っている可能性があるため、バッファへの再読み込みは比較的高速であることも共有バッファを大きくしすぎない根拠となります。

PostgreSQLサーバは共有メモリ領域として、ほかにもWALバッファ領域やFSM領域[注1]、クライアント接続情報を管理する領域、プリペアドトラン

注1　FSM領域は、PostgreSQL 8.4以降に設定パラメータから除外されたため表9-3に示す一覧には記述がありません。

表9-3　共有メモリ領域に関するpostgresql.confのパラメータ

設定項目	デフォルト値	説明
shared_buffers	128MB	共有バッファのメモリサイズを設定する。設定したサイズを共有メモリとして確保する
wal_buffers	-1（4MB）	ディスクに書き込まれていないWALデータが利用する共有メモリ容量で、デフォルトではshared_buffersの32分の1が設定される
max_connections	100	クライアント接続数を設定する
max_prepared_transactions	0	プリペアドトランザクションの上限を設定する
max_locks_per_transaction	64	トランザクションの平均取得ロック数を設定する

ザクションの管理領域を確保します。

その他の共有メモリ領域のパラメータは通常デフォルト設定でシステム要件に必要なだけ確保する値になっているため、共有バッファのような性能を意識したチューニングは不要です。

postgresql.confに設定する共有メモリは次のように計算できます。共有メモリはPostgreSQLの起動時に確保されるため、設定値の変更にはPostgreSQLの再起動が必要になります。

・共有メモリの概算値

```
クライアント接続情報とプリペアドトランザクションを管理する領域の共有メモリ概算値
= max_connections * 400
  + max_prepared_transactions * 600
  + max_locks_per_transaction * (max_connections + max_prepared_transactions) ⏎
* 270
∴デフォルト値での共有メモリ使用量は約1.7MB
```

プロセスメモリ領域とその設定について

プロセスメモリ領域の設定では、プロセス単位でメモリを確保するために、設定値よりもかなり大きなメモリを消費することに注意が必要です。関連するパラメータは**表9-4**のとおりです。なお、設定値は、postgresql.confのリロード(pg_ctl reloadなど)によって読み込まれます。

「work_mem」を大きくするとメモリ上でソートやハッシュ操作ができるため問い合わせの性能は向上しますが、複雑な問い合わせの場合にはソートやハッシュ操作が問い合わせの中で複数回実行されることがあります。この場合、work_memのサイズの数倍のメモリが必要になります。メモリ不

表9-4 プロセスメモリ領域に関するpostgresql.confのパラメータ

パラメータ名	デフォルト値	説明
work_mem	4MB (PostgreSQL 9.3までは1MB)	問い合わせ時のソートとハッシュデータ格納に使われるメモリサイズ
maintenance_work_mem	64MB (PostgreSQL 9.3までは16MB)	VACUUM文やCREATE INDEX文、ALTER TABLE文などのメンテナンス操作時に使われるメモリサイズ

足からスワップが発生してしまうとかえって性能が悪くなってしまいます。

「maintenance_work_mem」は、メンテナンス操作時に一時的に大きな値を設定することで手動バキュームや、インデックス作成、外部キー作成などが高速になります。デフォルト設定では、自動バキュームでも同時実行数autovacuum_max_workers × maintenance_work_memのメモリを消費します。メンテナンスのためにパラメータを変更する場合には、併せて自動バキュームを停止するといった対応が推奨されます。

なお、PostgreSQL 9.4以降の場合、自動バキューム時に利用できるメモリ量を設定するパラメータとして「autovacuum_work_mem」が追加されています。maintenance_work_memの変更による影響を与えないため、PostgreSQL 9.4以降は、あらかじめautovacuum_work_memを設定しておくことが推奨されます。

9.2.3：HugePage設定（PostgreSQL 9.4以降）

PostgreSQLでは共有メモリを大きくすることでデータベースの性能向上を図りますが、メモリ管理に用いるページテーブルも肥大化し、CPU負荷が増加してしまい、性能にも影響が出てきます。

Linuxでは、HugePage機能を使うことにより、ページテーブルを小さくでき、性能低下を抑えることが期待できます。PostgreSQLではHugePage機能を利用するためには、OSで設定した後に、postgresql.confを設定する必要があります。

OS設定の前提として、「CONFIG_HUGETLBFS=y」および「CONFIG_HUGETLB_PAGE=y」としたLinuxのカーネルが必要です。この設定は、最近のメジャーなディストリビューションであればサポートされていることが多いようです。また、OS設定として、カーネルパラメータ（vm.nr_hugepages）の値も利用する共有メモリのサイズに合わせて調整する必要があります。

HugePage数は、PostgreSQLのpostmasterプロセスのVmPeakの値から算出します（**コマンド9-1**）。

なお、PostgreSQL以外にもHugePageを必要とするアプリケーションを実行する場合には、HugePageの合計値を設定しなければなりません。

コマンド9-1　HugePage数の算出と設定

```
・PostgreSQLを起動してpostmasterのプロセス番号を取得する
$ head -1 $PGDATA/postmaster.pid ⏎
10842

・プロセス情報からVmPeakの値を取得する（次の結果は共有メモリ（shared_buffers）が
  8GBのもので条件によって異なる）
$ grep ^VmPeak /proc/10842/status ⏎
VmPeak:  8856980 kB

・HugePageサイズを取得する
$ grep ^Hugepagesize /proc/meminfo ⏎
Hugepagesize:       2048 kB

・HugePageサイズとVmPeakの値から、PostgreSQLが必要とするHugePage数を算出する
 （必要なHugePage数は約4330）
8856980 / 2048 = 4324.6(≒4330)

・HugePage数を設定する
$ sysctl -w vm.nr_hugepages=4330 ⏎
```

shmmaxやshmallと同様にsysctlで設定した値はサーバを再起動するとデフォルト値に戻ってしまうため、/etc/sysctl.confファイルに設定値を保存することが強く推奨されます。

PostgreSQLがHugePage機能を利用するか否かはpostgresql.confのパラメータ（huge_pages）によって決定されます。パラメータ（huge_pages）はon/off/tryのいずれかを設定可能です（デフォルト値はtryで、HugePage機能の利用を試みて成功した場合はHugePage機能を利用するという設定です）。

PostgreSQL以外にHugePageを利用するアプリケーションが、すでにHugePageを利用している場合など、HugePageの空きが足りない場合には、PostgreSQLはHugePage機能を利用せずに起動します。

9.3 ディスクの設定

一般的にデータベースはディスク性能がシステムのボトルネックになりやすい傾向があります。ボトルネックにしないための設定は現実的なコストで

は実現が困難になるため、OSとPostgreSQLのどちらにおいても、標準設定よりも効率良くディスク性能を発揮できるように設定することが重要になります。

9.3.1：OSのディスク設定

OS側のディスクに関連する設定は、I/Oスケジューラの設定が有効です。I/Oスケジューラは、OS上で動作しているさまざまなプロセスからのI/O要求をどのように処理するかを定めているパラメータです。I/Oスケジューラの初期設定は、次のコマンドで確認できます。

```
$ cat /sys/block/sda/queue/scheduler ↵
noop deadline [cfq]
```

最近のLinuxでは**表9-5**に示すスケジューラが登録されています。なお、カーネルバージョンやディストリビューションによって利用可能なスケジューラが異なることがあります。

デフォルトで設定されている「cfq」は多くのプロセスから小さいI/O要求が発生する場合に適しています。「deadline」は少数のプロセスからランダムなI/O要求が発生するシステムに適した設定です。

PostgreSQLでは、データ書き込みプロセス(bgwriter)やWAL書き込みプロセス(wal writer)といった少数のプロセスがI/O要求の大半を占め、データアクセスもランダムアクセスが多いために、deadlineに設定することが推奨されてきました。なお、RAIDドライバにI/Oスケジュールを任せてしまうほうが効率的になる場合や、SSDのようなランダムI/Oに強いデバイスの場合、仮想マシンのようにデバイスを間接的にしか利用していない環境では、I/Oスケジューラの仕組みがオーバヘッドになってしまうことがありま

表9-5 I/Oスケジューラ

設定項目	説明
noop	OSはスケジュールに関与しない
deadline	I/O要求の待ち時間に限界値（deadline）を設け、限界に近いI/O要求を優先して処理する
cfq	I/O要求すべてを均等に処理する（CentOSではデフォルト設定）

す。このような場合には「noop」も選択肢となります。

PostgreSQLでは「deadline」が推奨となりますが、「noop」を選択するケースも十分に考えられます。実際にどちらが優れているかはハードウェア環境やシステムによっても異なることに注意しましょう。

幸いI/Oスケジューラはデバイス単位にいつでも設定を変更できるため、実際の環境を使って検証してみることをお勧めします。一時的な設定変更として、デバイスsdaをdeadlineに設定する場合は次のコマンドを実行します。

```
# echo deadline > /sys/block/sda/queue/scheduler ↵
```

一時的な設定変更は、サーバの再起動で初期設定に戻ってしまいます。I/Oスケジューラをdeadlineにする場合にはgrub.confに「elevator=deadline」を追記します(リスト9-1)。

9.3.2：PostgreSQLのディスク設定

PostgreSQLのディスクに関連する設定には、システム上の制限を設けるためのパラメータと性能に影響を与えるパラメータがあります。

システム上の制限を設けるためのパラメータ

システム上の制限を設けるためのパラメータは、実際にエラーが発生しないかぎり、初期状態から変更する必要はありません。表9-6はディスクのシステム上の制限を設けるためのpostgresql.confパラメータです。

リスト9-1 grub.confの設定変更

```
title CentOS (2.6.32-358.el6.x86_64)
  root (hd0,0)
  kernel /vmlinuz-2.6.32-358.el6.x86_64 ...略... crashkernel=auto  ↗
KEYBOARDTYPE=pc KEYTABLE=us rd_NO_DM rhgb quiet elevator=deadline
  initrd /initramfs-2.6.32-358.el6.x86_64.img
```

性能に影響を与えるパラメータ

共有バッファに展開されたテーブルデータをファイルに書き戻す設定と、トランザクションの内容を記録するWALを書き込むためのパラメータは、I/O性能に影響を与えるようなパラメータの代表的なものです。

表9-7はバックグラウンドライタに関するpostgresql.confパラメータです。バックグラウンドライタがI/O要求を大量に実施してしまうと、問い合わせ性能が落ちてしまいます。ある瞬間に大量の更新が発生する場合には、書き込みを少し遅延させて、I/O負荷を平準化することも性能を維持するために重要となります。

ただし、テーブルデータの書き込みはチェックポイント処理によって強制的に発生する場合もあり、「bgwriter_delay」や「bgwriter_lru_maxpages」を大きくしても必ずしも効果が出るとはいえません。関連するパラメータや更新頻度や更新量、瞬間的な書き込み要求などを総合的に判断して調整しましょう。

「bgwriter_lru_multiplier」は、書き込みの平準化のための指標を計算するために用いるパラメータです。直近の書き込み量と比べて、何倍まで処

表9-6　ディスクのシステム上の制限に関するpostgresql.confのパラメータ

パラメータ名	デフォルト値	説明
temp_file_limit	-1	あるセッションが一時ファイルとして利用可能なディスクの最大容量（初期値では制限なし）
max_files_per_process	1000	あるプロセスが同時に開くことのできるファイル数の上限

表9-7　バックグラウンドライタに関するpostgresql.confのパラメータ

パラメータ名	デフォルト値	説明
bgwriter_delay	200ms	バックグラウンドライタの動作周期。動作周期の現実的な最小粒度は多くの場合10msであるため、10ms未満の粒度で設定変更しても動作周期は切り上がる
bgwriter_lru_maxpages	100	一度にバックグラウンドライタが書き込むページ数の上限
bgwriter_lru_multiplier	2.0	書き込みが必要になったページのうち、どのくらいの割合を書き込むかの計算に利用

理すべきかを予測するために用います。瞬間的な更新量の増加に備えてやや大きめの値(2.0倍)が初期値となっています。

表9-8はWALを書き込むためのpostgresql.confパラメータです。

「checkpoint_segments」、「max_wal_size」または「checkpoint_timeout」のいずれかの閾値に到達すると、共有バッファ上のダーティバッファ(更新のあったデータ)がすべてディスクに書き戻されます。チェックポイントによってダーティバッファを書き込み終えるまでI/O負荷が大きくなり、問い合わせが遅くなる原因にもなります。チェックポイントが発生する前にバックグラウンドライタがダーティバッファを書き込みすることで、I/O負荷を平準化できるため、データベース全体の性能を維持できます。

ただし、設定値を大きくするとリカバリにかかる時間が延びるため、リカバリ時間の見積もりを勘案した設定値に調整することが必要です。

「checkpoint_completion_target」もバックグラウンドライタと同様の負荷

表9-8　WALに関するpostgresql.confのパラメータ

パラメータ名	デフォルト値	説明
wal_writer_delay	200ms	WALライタの動作周期。動作周期の現実的な最小粒度は多くの場合10msであるため、10ms未満の設定変更は効果が現れないことがある
checkpoint_segments (PostgreSQL 9.4まで)	3	チェックポイント間のセグメント数。最後のチェックポイント実行からWALセグメントがこの数に到達するたびにバッファ上のデータをディスクに書き出すチェックポイント処理が動作する
max_wal_size (PostgreSQL 9.5から)	1GB	チェックポイントの間にWALが増加する最大サイズ。最後のチェックポイント実行からこのサイズのWALが生成されるとチェックポイント処理が動作する
min_wal_size (PostgreSQL 9.5から)	80MB	リサイクル対象となる古いWALファイルのサイズ。チェックポイント後に設定値のファイルサイズ分は削除されずに再利用可能な状態で維持される
checkpoint_timeout	5min	チェックポイントの間隔。最後のチェックポイント実行からこの時間が経過するとバッファ上のデータをディスクに書き出すチェックポイント処理が動作する
checkpoint_completion_target	0.5	次のチェックポイント発生までの目標時間の割合

軽減の仕組みであり、デフォルトで0.5が設定されています。デフォルト設定の場合で、かつチェックポイントがおよそ1分ごとに発生する状況では、30秒を目安にチェックポイント処理が完了するようにI/O負荷を調整します。I/O負荷が定常的に高い状況の場合には、この設定値を1.0に近づけることで、負荷軽減が可能です。

鉄則

- ☑ OS設定は、データベース全般で有効な設定もあるので、ほかのRDBMSで有効な設定値も参考にします。
- ☑ 性能に大きな影響のあるメモリ関連の設定（共有バッファや作業メモリ）はしっかり検討します。

Part 3

運用編

運用トラブルに巻き込まれたことはありますか？ 何のトラブルもなく運用できるシステムは、そう多くはないはずです。多少なりとも何らかのトラブルを抱えているものです。本Partでは、このような悩みを少しでも軽減できるように、「レプリケーション」「バックアップ」「テーブルやインデックスのメンテナンスの運用方針」について説明しています。トラブルを未然に防ぐためにぜひ活用してください。

第10章
高可用化と負荷分散

高可用化とはサーバが故障しても速やかに別のサーバへ引き継ぎ運用を継続できることです。
本章ではPostgreSQLのレプリケーション機能（ストリーミングレプリケーション、論理レプリケーション）、およびホットスタンバイ構成による高可用化と負荷分散の実現方法や仕組み、注意点などを説明します。

10.1 サーバの役割と呼び名

サーバの役割に対する呼び方を整理します(表10-1)。

データの更新ができるサーバを「読み書きサーバ」、または「マスタ」「プライマリ」と呼びます。プライマリ側のデータ変更を追跡するサーバを「スタンバイ」、または「スレーブ」と呼びます。また、プライマリに昇格するまでクライアントから接続できないスタンバイを「ウォームスタンバイ」、クライアントから接続できて読み取り処理のみできるスタンバイを「ホットスタンバイ」と呼びます(図10-1)。

また、高可用化と負荷分散を実現する方式はさまざまなものがあります(表10-2)。それぞれの方式で、同期のタイミングや同期される範囲(データ

表10-1　サーバの役割に対する呼称

役割	呼称
データの読み書きを行う	読み書きサーバ
	マスタ
	プライマリ
プライマリ側の変更を追跡する	スレーブ
	スタンバイ
昇格するまでデータを読み書きできない	ウォームスタンバイ
昇格しなくてもデータの読み込みができる	ホットスタンバイ

図10-1　ウォームスタンバイとホットスタンバイ

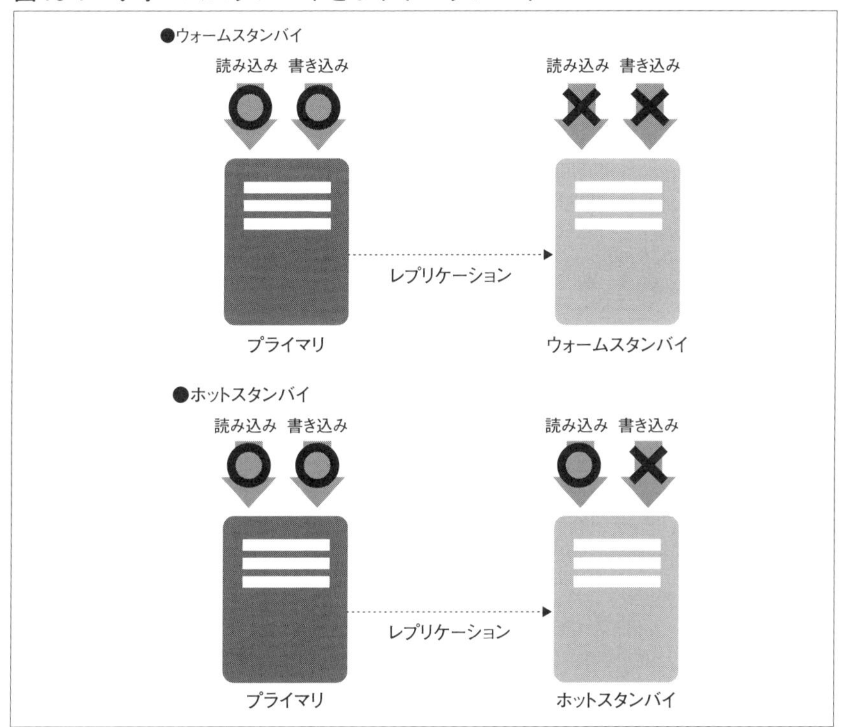

表10-2　レプリケーションの方式（例）

方式	特徴
共有ディスク	プライマリとスタンバイでデータベースクラスタを共有する。プライマリが稼働中はスタンバイは停止している必要がある
ファイルシステムレプリケーション	共有ディスク相当の機能をソフトウェアレベルで実装し、プライマリとスタンバイでデータベースクラスタを共有する
ログシッピング	WAL（Write Ahead Logging）ベースのレプリケーション
トリガベースレプリケーション	プライマリへの更新をトリガとして、スタンバイに同じ更新を伝搬する
SQLベースレプリケーション	プライマリとスタンバイに同じSQLを送るミドルウェアを仲介させて実現する

ベースクラスタ単位、データベース単位、テーブル単位など)が異なるため、要件に応じて選択できます。

なお、本章では「高可用化」の実現方法として一般的に利用されるようになっている「ストリーミングレプリケーション」と「ホットスタンバイ」を用いた方法を説明し、「負荷分散」の実現方法としてPostgreSQL 10で導入された「論理レプリケーション」を用いた方法を説明します。

10.2 ストリーミングレプリケーション

ストリーミングレプリケーションはPostgreSQL本体に備わったレプリケーション機能です。WALをファイル単位ではなく、変更内容(WALレコード)単位で送り、粒度の細かいレプリケーションが可能なことから「流れ」を意味する「ストリーミング」が付けられて呼ばれています。PostgreSQL 9.0で非同期レプリケーションが導入され、PostgreSQL 9.1で同期レプリケーション、PostgreSQL 9.2でカスケードやremote_writeモードレプリケーションが導入されました。

PostgreSQL 9.3以降も利便性向上のための機能が追加されています。他ツールや特別な装置を用意しなくて済むため、手軽にレプリケーションすることができ、広く利用されています。

10.2.1：ストリーミングレプリケーションの仕組み

PostgreSQLのストリーミングレプリケーションは、WAL(Write Ahead Logging)をベースに実現しています。スタンバイは、プライマリで生成されたWALを再実行することでプライマリと同じ状態を保つようになっています。

これらの仕組みを理解するために、WALや実際のプロセスについて見ていきます。

WALの特性

WALはデータベースの性能を担保しつつ、データの永続性を保証するための仕組みです。永続性を保証するということは、更新トランザクションの変更内容をどんなことが起きても必ず復元できる状態にするということです。

更新トランザクションがコミットされた際に、テーブルやインデックスといったデータファイルに直接同期書き込みすると大幅に性能が低下します。一方、WALを用いた場合、更新トランザクションのコミット時にデータファイルに書き込みせず、WALレコードのみを同期書き込みします。リカバリ時にWALレコードを再適用(ロールフォワード)することで、性能と永続性を同時に保証します。

WALレコードにはLSN(Log Sequence Number)と呼ばれる一意の値が払い出されており、プロセスのクラッシュやオンラインバックアップ(ベースバックアップ)からのリカバリで、必要なLSN位置から順に再実行するようになっています。なお、PostgreSQL 9.3までLSNは単なる文字列として扱われていましたが、PostgreSQL 9.4以降ではpg_lsnというデータ型で扱われるようになりました。このため、容易に比較演算や差分を求める操作ができるようになっています。

ストリーミングレプリケーションは、WALの特性を利用してスタンバイをプライマリと同じ状態に保ちます。WALレコードを出力しないunloggedテーブルなどは、ストリーミングレプリケーションではレプリケーションできません。

Column pg_resetwalコマンド

WALが壊れてしまった場合、PostgreSQLは読み書きすべきWALがわからなくなり、起動すらできなくなってしまいます。このような場合の復旧手段として「pg_resetwal」コマンドが用意されています。pg_resetwalを使うと、正常な位置でWALを読み書きできるようにPostgreSQL内部の制御情報を修正します。詳しくはPostgreSQL文書「パートVI. III PostgreSQLサーバアプリケーション－pg_resetwal」を参照してください。

walsender/walreceiverプロセスの設定方法

プライマリとスタンバイはどのような仕組みでWALをやり取りしているのでしょうか。実際には、プライマリ側の「walsenderプロセス」とスタンバイ側の「walreceiverプロセス」でWALをやり取りします。これらのプロセスを起動するには、プライマリ側／スタンバイ側でそれぞれ**表10-3**、**表10-4**のように設定します。ファイルや設定項目が異なるので注意してください。

walsender/walreceiverプロセスの処理

walsenderプロセスとwalreceiverプロセスは**図10-2**のように動作し、スタンバイ(walreceiver)が主導してWALをやり取りします。このためmax_wal_sendersの許すかぎり、動的にスタンバイを増設できます。

なお、walreceiverプロセスがWALレコードを受け取ると、次の順に処理します。

・walsenderプロセスにWALレコードを受け取ったことを通知する

表10-3 プライマリ側の設定（walsenderプロセス）

ファイル名	項目名	値	デフォルト値
postgresql.conf	wal_level	replica※	replica
	max_wal_senders	1以上	10
	archive_mode	on	off
	archive_command	WALをアーカイブ領域に移すコマンド	空文字列
pg_hba.conf	database列に「replication」 例：host replication postgres 127.0.0.1/32 trust		

※PostgreSQL 9.5以前の「archive」または「hot_standby」に相当する

表10-4 スタンバイ側の設定（walreceiverプロセス）

ファイル名	項目名	値	デフォルト値
postgresql.conf	hot_standby	on	on
recovery.conf	standby_mode	on	−
	restore_command	アーカイブファイルをpg_walに移すコマンド	−
	primary_conninfo	プライマリへの接続情報	−

・walreceiverプロセスは受け取ったWALレコードを同期書き込みする
・walreceiverプロセスは、startupプロセス(実際にリカバリ処理を行うプロセス)にWALレコードを受け取ったことを通知する
・startupプロセスがWALレコードを読み取って再適用する

10.2.2：可能なレプリケーション構成

ストリーミングレプリケーションは「1：N」の構成で構築できます。つまりプライマリが1台に対して、スタンバイを複数台用意した「マルチスタンバイ構成」です(**図10-3**の左側)。また、PostgreSQL 9.2からはスタンバイに対してさらにスタンバイを接続した「カスケード構成」を構築できます(**図10-3**の右側)。

さらにPostgreSQL 9.5からはマルチスタンバイ構成で、「同期できる複数のスタンバイ」を用意できるようになっています。マルチスタンバイ構成とカスケード構成で共通している点は、「プライマリは1台のみ」ということです。

図10-2　walsender/walreceiverプロセスの処理

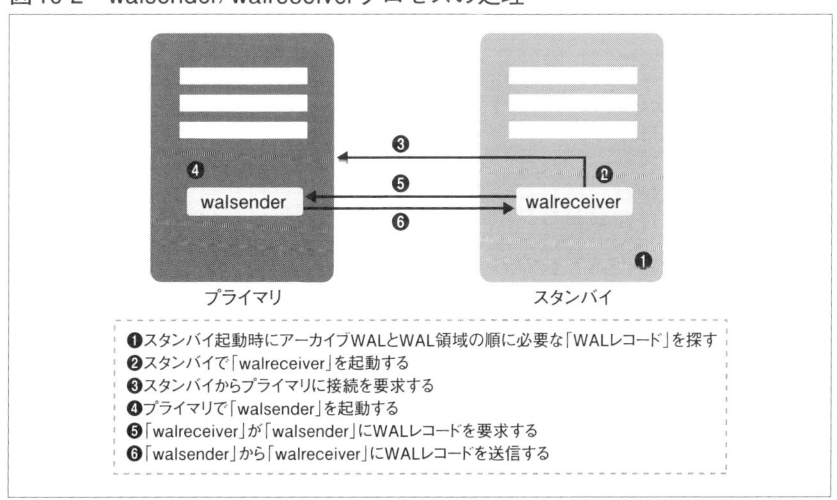

同期／非同期の違い

「同期」と「非同期」の違いは、スタンバイでWALがどのような状態になったらプライマリでの処理を完了(クライアントにコミット完了を通知)するかの違いです。同期の場合は、スタンバイでWALが正常に同期書き込みされたことを待って、プライマリは処理を完了します。一方、非同期の場合は、スタンバイで行われるWALに対する処理を待たずに、プライマリは処理を完了します。

スタンバイを同期／非同期のどちらで扱うのかは、プライマリのpostgresql.confファイルのsynchronous_commitパラメータ(**表10-5**)に設定します。

図10-3 マルチスタンバイ構成とカスケード構成

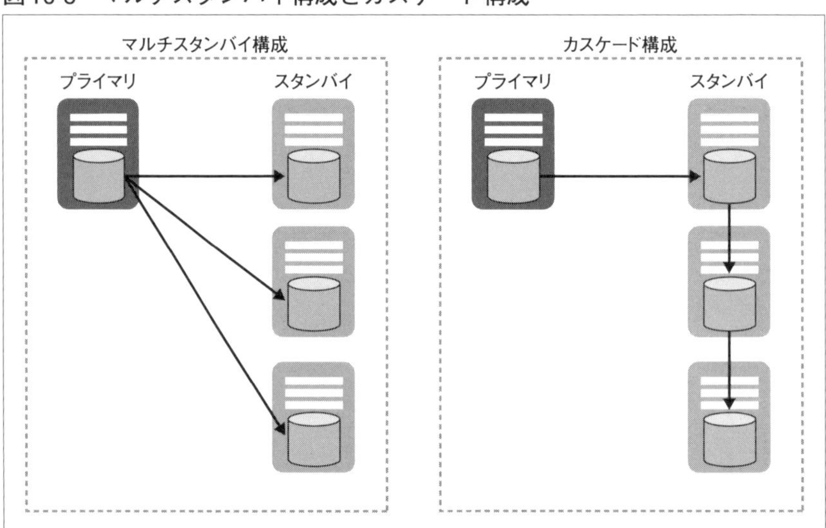

表10-5 スタンバイを同期／非同期にするかの設定（プライマリのpostgresql.confファイルのsynchronous_commitパラメータ）

設定値	同期／非同期	プライマリのWAL処理	スタンバイのWAL処理
off	非同期	待たない	待たない
local	非同期	待つ	待たない
remote_write	同期	待つ	メモリへの書き込みまで待つ
on	同期	待つ	ディスクへの書き込みまで待つ
remote_apply	同期	待つ	WALが適用されるまで待つ

複数のスタンバイがある場合

どのスタンバイを「同期」として扱うかは、プライマリのpostgresql.confファイルのsynchronous_standby_namesパラメータで設定します。synchronous_standby_namesには、スタンバイを一意に特定するための任意の文字列をカンマ区切りで指定します。

次の設定では、接続できた一番左の設定値を「同期」のスタンバイとして扱います。

```
synchronous_standby_names = 'sby,sby2,sby3'
```

また、PostgreSQL 9.6からは、複数のスタンバイを「同期」として扱う設定が可能になりました。次の設定では、先頭から2つのスタンバイを「同期」として扱います。

```
synchronous_standby_names = FIRST 2 'sby,sby2,sby3'
```

さらに、PostgreSQL 10からは「先頭からN個」といった設定以外に、「いずれかN個」といった設定も可能になりました。次の設定では、いずれか2つのスタンバイを「同期」として扱います。

```
synchronous_standby_names = ANY 2 'sby,sby2,sby3'
```

なお、synchronous_standby_namesが空白の場合、どのスタンバイも「同期」として扱わないと解釈されるので注意が必要です。スタンバイを一意に特定するための文字列は、各スタンバイのrecovery.confでprimary_conninfoにapplication_nameを含めることで設定できます。

```
primary_conninfo = 'user=postgres port=5432 application_name=sby'
```

やや複雑なので、synchronous_commitとsynchronous_standby_namesの組み合わせでどのような挙動となるのか**表10-6**に整理します。

「同期」の呼び方に注意

「同期」と言っても、synchronous_commitの設定次第ではスタンバイの古

表10-6 同期／非同期にかかわるパラメータ

<table>
<tr><th></th><th colspan="2">synchronous_standby_names</th></tr>
<tr><th>synchronous_commit</th><th>設定なし</th><th>設定あり</th></tr>
<tr><td>off</td><td colspan="2">プライマリのWALも非同期で書き込む</td></tr>
<tr><td>local</td><td colspan="2">プライマリのWALは同期書き込み、スタンバイは非同期</td></tr>
<tr><td>remote_write</td><td rowspan="3">プライマリのWALのみ同期書き込み</td><td>スタンバイでWALをバッファに書き込むのをプライマリは待つ</td></tr>
<tr><td>on</td><td>スタンバイのWALを同期で書き込むのをプライマリは待つ</td></tr>
<tr><td>remote_apply</td><td>スタンバイでWALが適用されるのをプライマリは待つ</td></tr>
</table>

いデータが読まれる可能性があるので注意が必要です。remote_apply以外の同期レプリケーションの場合、WALは常に非同期で適用されます。スタンバイは常にプライマリと同じ状態になっていると考える人も多いのでsynchronous_commitの値も注意して確認しましょう。

10.2.3：レプリケーションの状況確認

続いて、ストリーミングレプリケーションをより安全に運用するために確認すべき項目や手順を整理していきます。

サーバログの確認

まずは、ログに正しくレプリケーションを開始したメッセージが出力されていることを確認します。プライマリとスタンバイに次のメッセージが出力されていることを確認します。

```
・プライマリ
LOG:  standby "sby" is now a synchronous standby with priority 1
・スタンバイ
LOG:  started streaming WAL from primary at 0/3000000 on timeline 1
```

プロセスの確認

プライマリではwalsenderプロセス、スタンバイではwalreceiverプロセスが起動していることをpsコマンドなどで確認します。

```
・プライマリ
5303 ?  Ss   0:00  ¥_ postgres: wal sender process postgres ➡
192.168.2.28(43771) streaming 0/30009A0
・スタンバイ
5337 ?  Ss   0:00  ¥_ postgres: wal receiver process   streaming 0/30009A0
```

レプリケーション遅延の確認

プロセスの存在確認に加えて、プロセスが正常に動作していることを確認します。ストリーミングレプリケーションの動作状況は、pg_stat_replicationビューを見ます。

コマンド10-1では、スタンバイsbyが同期モードで、プライマリからデータを受け取る状態になっていることが確認できます。また、sent_lsn、write_lsn、flush_lsn、replay_lsnはそれぞれ、プライマリが送出したLSN(sent_lsn)、スタンバイがバッファに書き込んだLSN(write_lsn)、同期書き込みしたLSN(flush_lsn)、WALを適用したLSN(replay_lsn)を表しています。これらの情報から、スタンバイではデータまで含めて完全に同期ができていることが確認できます。

なお、一見するだけでLSNの位置を比較するのが難しい場合は、2つのLSN間の差分をバイト数で計算するpg_wal_lsn_diff関数(PostgreSQL 9.6まではpg_xlog_location_diff関数という名前でした)を使うと見通しがよい

コマンド10-1　pg_stat_replicationビューを参照する例

```
=# SELECT application_name, state, sent_lsn, write_lsn, flush_lsn, replay_lsn, ➡
sync_priority, sync_state FROM pg_stat_replication; ↵
-[ RECORD 1 ]----+----------
application_name | sby
state            | streaming
sent_lsn         | 0/30009A0
write_lsn        | 0/30009A0
flush_lsn        | 0/30009A0
replay_lsn       | 0/30009A0
sync_priority    | 1
sync_state       | sync
```

です(コマンド10-2)。

pg_stat_replicationビューは自身に接続しているwalreceiverプロセスからの情報を表示しています。複数のスタンバイが存在する場合は、それぞれ別の行として出力されます。残念ながら、カスケード構成には対応されていないので、各walsenderプロセスが存在するサーバで確認する必要があります。

10.2.4：レプリケーションの管理

何らかの理由により、プライマリが停止してしまった場合を想像してください。十分に高可用化されたシステムであれば、クライアントはプライマリが停止したことを意識せずに処理を継続できるはずです。しかし、現状のPostgreSQLでは少々手を差し出してあげる必要があります。具体的には、スタンバイが更新できる状態に昇格する処理が必要になります。

昇格を行う方法は、「recovery.confのtrigger_fileを用いる方法」と「pg_ctl promoteを用いる方法」の2種類あります。

recovery.confのtrigger_fileを用いる方法

スタンバイのrecovery.confでtrigger_fileを次のように設定している場合、指定したファイルを生成することで「昇格」処理が行われます。trigger_fileで設定するファイルの格納場所、ファイル名は任意です。

```
trigger_file = '/tmp/trigger.file'
```

このようにtrigger_fileを設定した場合、コマンド10-3で「昇格」が開始さ

コマンド10-2　pg_wal_lsn_diff関数の例

```
=# SELECT pg_wal_lsn_diff(sent_lsn, write_lsn) write_diff, pg_wal_lsn_ ↗
diff(sent_lsn, flush_lsn) flush_diff, pg_wal_lsn_diff(sent_lsn, replay_lsn) ↗
replay_diff FROM pg_stat_replication; ↵
-[ RECORD 1 ]--
write_diff  | 0
flush_diff  | 0
replay_diff | 0
```

れ、ログメッセージが出力されます。

pg_ctl promoteを用いる方法

pg_ctl promoteを実行することで「昇格」処理が行われます。この方法はtrigger_fileとは独立しているので、recovery.confの設定などは不要です(**コマンド10-4**)。

pg_ctl promoteのほうはシグナルを送信して「昇格」処理に入るのに対して、trigger_fileのほうは定期的なファイル存在チェックの後に「昇格」処理に入るため、若干の時間差があります。しかし、いずれの方法もスタンバイがプライマリに「昇格」するのに変わりはありません。

なお、「昇格」したスタンバイは、タイムラインIDが1つ繰り上がります(**図10-4**)。タイムラインIDは、バックアップからのリカバリ時には過去の任意の時点に戻ることが可能なメリットがありますが、レプリケーションの最中はプライマリ／スタンバイともに同じタイムラインIDを持つ必要があ

コマンド10-3　trigger_fileを用いる方法

```
$ touch /tmp/trigger.file ↵
LOG:  trigger file found: /tmp/trigger.file
FATAL:  terminating walreceiver process due to administrator command
LOG:  invalid record length at 0/5000060: wanted 24, got 0
LOG:  redo done at 0/5000028
LOG:  selected new timeline ID: 2
LOG:  archive recovery complete
LOG:  database system is ready to accept connections
```

コマンド10-4　pg_ctl promoteを用いる方法

```
$ pg_ctl promote ↵
LOG:  received promote request
FATAL:  terminating walreceiver process due to administrator command
LOG:  invalid record length at 0/3000A80: wanted 24, got 0
LOG:  redo done at 0/3000A48
LOG:  last completed transaction was at log time 2018-04-22 22:49:40.514719+09
LOG:  selected new timeline ID: 2
LOG:  archive recovery complete
LOG:  database system is ready to accept connections
```

ります。

例えば、カスケード構成でプライマリが故障し、プライマリに直接接続したスタンバイが「昇格」した場合を考えてみましょう。「昇格」に伴って末端のスタンバイとタイムラインIDが異なると、レプリケーションが途切れてしまいます(**図10-4**の中段)。通常はrecovery.confのrecovery_target_timelineパラメータを「latest」に設定し、タイムラインの変更に追従してレプリケーションを継続できる運用にします。

10.2.5：設定手順の整理

ストリーミングレプリケーションするためのプライマリ／スタンバイは次の前提で説明します。実際に設定する際には読み替えてください。

・プライマリ
　ホスト名：prm、IPアドレス：192.168.2.11
・スタンバイ

図10-4　タイムラインID（TLI）の追跡

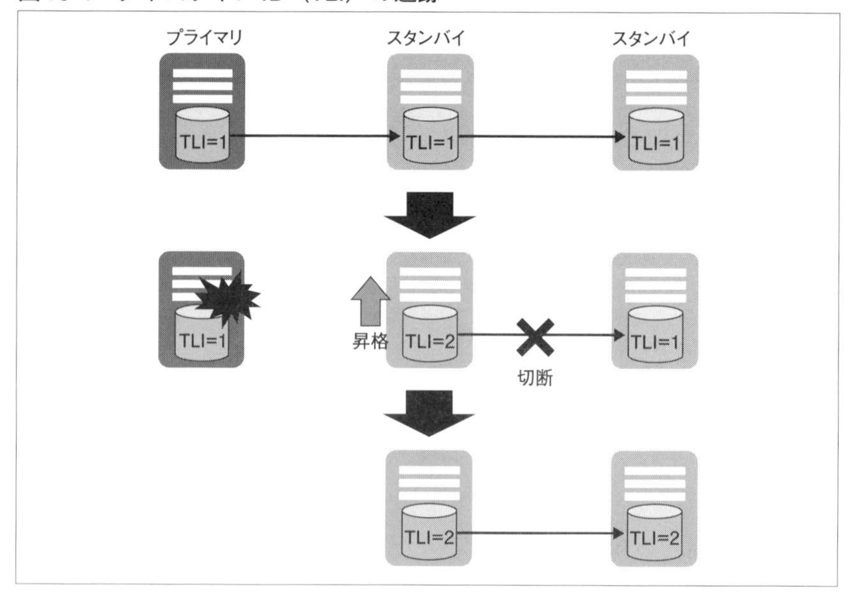

ホスト名：sby、IPアドレス：192.168.2.12

プライマリの設定

プライマリのpostgresql.confファイル(**リスト10-1**)とpg_hba.confファイル(**リスト10-2**)を編集します。

スタンバイのデータベースクラスタを用意

スタンバイのデータベースクラスタとなるベースバックアップ(後述)をプライマリから取得します。pg_basebackupコマンド(**コマンド10-5**)は、プライマリに接続してデータベースクラスタのコピーを作成することが可能です。

スタンバイの設定変更と起動

スタンバイの設定を独自に変更したい場合は、スタンバイのpostgresql.confやpg_hba.confを編集可能です。また、リカバリするためrecovery.confを用意します。**コマンド10-5**のようにpg_basebackupコマンドを-Rオプション付きで実行すると、自動的にrecovery.confがスタンバイのデータベースクラスタ配下に作成されるので、必要に応じて編集します。

設定変更できたらスタンバイを起動します(**コマンド10-6**)。

リスト10-1　プライマリのpostgresql.confファイル

```
wal_level = 'replica'
max_wal_senders = 10
archive_mode = on
archive_command = 'cp %p /tmp/%f'
synchronous_standby_names = 'sby'
```

リスト10-2　プライマリのpg_hba.confファイル

```
host replication postgres 192.168.2.12/32 trust
```

コマンド10-5　スタンバイでpg_basebackupコマンドを実行する

```
$ pg_basebackup -R -D ${PGDATA} -h prm -p 5432 ↵
```

コマンド10-6　スタンバイでpg_ctl startコマンドを実行する

```
$ pg_ctl start ⏎
```

動作確認

ログやpg_stat_replicationビュー、walsender/walreceiverプロセスの起動を確認し、正しくレプリケーションできているか確認しましょう。

ここまででストリーミングレプリケーションの環境構築は終了です。ストリーミングレプリケーションが導入されたばかりのPostgreSQL 9.0に比べてpg_basebackupコマンドなど便利な機能が加わり、PostgreSQL 9.3では構築が容易になっています。さらに、PostgreSQL 10からはデフォルトの設定ファイル(postgresql.conf)でもレプリケーション関連が設定されているため、意識しないでもストリーミングレプリケーション環境を構築できます。

動作させながら仕組みを理解するとより効果的に理解できますので、ぜひ構築してみてください。

Column 循環するレプリケーション

PostgreSQLのストリーミングレプリケーションでは循環したレプリケーション構成を構築できます。つまり、すべてのサーバがスタンバイであり、プライマリが存在しない状態です。

循環するレプリケーション構成にするメリットを見いだすことはできないのですが、設定を誤るとプライマリが存在しない状態になりうるということは理解しておきましょう。

10.3 PostgreSQLで構成できる3つのスタンバイ

10.3.1：それぞれのメリットとデメリット

まずPostgreSQLで構成できるスタンバイを整理します。スタンバイはどのような状態で動作しているかの違いによって「コールドスタンバイ」「ウォームスタンバイ」「ホットスタンバイ」と定義できます(表10-7)。

通常は停止しており、プライマリのダウン時など必要に応じて起動するスタンバイを「コールドスタンバイ」といいます。コールドスタンバイは、レプリケーションと組み合わせるのではなく、主に共有ディスクを用いて実現する方式です。

「ウォームスタンバイ」はレプリケーション構成に用いられますが、プライマリに昇格するまで接続できません。PostgreSQL 9.0以降、ストリーミングレプリケーションと組み合わせるのが一般的になっています。PostgreSQL 8.4以前でもcontribパッケージに含まれるpg_standbyを用いることで利用できます。

「ホットスタンバイ」は接続を受理できて読み取り専用の問い合わせが処理できます。ウォームスタンバイと同様にPostgreSQL 9.0以降のストリーミングレプリケーションと組み合わせます。できるかぎり直近のデータを参照できるように同期レプリケーションとの組み合わせで利用します。

表10-7 スタンバイの状態とメリット／デメリット

スタンバイ	状態	メリット	デメリット
コールドスタンバイ	停止している	運用が比較的に楽である	SPOF※が存在する。資源を無駄に使用するなどコストがかかる
ウォームスタンバイ	起動しているが、接続できない	特別な装置など不要で構築できる	非同期が前提となる
ホットスタンバイ	起動していて、参照の問い合わせができる	スタンバイの資源を最大限に活用できる	同期のズレを意識した運用が必要となる

※Single Point of Failure（単一障害点）

これらはスタンバイでの参照可否だけでなく、問題発生時にプライマリからスタンバイへの切り替え時間や運用手順などに違いがあります。以降では、それぞれの選択、運用時のポイントを整理します。

10.3.2：コールドスタンバイ

コールドスタンバイは運用方法がもっともシンプルな方法です。

プライマリとスタンバイが1つのデータを共有するので、プライマリからスタンバイに切り替えが発生してもデータを消失することがありません。また、通常時はプライマリのみが起動している状態なので、バックアップや監視もプライマリのみになります。プライマリの故障時にはスタンバイを起動するだけで切り替えられます。

しかし、コールドスタンバイではスタンバイに参照クエリを実行できません。また、通常時にはスタンバイのサーバ機を無駄に起動しておかなければいけないこと、共有ディスクなどの高価な装置が必要になることなどコスト面での制約が多いです。もっとも大きな制約は、共有ディスクが単一障害点(SPOF；Single Point of Failure)になりうることです。もちろんこれを回避するためにファイルシステムやディスクの信頼性向上施策をとればよいのですが、コスト／運用面のインパクトが大きくなります。

10.3.3：ウォームスタンバイ

ストリーミングレプリケーションの同期モードでウォームスタンバイを用意できますが、ホットスタンバイとの差を明確にするために、ストリーミングレプリケーションの非同期モード、もしくはpg_standbyを用いた方法について説明します。

まず、大きなメリットは特別な装置が不要であることです。高価な共有ディスク装置を用意しなくても、手軽にスタンバイを用意できます。サードパーティ製のツールの運用は意外と手間がかかるため、PostgreSQL本体(およびcontribモジュール)に備わっている機能であることも運用面ではメリットとなります。

また、非同期であることはデータ損失に直結するためデメリットと考えられますが、逆に非同期であることを活かした使い方もあります。同期モードのストリーミングレプリケーションは、スタンバイでWALがディスクに書き込まれるのを待って、クライアントに応答を返します。つまり、スタンバイでの処理がプライマリに大きく影響します。一方、非同期モードのストリーミングレプリケーションは、プライマリはスタンバイの処理に影響されることはありません。この特性を活かして、スタンバイを遠隔地に配置して災害対策用として活用できます。

10.3.4：ホットスタンバイ

ホットスタンバイは、コールドスタンバイとウォームスタンバイの良いところを兼ね備えています。

特別な装置は不要で、かつデータ損失の危険もほとんどありません。スタンバイに参照クエリを問い合わせできることから、同期モードでのストリーミングレプリケーションが前提となります。スタンバイを遠隔地に配置する災害対策用としては性能影響が大きくなるため利用できませんが、一般的な高可用化システムとして利用するシーンは多いでしょう。

次節ではホットスタンバイについて、より詳細に説明します。

10.4 ホットスタンバイの詳細

ホットスタンバイは、WAL適用中に参照クエリを実行できます。ホットスタンバイを利用するには、postgresql.confファイルのhot_standbyパラメータを「on」に設定するだけですが、内部ではどのように処理されているのでしょうか。

実際には、スタンバイがリカバリ中に「一貫性のある状態」になったらpostmasterプロセスにシグナルを送って接続を許可します。一貫性のある状態とは、ベースバックアップ取得時のチェックポイントが完了した時点までリカバリが済んだ状態です。一貫性のある状態になれば、非同期モードでのストリーミングレプリケーションやpg_standbyで構築したスタンバイでも参照クエリを実行できます。

10.4.1：ホットスタンバイで実行可能なクエリ

ホットスタンバイでは**表10-8**の参照クエリのみが実行可能です。トランザクションIDの払い出しはされず、またWALに書き出されないため、更新処理は実行できません。これは、スタンバイでのMVCC(MultiVersion Concurrency Control；多版型同時実行制御)を保証できなくなるためです。

ベースバックアップの取得

スタンバイからpg_basebackupコマンドでベースバックアップを取得できます(PostgreSQL 9.2以降)。通常、ベースバックアップはpg_start_backupやpg_stop_backup関数で取得します。ホットスタンバイでは、これらの関数を直接実行できませんが、pg_basebackupコマンドは内部的には同等の処理でベースバックアップを転送します。このため、ホットスタンバイでもpg_basebackupコマンドでベースバックアップが取得できるようになっています。

スタンバイからpg_basebackupコマンドで取得したバックアップをリカバリするとき、hot_standbyを「on」にして任意の時刻やトランザクションIDを指定してリカバリすると、リカバリが完了した時点で一時停止します。これは、recovery.confファイルのrecovery_target_actionが「pause」(デフォ

表10-8　ホットスタンバイで実行可能なクエリ

コマンド	説明
SELECT、COPY TO	読み取りクエリ
DECLARE、FETCH、CLOSE	カーソル操作クエリ
SHOW、SET、RESET	パラメータ操作クエリ
BEGIN、COMMIT	DCL※コマンド
ACCESS SHARE、ROW SHARE、ROW EXCLUSIVE	いずれかを指定したLOCK TABLE文
PREPARE、EXECUTE、DEALLOCATE、DISCARD	準備済みステートメントを操作するクエリ
LOAD	ライブラリ読み込み操作

※Data Control Language（データ制御言語）

ルト値)の際の挙動であり、適切な位置にリカバリができたかを確認するための重要な機能ですが、一刻も早くリカバリをしたい場合には一時停止せずに進めたい場面が多々あります。一時停止しないようにするには、recovery_target_actionを「promote」にしてリカバリを実行します(PostgreSQL 9.4以前ではpause_at_recovery_targetを「off」にしてリカバリを実行します)。

なお、一時停止したリカバリを再開するにはpg_wal_replay_resume関数を実行します。そのほかにも、**表10-9**のような関数が用意されています。

10.4.2：ホットスタンバイの弱点

ホットスタンバイの弱点は「コンフリクト」です。一貫性が確認されればすべての参照クエリがホットスタンバイで実行可能になるとはかぎりません。

表10-9　リカバリの停止/再開の関数

関数	説明
pg_is_wal_replay_paused()	リカバリが停止中であれば真を返す
pg_wal_replay_pause()	即座にリカバリを停止する
pg_wal_replay_resume()	リカバリ停止中であれば再開する

図10-5　コンフリクトの発生

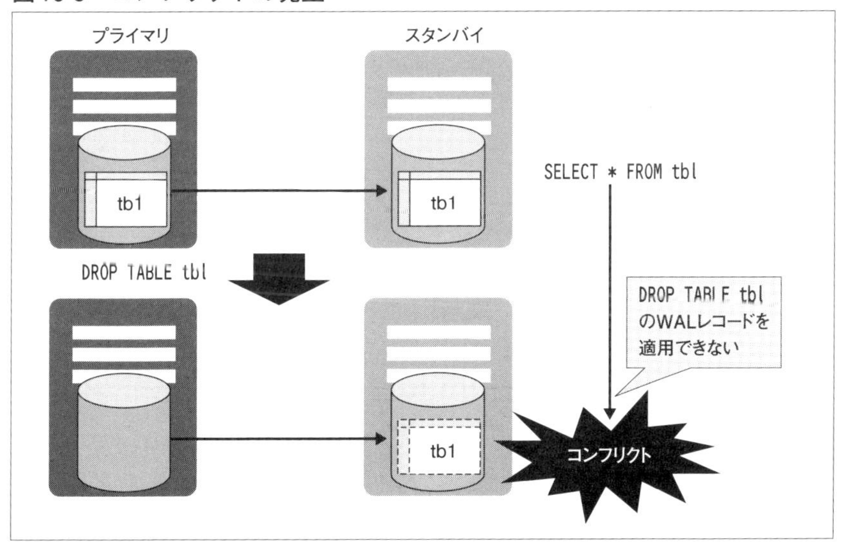

ストリーミングレプリケーションの仕組みとして、プライマリとスタンバイでの操作が衝突する可能性があります。これを「コンフリクト」と呼びます。もっとも簡単な例は、**図10-5**のようなプライマリで実行する「DROP TABLE文」とスタンバイで実行する該当テーブルへの参照クエリでコンフリクトが発生します。

このほかにも、プライマリでのロック取得、データベースやテーブルやテーブル空間の削除、VACUUMによるメンテナンスがコンフリクトを引き起こします。コンフリクトが発生した場合、デフォルトでは30秒ほどスタンバイでWALの適用を待機します。WAL適用が待機するということは、プライマリとスタンバイで読み取れるデータに乖離が生じるということです。

なお、データベース上で発生したコンフリクトの回数や内容を調べるには、pg_stat_database_conflictsビューを参照します(**コマンド10-7**)。

コマンド10-7　コンフリクトの回数や内容を調べる方法

```
=# select * from pg_stat_database_conflicts where datname = 'testdb'; ↵
-[ RECORD 1 ]----+-------
datid            | 16384
datname          | testdb
confl_tablespace | 0
confl_lock       | 2
confl_snapshot   | 0
confl_bufferpin  | 0
confl_deadlock   | 0
```

10.5 ストリーミングレプリケーションの運用

ストリーミングレプリケーションとホットスタンバイを利用した運用時に着目すべきポイントを説明します。

10.5.1：フェイルオーバ時の処理

異常が発生したサーバを切り離し、サービスを継続する仕組みを「フェイルオーバ」と言います。残念ながらPostgreSQLには自動的にフェイルオーバを行う仕組みはありません。このため、フェイルオーバ時に適切に処理する必要があります。一般的には、システムに合わせた仕組みを自作したり、Pacemaker などのHAクラスタソフトウェアを組み合わせて運用されています。

また、プライマリ／スタンバイのそれぞれで異常が発生した箇所により対応すべき内容が異なります。

プライマリの故障時

プライマリが故障した場合、スタンバイを更新可能な状態に昇格する必要があります（「pg_ctl promote」で昇格します）。なお、プライマリからクライアントアプリケーションにコミットが返却されなかった場合でも、スタンバイのWALは更新されている可能性があることに注意が必要です。この状態でスタンバイを昇格させると、スタンバイのWAL適用とともにコミット済みとなります。

プライマリからクライアントアプリケーションにコミットが返却されなかった場合に、スタンバイでコミット／アボートのどちらになるかを判別するための仕組みはPostgreSQLに用意されていません。このようなケースで問題が起こる場合は、データベース管理者の介入やクライアントアプリケーション側で対処する必要があります。

スタンバイの故障時

スタンバイが故障した場合には、プライマリのpostgresql.confを編集して再読み込みする必要があります。具体的には、synchronous_standby_namesパラメータを書き換えます。synchronous_standby_namesには、故障したスタンバイが同期しているスタンバイとして定義されています。スタンバイが停止してしまうと、スタンバイからの応答がないためプライマリはコミットを完了できなくなってしまいます。

synchronous_standby_namesに複数のスタンバイを定義している場合は自動的に左から順に同期スタンバイとみなして動作しますが、すべてのスタンバイが停止してしまった場合には、postgresql.confファイルの

synchronous_standby_namesを空にして、設定ファイルを「pg_ctl reload」で再度読み込みます。

10.5.2：プライマリ／スタンバイの監視

故障をより早く検出するためには定期的にプライマリ、スタンバイを監視する必要があります。監視する内容は、walsender/walreceiverプロセスが正常に動作しているか、滞りなくレプリケーションされているかなど多岐にわたります。

walsender/walreceiverプロセスの動作確認

walsender/walreceiverプロセスの動作確認は、プロセス自身の存在確認だけでなく、プライマリ／スタンバイ間のネットワーク異常による待ち状態が発生していないかといった点も含める必要があります。待ち状態を確認するにはwal_sender_timeoutとwal_receiver_timeoutパラメータを設定します。それぞれプライマリとスタンバイから見たレプリケーションが停止した場合のタイムアウト値を設定します(デフォルトは60秒)。

プライマリでタイムアウト(wal_sender_timeout)が発生した場合、次のメッセージが出力されwalsenderプロセスが停止し、その後walreceiverプロセスも停止します。

```
LOG:  terminating walsender process due to replication timeout
```

スタンバイでタイムアウト(wal_receiver_timeout)が発生した場合、次のメッセージが出力されwalreceiverプロセスが停止します。

```
FATAL:  terminating walreceiver due to timeout
```

どちらの状況でもwalreceiverプロセスは停止しますが、再起動してレプリケーションの継続を試みます。

レプリケーションの状況確認

レプリケーションが滞りなく実施されているかは、walreceiverプロセスによるWALの受信位置(receive位置)とWALの適用位置(replay位置)を確認するとよいでしょう。

WALの位置確認にpg_stat_replicationビューを使う場合には注意が必要です。pg_stat_replicationビューの更新頻度は、writeもしくはflushの位置に変更があったとき、もしくはwal_receiver_status_intervalによって設定されている時間が経過したときです。デフォルトではwal_receiver_status_intervalは10秒なので、replay位置は若干差異が生じる可能性があります(**コマンド10-8**)。

代替策として、スタンバイで直接receive位置、replay位置を確認します(**コマンド10-9**)。スタンバイでこれらの値を確認するために、pg_last_wal_receive_location関数とpg_last_wal_replay_location関数が用意されています(実行時に状態を返却するため、差異なく位置を確認できます)。

10.5.3:プライマリ/スタンバイの再組み込み時の注意点

故障したプライマリ/スタンバイをもう一度レプリケーション状態に戻すことを考えてみます。

スタンバイを再度組み込むことは比較的容易です。同期レプリケーションの仕組み上、スタンバイがプライマリより進んでしまうことはありえないので、スタンバイを再起動すればよいだけです。届いていなかったWALレ

コマンド10-8 プライマリでpg_stat_replicationを確認

```
=# select flush_lsn, replay_lsn from pg_stat_replication; ↵
 flush_lsn  | replay_lsn
------------+------------
 0/BEA34448 | 0/BEA32B08
→replay_lsnに若干の差が生じる
```

コマンド10-9 スタンバイで直接receive位置、replay位置を確認

```
=# select pg_last_wal_receive_lsn(), pg_last_wal_replay_lsn(); ↵
 pg_last_wal_receive_lsn | pg_last_wal_replay_lsn
-------------------------+------------------------
 0/BEA17ED0              | 0/BEA17ED0
→replay_lsnの差は見られない
```

コードがプライマリにあれば自動的に転送されます。

ただし、スタンバイが停止している時間が長い場合、プライマリのWAL領域に必要なWALレコードを含むWALファイルがないケースもあります(レプリケーションスロットを用いれば回避できますが、プライマリのWAL領域がディスクフルとなる危険性もあるため、用いずに運用することもしばしばあります)。プライマリのWAL領域に必要なWALファイルがない場合には、プライマリのアーカイブ領域からスタンバイのアーカイブWAL領域にコピーする必要があります。

なお、PostgreSQL 9.5からはスタンバイのpostgresql.confでarchive_modeをalwaysに設定しておくことで、スタンバイ側でもWALファイルをアーカイブできるようになっていて、WALファイルをコピーしなくてもスタンバイを組み込めます。

一方、プライマリを再度組み込む場合は、プライマリとスタンバイのどちらが進んだか不明な状態になるために注意が必要です。例えば、プライマリだけWALが書かれ、スタンバイに送る直前にプライマリが故障したとします。そうすると、新プライマリ(昇格後のスタンバイ)のほうが過去の状態になる可能性があります。そこに進んでしまった旧プライマリを組み込んで

コマンド10-10　新プライマリ（旧スタンバイ）でWALの適用位置を確認

```
$ psql postgres -c "select pg_last_wal_receive_lsn(), pg_last_wal_replay_↗
lsn()" ↵
 pg_last_wal_receive_lsn | pg_last_wal_replay_lsn
-------------------------+------------------------
 0/BEB67B50              | 0/BEB67B50
→pg_last_wal_receive_lsn関数とpg_last_wal_replay_lsn関数を実行すると、↗
昇格した時点でどこまで受信／適用したかがわかる
```

コマンド10-11　新スタンバイ（旧プライマリ）でWALの適用位置を確認

```
$ psql postgres -c "select pg_last_wal_receive_lsn(), pg_last_wal_replay_↗
lsn()" ↵
 pg_last_wal_receive_lsn | pg_last_wal_replay_lsn
-------------------------+------------------------
 0/C0000000              | 0/C0000060
→新プライマリより進んでしまった場合は、レプリケーションできない
```

も、新プライマリから適切なWALレコードを取得できないため、レプリケーションを継続できません。

新プライマリ、新スタンバイのそれぞれでWALの適用位置を確認し、矛盾がなければそのまま組み込めますが、**コマンド10-10、10-11**のようにWAL適用位置に矛盾が生じているようであれば、新プライマリからベースバックアップを取り直して再構築しなければなりません。

10.5.4：コンフリクトの緩和策

ホットスタンバイ運用中にコンフリクトが発生した場合、スタンバイでのWAL適用が30秒遅れます。このためスタンバイで参照できるデータが陳腐化してしまいます。スタンバイで頻繁に参照するシステムでは、30秒間のデータ乖離は致命的になるでしょう。

このような場合には、スタンバイでのWAL適用を待つ時間を設定するパラメータであるmax_standby_archive_delay、max_standby_streaming_delayを変更します。max_standby_archive_delayは、スタンバイがアーカイブファイルを適用している最中に発生したコンフリクトの待ち時間、max_standby_streaming_delayはスタンバイがプライマリから受け取ったWALを適用している最中に発生したコンフリクトの待ち時間を設定します。デフォルトでは30秒になっていますが、スタンバイの目的/用途に合わせてミリ秒単位で設定できます。これらのパラメータでは、プライマリでのテーブルやインデックスの削除などと、スタンバイでの該当テーブルやインデックスに対する参照処理とのコンフリクトを調整できます。

一方で、プライマリでVACUUMやHOTによる行データ削除とスタンバイでの参照処理がコンフリクトする場合は、次のパラメータを調整します。

vacuum_defer_cleanup_ageパラメータ

プライマリに設定します。デフォルトは「0」で、プライマリは即座にVACUUMやHOTで行データを削除します。スタンバイの行データ参照でコンフリクトが頻繁に発生する場合は、パラメータを調整してプライマリでの行データ削除を遅らせるようにします。指定する値は、行データ削除をどの程度遅らせるかをトランザクション数で設定します。

hot_standby_feedbackパラメータ

スタンバイに設定します。デフォルトは「off」で、プライマリはスタンバイでどのような問い合わせがされているかを知る術を持っていません。「on」に設定することで、wal_receiver_status_intervalごとにスタンバイで開いているトランザクションに関する情報をプライマリに送るようになります。スタンバイのトランザクションに関する情報から、スタンバイが必要とする行データの削除を遅らせることができます。

なお、このパラメータを設定した場合、スタンバイのトランザクションが何らかの理由で閉じられずに残存すると、プライマリの不要な行が急激に増加してしまうので注意してください。

10.6 論理レプリケーション

論理レプリケーションはPostgreSQL 10から導入されたレプリケーション機能です。データベースクラスタ全体でレプリケーション構成をとるストリーミングレプリケーションとは異なり、対象とするテーブルや操作を指定したレプリケーション構成にすることが可能です。

10.6.1：論理レプリケーションの仕組み

PostgreSQLの論理レプリケーションは、ストリーミングレプリケーションと同様にWALを転送することで実現されています。論理レプリケーションの仕組みを説明する前に、基盤となっているロジカルデコーディング、バックグラウンドワーカについて説明します。

ロジカルデコーディングとバックグラウンドワーカ

ロジカルデコーディングは、PostgreSQL 9.4で導入された「WALを外部のシステムが解釈できる形に変換する」機構です。ロジカルデコーディングを利用するためには、自前で変換ロジックを組んだ「出力プラグイン」を作成する必要がありますが、自由にロジックを組めるところからさまざまな外部システムとの連携が可能となります。

一方、外部システムで出力プラグインの結果を利用する場合は、外部システム側で「定常的」に出力プラグインの結果を利用する機構が必要となります。バックグラウンドワーカプロセスも、PostgreSQL 9.4から導入された「自前のバックグラウンドワーカプロセスを定常的に起動させておく」機構です。

それぞれの詳細な説明は本書では割愛しますが、これらの機構を用いて論理レプリケーションは実現されています(**図10-6**)。「出力プラグイン」として論理レプリケーション用に「pgoutput」というモジュールが利用され、外部のシステム(PostgreSQL)で処理できる形に変換します。変換されたデータは、ストリーミングレプリケーションでも利用されるwalsenderにより転送されます。外部のシステム(PostgreSQL)側では定常的にwalsenderから送られてくるデータを適用するバックグラウンドワーカ(bgworker)が起動され、受信したデータを対象のテーブルに対して適用していきます。

図10-6　論理レプリケーションの仕組み

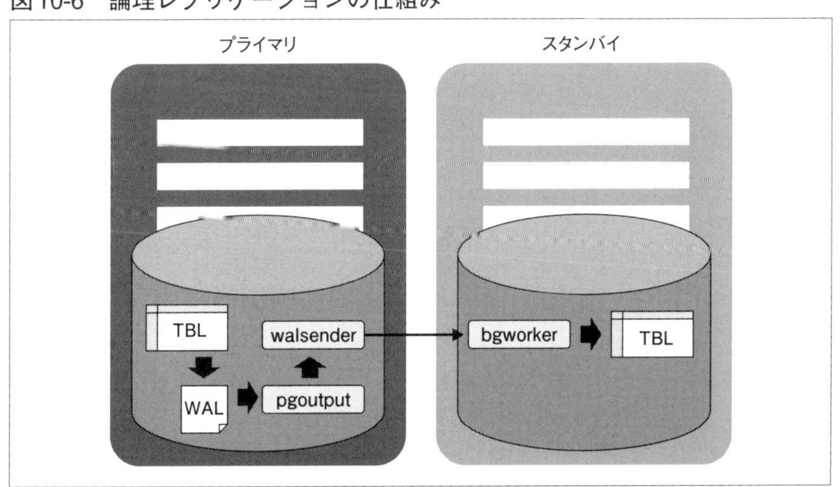

パブリケーションとサブスクリプション

ここまでストリーミングレプリケーションの説明では、各サーバが書き込み用のサーバ／読み込み用のサーバと役割が明確であったため名称として「プライマリ／スタンバイ」を使っていました。一方、論理レプリケーションでは各サーバで読み込みも書き込みもできるため「プライマリ／スタンバイ」という分類が正しくないケースがあります。そこで一般的に論理レプリケーションでは「パブリッシャ／サブスクライバ」を使います。

パブリッシャが公開（パブリケーション）している情報を、サブスクライバが購読（サブスクリプション）することでレプリケーションを実現しています。

PostgreSQL 10の論理レプリケーションでは、パブリッシャとして「walsenderプロセス」が起動し、サブスクライバとして「logical replication workerプロセス」が起動します。これらのプロセスを起動するには、パブリッシャ側とサブスクライバ側のそれぞれで最低限の設定とコマンドを実行します（表10-10、表10-11）。

表10-10　パブリッシャ側の設定（walsenderプロセス）

ファイル名	項目名	値	デフォルト値
postgresql.conf	wal_level	logical	replica
	max_replication_slots	2以上	10
	max_wal_senders	2以上	10
pg_hba.conf	サブスクライバからの接続を許可 例：host all postgres 127.0.0.1/32 trust		
コマンド	公開するテーブルの指定 例：CREATE PUBLICATION mypub FOR ALL TABLES;		

表10-11　サブスクライバ側の設定（logical replication workerプロセス）

ファイル名	項目名	値	デフォルト値
postgresql.conf	max_replication_slots	1以上	10
	max_sync_workers_per_subscription	1以上	2
	max_logical_replication_workers	2以上	4
	max_worker_processes	3以上	8
コマンド	接続情報及び購読する公開情報の指定 例:CREATE SUBSCRIPTION mysub CONNECTION '...' PUBLICATION mypub;		

なお、ストリーミングレプリケーションと同じくパブリッシャ側のpostgresql.confにてsynchronous_standby_namesにサブスクリプション名(mysub)を指定しておくことで、同期モードで論理レプリケーションできます。

論理レプリケーションの制限事項

PostgreSQL 10のpgoutputで対応できる処理はDML(INSERT、UPDATE、DELETE)のみであるため、その他の処理は基本的にレプリケーションできません。このようにいくつかの制限事項があることを理解して利用しましょう。

＜レプリケーションの対象外のもの＞
- DDL(データ定義言語)
- シーケンスのデータ
- TRUNCATE
- 通常のテーブル以外[注1]

また、DMLであってもUPDATE/DELETEをレプリケーションするためには、「REPLICA IDENTITY」を事前に設定しておく必要があります。「REPLICA IDENTITY」は、外部システム側で更新／削除する行を特定するために利用されるキーで、「ALTER TABLE <tablename> REPLICA IDENTITY <key>;」で設定できます。<key>には**表10-12**のいずれかを指定します。

表10-12 「REPLICA IDENTITY」で指定する値

設定値	効果
DEFAULT	主キー
USING INDEX <index_name>	指定したインデックス（ユニークかつNOT NULL）
FULL	行全体をキーとする
NOTHING	キーを使用しない

注1 ラージオブジェクト、ビュー、マテリアライズドビュー、パーティションの親テーブル、外部テーブル。

10.6.2：可能なレプリケーション構成

論理レプリケーションは、ストリーミングレプリケーションと同じく「1：N」の構成で構築できます。つまり、マルチサブスクライバやカスケードの構成をとることができます。さらに論理レプリケーションでは、一部の異なるテーブルをレプリケーションして「N:1」の構成や双方向の構成もとることが可能です（図10-7）。

厳密に言うと、同じテーブルで双方向構成をとることも可能ですが、コンフリクト（各サーバでの更新処理が矛盾してしまうこと）を解消する必要が出てきます（「10.6.4 レプリケーションの管理」で説明します）。

なお、論理レプリケーションは異なるメジャーバージョン間でも構成できるように設計されてます。旧バージョンと並行してデータを取り込むことで切り替え時間の短縮が期待できるので、今後メジャーバージョンアップ手法の1つとして採用されることになるでしょう。

10.6.3：レプリケーションの状況確認

論理レプリケーションが正常に動作していることを確認するための項目や手順を整理していきます。

図10-7　可能な論理レプリケーション構成

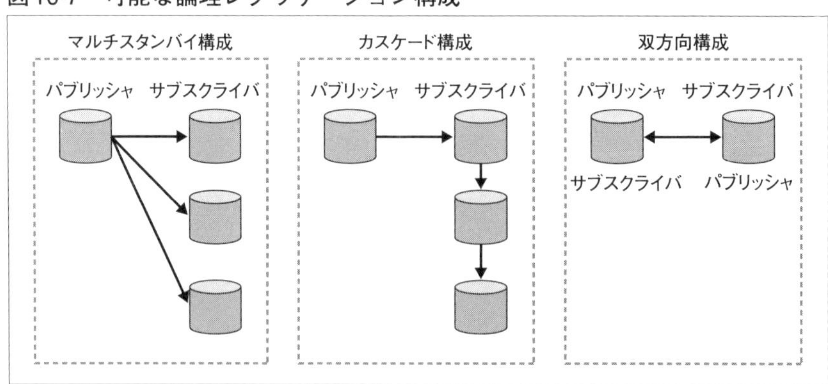

サーバログの確認

サーバログに正しくレプリケーションを開始したメッセージが出力されます。パブリッシャとサブスクライバに次のメッセージが出力されていることを確認しましょう。

```
・パブリッシャ
LOG:  standby "mysub" is now a synchronous standby with priority 1
・サブスクライバ
LOG:  logical replication apply worker for subscription "mysub" has started
```

プロセスの確認

パブリッシャではwalsenderプロセス、サブスクライバではlogical replication workerプロセスが起動していることをpsコマンドなどで確認します。

```
・パブリッシャ
25736 ?        Ss     0:00  ¥_ postgres: wal sender process postgres ➡
192.168.2.28(14317) idle
・サブスクライバ
29394 ?        Ss     0:00  ¥_ postgres: bgworker: logical replication ➡
worker for subscription 24603
```

レプリケーション遅延の確認

レプリケーションの遅延状況の確認についても、ストリーミングレプリケーション同様にpg_stat_replicationビューで参照できます。

コマンド10-12では、サブスクライバによるサブスクリプションmysubが同期モードで、パブリッシャからデータを受け取る状態になっていることが確認できます。sent_lsn、write_lsn、flush_lsn、replay_lsnで示されるWALの位置から遅延具合を確認でき、データの反映まで含めて完全に同期されていることがわかります。

また、論理レプリケーションでは、サブスクライバ側でもpg_stat_subscriptionビューを参照して状態を確認できます。**コマンド10-13**では受け取ったLSN(received_lsn)と処理を終えたLSN(latest_end_lsn)が

コマンド10-12 パブリッシャ側のpg_stat_subscriptionビューを参照

```
=# SELECT application_name, state, sent_lsn, write_lsn, flush_lsn, replay_lsn, ⮐
sync_priority, sync_state FROM pg_stat_replication; ↵
-[ RECORD 1 ]----+-----------
application_name | mysub
state            | streaming
sent_lsn         | 1/2CD25DC0
write_lsn        | 1/2CD25DC0
flush_lsn        | 1/2CD25DC0
replay_lsn       | 1/2CD25DC0
sync_priority    | 1
sync_state       | sync
```

コマンド10-13 サブスクライバ側のpg_stat_subscriptionビューを参照

```
=# SELECT * FROM pg_stat_subscription; ↵
-[ RECORD 1 ]---------+------------------------------
subid                 | 24603
subname               | mysub
pid                   | 29394
relid                 |
received_lsn          | 1/2CD25DC0
last_msg_send_time    | 2018-06-10 11:14:13.244229+09
last_msg_receipt_time | 2018-06-10 11:14:13.243853+09
latest_end_lsn        | 1/2CD25DC0
latest_end_time       | 2018-06-10 11:14:13.244229+09
```

「1/2CD25DC0」となっており、完全に同期されていることを表してます。

10.6.4：レプリケーションの管理

論理レプリケーションの場合、いずれのサーバも読み書きできる状態にあるため、故障発生時に「昇格」の処理をする必要はありません。同期モードであるならsynchronous_standby_namesを編集して再読み込みすれば、システムの運用を継続できます。非同期モードであるなら、それすら必要ないでしょう。ただし、レプリケーションスロットの対処が必要となることは覚えておきましょう。

コマンド10-14　作成されたレプリケーションスロットの確認

```
=# SELECT * FROM pg_replication_slots; ↵
-[ RECORD 1 ]-------+-----------
slot_name           | mysub
plugin              | pgoutput
slot_type           | logical
datoid              | 33002
database            | testdb
temporary           | f
active              | t
active_pid          | 25736
xmin                |
catalog_xmin        | 153926
restart_lsn         | 1/2CD25D88
confirmed_flush_lsn | 1/2CD25DC0
```

コマンド10-15　レプリケーションスロットの削除

```
=# select pg_drop_replication_slot('mysub'); ↵
```

コマンド10-16　削除したレプリケーションスロットを再作成

```
=# select pg_create_logical_replication_slot('mysub', 'pgoutput'); ↵
```

レプリケーションスロットの対処

論理レプリケーションの整合性を保つために、サブスクリプションを開始する時点(CREATE SUBSCRIPTIONを実行した時点)で背後で自動的にレプリケーションスロットが作成されます。作成されたレプリケーションスロットはpg_replication_slotsビューで確認できます(**コマンド10-14**)。

サブスクライバが故障した場合、レプリケーションスロットによってパブリッシャ側のWAL領域にWALが残り続けることになります。短時間でサブスクライバの復旧が見込める場合はそのままにしておいてもよいのですが、復旧に時間を要する場合にはパブリッシャがWAL領域のあふれにより停止しないようにレプリケーションスロットを削除しましょう(**コマンド10-15**)。

再度サブスクライバを組み込む際には、削除したレプリケーションスロットを再作成します(**コマンド10-16**)。

コンフリクトの対処

論理レプリケーションではサブスクライバ側でもデータの更新が可能なため、パブリッシャでの更新処理とサブスクライバでの更新処理が矛盾(コンフリクト)を起こす可能性があります。コンフリクトが発生するとレプリケーションは停止し、手動でコンフリクトを解決する必要があります。

コマンド10-17　コンフリクトとなる例

```
・サブスクライバ側
=# TABLE test; ⏎
 i | j
---+---
(0 rows)

=# INSERT INTO test VALUES (1, 1); ⏎
INSERT 0 1

・パブリッシャ側
=# TABLE test; ⏎
 i | j
---+---
(0 rows)

=# INSERT INTO test VALUES (1, 1); ⏎
```

リスト10-3　コンフリクトが発生した際のログの例

```
・サブスクライバ
2018-06-10 11:24:52.211 JST [29655] LOG:  logical replication apply worker for
  subscription "mysub" has started
2018-06-10 11:24:52.217 JST [29655] ERROR:  duplicate key value violates unique
  constraint "test_pkey"
2018-06-10 11:24:52.217 JST [29655] DETAIL:  Key (i)=(1) already exists.
2018-06-10 11:24:52.217 JST [29321] LOG:  worker process: logical replication
  worker for subscription 16406 (PID 29655) exited with exit code 1

・パブリッシャ
2018-06-10 11:24:17.115 JST [25962] LOG:  starting logical decoding for slot
  "mysub"
2018-06-10 11:24:17.115 JST [25962] DETAIL:  streaming transactions committing
  after 2B/53D115C8, reading WAL from 2B/53D11590
2018-06-10 11:24:17.116 JST [25962] LOG:  logical decoding found consistent point
  at 2B/53D11590
2018-06-10 11:24:17.116 JST [25962] DETAIL:  There are no running transactions.
```

もっとも簡単な例としては、サブスクライバ側で主キーの列にデータを挿入した後、パブリッシャ側で同じデータを挿入するとコンフリクトが発生します(**コマンド10-17**)。コンフリクトが発生すると**リスト10-3**のようなメッセージがログに出力されます。

解決策は2つあります。1つはサブスクライバ側でコンフリクトしたデータを削除することです。ログの内容などから該当する行を特定し、削除するだけです。

もう1つはパブリッシャ側の操作をサブスクライバ側でスキップする方法です(**コマンド10-18**)。コンフリクトが発生したときにパブリッシャ側、サブスクライバ側のどちらのデータを採用するかが異なります。サブスクライバ側でコンフリクトを発生した起源であるサーバ名とスキップ後のLSNを指定してpg_replication_origin_advance関数を実行します。起源としているサーバ名はpg_replication_origin_statusビューのexternal_id列の値を利用します。スキップ後のLSNは一度パブリッシャに接続し、pg_current_wal_lsn関数などで取得できます。

コマンド10-18　パブリッシャ側の操作をサブスクライバ側でスキップする方法

```
・パブリッシャで実行
=# SELECT pg_current_wal_lsn(); ↵
 pg_current_wal_lsn
--------------------
 2B/53D117A8
(1 row)

・サブスクライバで実行
=# SELECT external_id FROM pg_replication_origin_status; ↵
 external_id
-------------
 pg_16406
(1 row)

=# SELECT pg_replication_origin_advance('pg_16406', '2B/53D117A8'); ↵
 pg_replication_origin_advance
-------------------------------

(1 row)
```

10.6.5：設定手順の整理

論理レプリケーションするためのパブリッシャ／サブスクライバは次の前提で説明します。実際に設定する際には読み替えてください。

・パブリッシャ
　ホスト名：pub、IPアドレス：192.168.2.11、
　対象データベース名：testdb、
　対象テーブル名：testtbl(i int primary key, j int)
・サブスクライバ
　ホスト名：sub、IPアドレス：192.168.2.12

パブリッシャの設定

パブリッシャのpostgresql.confファイル(**リスト10-4**)とpg_hba.conf(**リスト10-5**)ファイルを編集し、パブリッシャ側でパブリケーションを作成します(**コマンド10-19**)。

サブスクライバの設定

サブスクライバのpostgresql.confファイル(**リスト10-6**)を編集します。

サブスクライバ側のデータベース、テーブルを用意し(**コマンド10-20**)、サブスクライバ側でサブスクリプションを作成します(**コマンド10-21**)。

リスト10-4　パブリッシャのpostgresql.confファイル

```
wal_level = 'logical'
max_replication_slots = 2
max_wal_senders = 2
```

リスト10-5　パブリッシャのpg_hba.confファイル

```
host testdb postgres 192.168.2.12/32 trust
```

コマンド10-19　パブリケーションの作成

```
$ psql testdb -c "CREATE PUBLICATION mypub FOR TABLE testtbl" ↵
CREATE PUBLICATION
```

リスト10-6　サブスクライバのpostgresql.confファイル

```
max_replication_slots = 1
max_sync_workers_per_subscription = 1
max_logical_replication_workers = 2
max_worker_processes = 3
```

コマンド10-20　サブスクライバでcreatedbコマンド、CREATE TABLEを実行

```
$ createdb testdb ↵
$ psql testdb -c "CREATE TABLE testtbl(i int primary key, j int)" ↵
CREATE TABLE
```

コマンド10-21　サブスクリプションの作成

```
$ psql testdb -c "CREATE SUBSCRIPTION mysub CONNECTION 'dbname=testdb ↗
host=pub' PUBLICATION mypub" ↵
NOTICE:  created replication slot "mysub" on publisher
CREATE SUBSCRIPTION
```

動作確認

ログやpg_stat_replicationビュー、pg_stat_subscriptionビュー、walsender/logical replication workerプロセスの起動を確認し、正しくレプリケーションできているか確認しましょう。

以上で論理レプリケーションの環境構築は終了です。論理レプリケーションはPostgreSQL 10で導入されたため、ストリーミングレプリケーションに比べて全般的に至らな点が多い印象です。今後、機能面／性能面でさまざまな改良が加えられると思いますが、現時点では十分な検証をして利用するようにしましょう。

鉄則

- ☑ PostgreSQLだけでできること／できないことを理解します。
- ☑ 手動で行う必要がある操作は、さまざまなシナリオを用意して入念にリハーサルします。

第11章 オンライン物理バックアップ

第7章「バックアップ計画」（128ページ）ではPostgreSQLのバックアップ方式の違いを踏まえた考え方を説明しました。
本章では、大規模データベース運用で用いられるオンライン物理バックアップや任意のタイミングにリカバリするPITR（Point In Time Recovery）の仕組みを説明します。本番環境でトラブルが起きても慌てないように、仕組みをしっかり理解し、バックアップ／リカバリの手順を整理しておきましょう。

11.1 オンライン物理バックアップの仕組み

オンライン物理バックアップでは、pg_start_backup関数とpg_stop_backup関数を利用してベースバックアップを取得します。また、WALファイルを定期的にWAL領域からアーカイブ領域に保管しています。なお、ベースバックアップの取得にはpg_basebackupコマンドを利用できますが、本章では内部の仕組みを理解するために、pg_start_backup関数とpg_stop_backup関数の処理を説明します。

11.1.1：pg_start_backup関数の処理

ベースバックアップを取得する際、最初に実行されるpg_start_backup関数の処理は、大まかに次のようになっています。

① 共有メモリ上のステータスを「バックアップ中」にする
② WALをスイッチする
③ チェックポイントを発行し、その位置（LSN：Log Sequence Number）を保持する
④ ③のLSNを元にWALファイル名を特定し、backup_labelファイルに書

き出す
⑤ LSNを返却する

①は複数のベースバックアップが取得されないようにするための措置です。試しにpg_start_backup関数を2回実行してみると、**コマンド11-1**のような結果になります。ただし、pg_basebackupコマンドのバックアップは並行して実行できるため、ステータスは変更されません。また、PostgreSQL 9.6以降ではpg_start_backup関数の第3引数によって、並行してバックアップを取得できるようになりました(199ページのコラム参照)。

続いて②WALをスイッチして、③以降では発行したチェックポイントの位置をbackup_label関数の戻り値として返しているだけです。

チェックポイント処理の制御

pg_start_backup関数を実行すると発行されるチェックポイントは、どこからWALを適用すべきかなど、リカバリ時に重要な情報となります。

また、pg_start_backup関数の第2引数で、チェックポイントの挙動を制御できます。true(もしくは指定なし)の場合は、休みなく全力のチェックポイント処理が行われます。falseの場合、他のI/O処理とリソースの競合が発生するような状況では適宜休憩を入れながらチェックポイント処理が行われます。日中帯などでサービスへの影響が懸念される状況で、やむを得ずバックアップを取得しなければならない場合などにはfalseを指定するとよいでしょう。

コマンド11-1 pg_start_backup関数を2回実行した場合

```
$ psql postgres -c "SELECT pg_start_backup('abc')" ⏎
 pg_start_backup
-----------------
 0/13000028
(1 row)
$ psql postgres -c "SELECT pg_start_backup('def')" ⏎
ERROR:  a backup is already in progress
HINT:  Run pg_stop_backup() and try again.
```

11.1.2：pg_stop_backup関数の処理

ベースバックアップ取得の最後に実行するpg_stop_backup関数の大まかな処理は次のようになっています。

① 共有メモリ上のステータスを元に戻す
② backup_labelを読み込み、開始位置(LSN：Log Sequence Number)を取得する
③ ②のLSNを含むWALレコードを書き出す
④ WALをスイッチする
⑤ バックアップ履歴ファイルを書き出す
⑥ ④と⑤のWALファイルがアーカイブされるのを待つ
⑦ ③のWALレコード書き出し位置(LSN)を返却する

①は、pg_start_backup関数で変更されたステータスを元に戻す処理です。②でbackup_labelを読み込み、pg_start_backup関数が書き出した内容を取得します。その後、backup_labelを削除します。③では、pg_start_backup関数の戻り値であるLSNを内容として、WALレコードを書き出し、④でWALをスイッチします。続いて、バックアップ履歴ファイルを作成し、スイッチしたWALがきちんとアーカイブされるのを待ち、③で挿入したWAL位置(LSN)を関数の戻り値として返却します。

WALスイッチ

ここで、pg_start_backup関数でのWALのスイッチと併せて、ベースバックアップ取得時のWALスイッチについて説明します。

WALファイルに書き出している「000000010000000000000001」の状態でベースバックアップを取得すると、最終的には「000000010000000000000003」に書き出しする状態になります(**図11-1**)。つまり、pg_start_backup関数のWALのスイッチで「000000010000000000000002」への書き出し状態になり、pg_stop_backup関数のWALのスイッチで「000000010000000000000003」へ

の書き出し状態になるという流れです。

なお、次にWALレコードを書き出す位置(LSNの文字列)はpg_current_wal_insert_lsn関数で確認できます(**コマンド11-2**)。また、具体的なWALファイル名はpg_walfile_name関数で確認できます(**コマンド11-3**)。引数としてLSNの文字列を渡すため、**コマンド11-2**のpg_current_wal_insert_lsn関数と併せて利用できます。

図11-1　WALファイルの書き出し位置

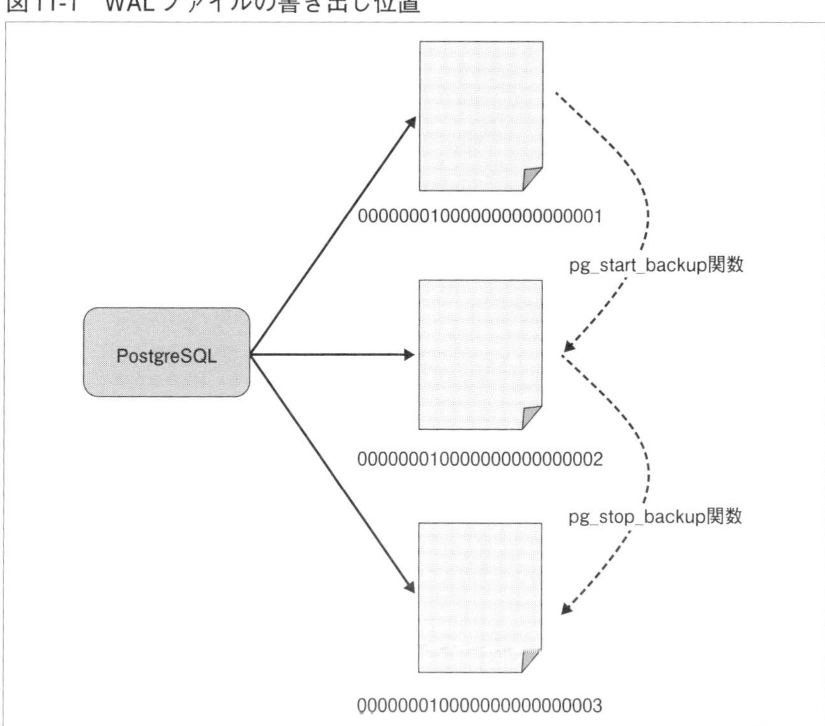

コマンド11-2　WALレコードを書き出す位置（LSNの文字列）の確認

```
postgres=# SELECT pg_current_wal_insert_lsn(); ↵
 pg_current_wal_insert_lsn
---------------------------
 0/3000060
(1 row)
```

11.1.3：backup_labelとバックアップ履歴ファイルの内容

pg_start_backup関数とpg_stop_backup関数の内部で生成されているbackup_labelファイル(**リスト11-1**)とバックアップ履歴ファイル(**リスト11-2**)はテキストファイルで、後者は前者に「STOP WAL LOCATION」と「STOP TIME」の2行が追加されただけのものです。2つのファイルはほぼ同じ内容ですが、前者のほうが重要になります。

バックアップ履歴ファイル(**リスト11-2**)は、管理者によるバックアップの管理や開発者によるデバッグなどの用途が想定されているだけで、

コマンド11-3　具体的なWALファイル名の確認

```
postgres=# SELECT pg_walfile_name(pg_current_wal_lsn()); ↵
     pg_walfile_name
--------------------------
 000000010000000000000003
(1 row)
```

リスト11-1　pg_start_backup関数で作成されるbackup_labelファイル

```
START WAL LOCATION: 0/2000028 (file 000000010000000000000002)
CHECKPOINT LOCATION: 0/2000060
BACKUP METHOD: pg_start_backup
BACKUP FROM: master
START TIME: 2018-01-20 10:37:07 JST
LABEL: test
```

取得したベースバックアップに含まれる

リスト11-2　pg_stop_backup関数で作成されるバックアップ履歴ファイル

```
START WAL LOCATION: 0/2000028 (file 000000010000000000000002)
STOP WAL LOCATION: 0/2000130 (file 000000010000000000000002)
CHECKPOINT LOCATION: 0/2000060
BACKUP METHOD: pg_start_backup
BACKUP FROM: master
START TIME: 2018-01-20 10:37:07 JST
LABEL: test
STOP TIME: 2018-01-20 10:37:58 JST
```

アーカイブ領域に含まれる

PostgreSQL内部から参照されるものではありません。一方、backup_labelファイル(**リスト11-1**)は情報量が少ないもののリカバリを開始するための情報を保持していてリカバリ時に参照されます。

Column 並行したバックアップ取得の制御

pg_start_backup関数の第3引数でバックアップを排他モード(exclusive)で実行するか否かを指定できます。デフォルト値はtrueで、並行したバックアップ取得は許されません。falseに指定することで並行したバックアップ取得が可能になりますが、次のように手順が異なります。

① 第3引数をfalseに指定してpg_start_backup関数を実行する

```
=# SELECT pg_start_backup('test', false, false); ⏎
```

② データベースクラスタからベースバックアップを取得する(①の接続は維持したままにしておく)

```
$ cp -r ${PGDATA} /bkup/ ⏎
```

③ 引数にfalseを指定してpg_stop_backup関数を実行する

```
=# SELECT * FROM pg_stop_backup(false); ⏎
    lsn     |                labelfile                | spcmapfile
------------+-----------------------------------------+----------------
 1/33000130 | START WAL LOCATION: 1/33000028         +| 33011 /tmp/spc+
            | (file 000000010000000100000033)        +|
            | CHECKPOINT LOCATION: 1/33000060        +|
            | BACKUP METHOD: streamed                +|
            | BACKUP FROM: master                    +|
            | START TIME: 2018-06-10 15:12:43 JST +|
            | LABEL: test2                           +|
            |                                         |
(1 row)
```

④ pg_stop_backup関数の戻り値をベースバックアップに含める

「labelfile」の内容は'backup_label'というファイル名で格納し、「spcmapfile」の内容は'tablespace_map'というファイル名で格納します。

11.1.4：WALのアーカイブの流れ

WALがアーカイブされる流れを見ていきます。

WALレコードが更新処理によって挿入され、16MBいっぱいになる、もしくはWALのスイッチが実行されると、pg_wal/archive_statusディレクトリ配下に対象のWALファイルをアーカイブしてもよいことを示す「*WALファイル名*.ready」ファイルが作成されます。

アーカイバプロセスは、次のタイミングでarchive_statusディレクトリをチェックして「*WALファイル名*.ready」があれば、archive_commandの内容を実行します。

・60秒間隔（archive_timeoutが指定されている場合）
・PostgreSQLの停止時

無事にWALファイルを処理できたら、archive_statusディレクトリの「*WALファイル名*.ready」ファイルは「*WALファイル名*.done」にリネームされます。

オンライン物理バックアップからリカバリする際、アーカイブファイルは

コマンド11-4 pg_stat_archiverビューの例

```
postgres=# SELECT * FROM pg_stat_archiver ; ↵
-[ RECORD 1 ]------+-----------------------------------------
archived_count     | 3
last_archived_wal  | 000000010000000000000002.00000028.backup
last_archived_time | 2018-01-20 10:37:58.705091+09
failed_count       | 0
last_failed_wal    |
last_failed_time   |
stats_reset        | 2018-01-20 10:36:27.0073+09
```

必要不可欠なものです。リカバリに必要なすべてのWALファイルがアーカイブされたことを、pg_stat_archiverビューやarchive_statusディレクトリなども確認するとよいでしょう(**コマンド11-4**)。

11.2 PITRの仕組み

PITR(Point In Time Recovery)はWALレコード適用によるリカバリが前提となっています。

11.2.1：WALレコード適用までの流れ

リカバリを開始してWALレコードを適用するまでの流れは次のようになっています。

① pg_controlファイルを読み込む
② recovery.confを読み込む
③ backup_labelを読み込む
④ pg_controlファイルを更新し、backup_labelを削除する
⑤ 必要なWALを繰り返し適用する

まず、pg_controlファイルを読み込んで状態を確認します。その後、いくつかチェックした後にrecovery.confファイルを読み込みます。ここで、restore_commandやrecovery_target_timeなどの情報を取得します。そして、pg_start_backup関数で作成されるbackup_labelファイルを読み込み、WALの適用位置を取得します。なお、backup_labelファイルから適用を開始すべきWALの位置を取得できなかった場合は、pg_controlファイルの情報を元にリカバリを開始します。リカバリに必要な情報を取得した後、pg_controlファイルを更新し、backup_labelファイルをbackup_label.oldにリネームします。

このようにしておくことで、リカバリの途中で停止してしまった場合、どの位置まで到達したらリカバリ中の参照(ホットスタンバイ)許可するかを変

更しています。

backup_labelファイルの情報からリカバリを開始した場合

コマンド11-5の「consistent recovery state reached at 0/2000130」というメッセージから「0/2000130」の位置で参照を許可していることを確認できます。

pg_controlファイルの情報からリカバリを開始した場合

コマンド11-6の「consistent recovery state reached at 0/30009A0」とい

コマンド11-5　pc_ctl start時のログの例①

```
$ pg_ctl start ↵
LOG:  database system was interrupted; last known up at 2018-01-20 10:37:06 JST
LOG:  starting archive recovery
LOG:  restored log file "000000010000000000000002" from archive
LOG:  redo starts at 0/2000028
LOG:  consistent recovery state reached at 0/2000130   ←
LOG:  database system is ready to accept read only connections
LOG:  restored log file "000000010000000000000003" from archive
LOG:  received immediate shutdown request
FATAL:  could not restore file "000000010000000000000004" from archive: child ➡
process was terminated by signal 3: Quit
```

コマンド11-6　pc_ctl start時のログの例②

```
$ pg_ctl start ↵
LOG:  database system was interrupted while in recovery at log time ➡
2018-01-20 10:37:06 JST
HINT:  If this has occurred more than once some data might be corrupted ➡
and you might need to choose an earlier recovery target.
LOG:  starting archive recovery
LOG:  restored log file "000000010000000000000002" from archive
LOG:  redo starts at 0/2000028
LOG:  restored log file "000000010000000000000003" from archive
LOG:  consistent recovery state reached at 0/30009A0   ←
LOG:  database system is ready to accept read only connections
LOG:  restored log file "000000010000000000000004" from archive
LOG:  restored log file "000000010000000000000005" from archive
……
```

うメッセージから「0/30009A0」の位置で参照を許可したことがわかります。同じ手順で実行してもメッセージに変化があるので慌てないようにしましょう。

11.2.2：pg_controlファイル

リカバリ時に参照されるpg_controlファイルは、データベースクラスタのglobalディレクトリ配下に格納されています。バイナリファイルなので、通常のエディタでは内容を確認できませんが、pg_controlファイルの内容を表示するためのpg_controldataコマンドが用意されています(**コマンド11-7**)。

リカバリで用いられる「Latest checkpoint location」や「Minimum recovery ending location」のほかに、現在のデータベースクラスタの状況を示す「Database cluster state」が含まれます。「Database cluster state」が「in production(稼働中)」となっているのはオンライン中に取得した物理バックアップであるためです。

なお、リカバリの途中で停止してpg_controlファイルを確認すると**コマンド11-8**のようになります。「Minimum recovery ending location」が「0/30009A0」となっていて、**コマンド11-6**で参照を許可した位置になっていることが確認できます。

運用中にpg_controlファイルを見る機会はあまりないですが、興味深い情報を含んでいるので動作確認などでは目を通しておくとよいでしょう。

11.2.3：recovery.confファイル

リカバリの挙動を制御するrecovery.confファイルで設定する項目は、大きく分けて「スタンバイサーバの設定」「アーカイブリカバリの設定」「リカバリ対象の設定」の3つです。

スタンバイサーバの設定

前章の「standby_mode」、「primary_conninfo」(160ページ)、「trigger_file」(166ページ)に関する設定をそれぞれ参照してください。

コマンド11-7 pg_controldataコマンドの実行例

```
$ pg_controldata ⏎
pg_control version number:            1002
Catalog version number:               201707211
Database system identifier:           6512940318454945250
Database cluster state:               in production        ←
pg_control last modified:             Sat 20 Jan 2018 10:37:06 AM JST
Latest checkpoint location:           0/2000060
Prior checkpoint location:            0/16903E0
Latest checkpoint's REDO location:    0/2000028
Latest checkpoint's REDO WAL file:    000000010000000000000002
Latest checkpoint's TimeLineID:       1
Latest checkpoint's PrevTimeLineID:   1
Latest checkpoint's full_page_writes: on
Latest checkpoint's NextXID:          0:555
Latest checkpoint's NextOID:          13807
Latest checkpoint's NextMultiXactId:  1
Latest checkpoint's NextMultiOffset:  0
Latest checkpoint's oldestXID:        548
Latest checkpoint's oldestXID's DB:   1
Latest checkpoint's oldestActiveXID:  555
Latest checkpoint's oldestMultiXid:   1
Latest checkpoint's oldestMulti's DB: 1
Latest checkpoint's oldestCommitTsXid:0
Latest checkpoint's newestCommitTsXid:0
Time of latest checkpoint:            Sat 20 Jan 2018 10:37:06 AM JST
Fake LSN counter for unlogged rels:   0/1
Minimum recovery ending location:     0/0
Min recovery ending loc's timeline:   0
Backup start location:                0/0
Backup end location:                  0/0
End-of-backup record required:        no
wal_level setting:                    replica
wal_log_hints setting:                off
max_connections setting:              100
max_worker_processes setting:         8
max_prepared_xacts setting:           0
max_locks_per_xact setting:           64
track_commit_timestamp setting:       off
Maximum data alignment:               8
Database block size:                  8192
Blocks per segment of large relation: 131072
WAL block size:                       8192
Bytes per WAL segment:                16777216
```

（次ページへ続く）

(前ページからの続き)

```
Maximum length of identifiers:          64
Maximum columns in an index:            32
Maximum size of a TOAST chunk:          1996
Size of a large-object chunk:           2048
Date/time type storage:                 64-bit integers
Float4 argument passing:                by value
Float8 argument passing:                by value
Data page checksum version:             0
Mock authentication nonce:              65582f0ebc8d54bdd79bad6e384012047ec8↩
a9ef107df6081daffb306e16ab86
```

コマンド11-8 pg_controldataコマンドの実行例（リカバリ途中で停止した場合）

```
$ pg_controldata ↵
  :
Database cluster state:                 in archive recovery
  :
Latest checkpoint's NextXID:            0:556
  :
Minimum recovery ending location:       0/30009A0
Min recovery ending loc's timeline:     1
  :
```

アーカイブリカバリの設定

次の3つのパラメータを設定できます。

「restore_command」は再適用すべきWALファイルをアーカイブ領域からオンラインWAL領域にリストアするためのコマンドを設定します。「%p」「%f」のエスケープ文字が利用可能で、それぞれ「データベースクラスタから対象のWALファイルまでの相対パス」「対象のWALファイル名」に変換されます。また「%r」は「リカバリ中のリスタートポイントのWALレコードを含むWALファイル名」に変換されます。

「archive_cleanup_command」はリカバリ中のリスタートポイントのたびに、実行したいコマンドを指定します。不要なアーカイブファイルを消去するコマンドを指定する目的で提供されています。「%r」を指定できるので、pg_archivecleanupコマンドと併用して不要なアーカイブファイルを定期的に削除できます。

「recovery_end_command」はリカバリが完了したときに実行したいコマ

ンドを指定します。restore_commandと同様に「%r」を利用できます。

restore_commandを指定するだけで十分なケースが多いと思われますが、その他のコマンドも細かな制御のために提供されています。

リカバリ対象の設定

どの時点までリカバリするかを設定できます。

「recovery_target_action」(デフォルト「pause」)は前章(174ページ)を参照してください。

「recovery_target_timeline」で任意のタイムライン上の特定の状態にリカバリできます(次ページのコラム参照)。

「recovery_target」は文字列「immediate」のみ指定できるパラメータで、整合性が取れた(オンラインバックアップの取得が完了した)時点でリカバリを停止します。

「recovery_target_inclusive」は「false」を設定すると、「recovery_target_lsn」「recovery_target_time」「recovery_target_xid」で指定した値を含まない状態でリカバリを停止できます。デフォルトは「true」なので、それぞれに指定した値を含んだ状態でリカバリを停止します。

「recovery_target_lsn」はリカバリを停止したいWALの位置を指定します。

「recovery_target_time」はリカバリを停止したい時刻を指定します。

「recovery_target_xid」はリカバリを停止したいトランザクションIDを指定します。

「recovery_target_name」はリカバリを停止したいターゲット名(任意の文字列)を指定します。ターゲット名(任意の文字列)は稼働中のPostgreSQLに対してpg_create_restore_point関数を実行して事前に設定できます(**コマンド11-9**)。pg_create_restore_point関数ではWALレコードとして任意の文字列を埋め込んでいます。このため、pg_waldumpコマンドで引数に指定した値(**コマンド11-10**では「restart」)を確認できます。

コマンド11-9　pg_create_restore_point関数の利用例

```
$ psql testdb -c "SELECT pg_create_restore_point('restart')" ⏎
 pg_create_restore_point
-------------------------
 0/B000138
(1 row)
```

コマンド11-10　pg_waldump コマンドの利用例

```
$ pg_waldump ${PGDATA}/pg_wal/00000004000000000000000B ⏎
……
rmgr: XLOG        len (rec/tot):     98/    98, tx:          0, lsn: ↗
0/0B0000D0, prev 0/0B000098, desc: RESTORE_POINT restart
……
```

タイムラインとリカバリ

例えば図11－Aのような例を考えてみましょう。

本来、データを「a」「b」「c」「d」で挿入したい状況で、誤って「a」「b」「d」と挿入してしまいました(タイムラインID：1)。そこで「b」を挿入した直後の状態にリカバリして「c」と「d」の挿入を試みましたが、さらに誤って「a」を挿入した直後の状態にリカバリして「c」「d」を挿入してしまいました(タイムラインID：2)。

次にリカバリする際にはタイムライン1の「b」を挿入した直後にリカバリしたいと考えるでしょう。ここで指定すべきパラメータが「recovery_target_timeline」です。「recovery_target_timeline = '1'」と「「b」を挿入した直後の時間」や「トランザクションID」を指定することによって、「a」と「b」が格納された状態にリカバリされます。その後、「c」と「d」を挿入し、無事に「a」「b」「c」「d」というデータを挿入できます(タイムラインID：3)。

シンプルな状況でも管理に手間がかかるため、実際の運用ではあまり利用されていませんが、いざというときには便利な機能です。

図11-A：タイムラインとリカバリ

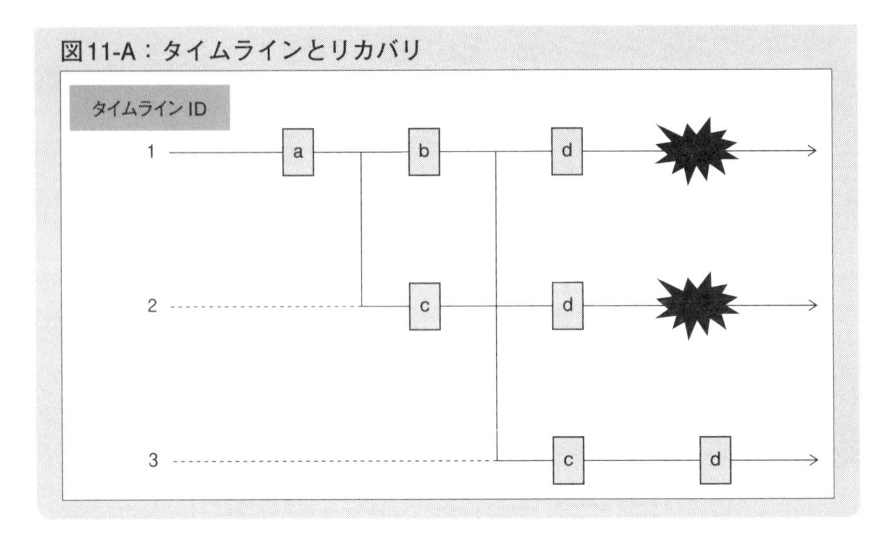

11.3 バックアップ／リカバリの運用手順

バックアップ取得から最新の状態へのリカバリまで、必要最低限の設定やコマンド利用方法など一連の流れをまとめます。最新の状態にリカバリするためには、「ベースバックアップ」「アーカイブWAL」「停止直前までのWAL」が必要です。ここでは、アーカイブWAL領域として「/archive」を利用し、ベースバックアップの格納先として「/backup」を利用することとします。

11.3.1：バックアップ手順

事前準備としてpostgresql.confを修正し（リスト11-3）、ベースバックアップを取得します（コマンド11-11）。

11.3.2：リカバリ手順

事前準備としてコマンド11-12〜11-14を実行します。また、recovery.confファイルを修正します（リスト11-4）。

事前準備が整えば、リカバリを実施します（コマンド11-15）。

リスト11-3　postgresql.confファイル

```
archive_mode = on
archive_command = 'cp %p /archive/%f'
```

コマンド11-11　ベースアップを取得する

```
$ psql postgres -c "SELECT pg_start_backup('backup')" ↵
$ rsync -av --delete --exclude=pg_wal/* --exclude=postmaster.pid $PGDATA/* ➡
/backup/data ↵
$ psql postgres -c "SELECT pg_stop_backup()" ↵
```

コマンド11-12　ファイルを退避する

```
$ cp -r ${PGDATA}/pg_wal /tmp/ ↵
$ mv ${PGDATA} ${PGDATA}.temp ↵
```

コマンド11-13　ベースバックアップをリストアする

```
$ rsync -av /backup/data/* ${PGDATA} ↵
```

コマンド11-14　退避したファイルをリストアする

```
$ cp /tmp/pg_wal/* ${PGDATA}/pg_wal/ ↵
```

リスト11-4　recovery.confファイル

```
restore_command = 'cp /archive/%f %p'
```

コマンド11-15　リカバリを実施する

```
$ pg_ctl start ↵
```

　やや手順が複雑な点もありますので、万が一に備えて十分に理解しておきましょう。

鉄則

- ☑ **リカバリに必要なファイル群は確実にバックアップします。**
- ☑ **有事の際にミスをしないように、前もってリカバリ手順を整理しておきます。**

第12章 死活監視と正常動作の監視

監視は大きく分けて「OS／サーバの監視」と「PostgreSQLの監視」があります。実際に運用する際には、監視ツールに任せるのが一般的ですが、確認すべきポイントや結果を押さえておかないと対策時に意味がありません。
本章では、OSコマンドやPostgreSQLが提供するコマンド／SQL関数／システムビューを使った監視方法と出力結果の見方を説明します。

12.1 死活監視

12.1.1：サーバの死活監視

サーバの死活監視は、一般的にpingコマンドを使用します。pingコマンドはネットワークを介して対象のサーバと通信できるか否かを確認するものなので、厳密なサーバの死活監視ではありません[注1]。ここでは、サーバとネットワークインタフェースなどが正常に動作していることを確認する意味で使用します。

サーバが動作している場合は**コマンド12-1**、サーバが停止している場合は**コマンド12-2**のように表示され、pingコマンドの戻り値(正常なら0、異常なら1)でサーバの死活を確認できます。

12.1.2：PostgreSQLの死活監視（プロセスの確認）

PostgreSQL自身の死活監視は、データベースサービスを提供するのに必要なプロセスが想定どおりに起動しているか、SQLの実行が可能かどうか

注1　例えば、ネットワークインタフェースの故障などでサーバ自体は起動しているにもかかわらず、応答が返らない状況があります。

の点で確認します。ここではpsコマンドを利用する方法とPostgreSQLのpg_isreadyコマンドを利用する方法を紹介します。

psコマンドを用いる方法

psコマンドは現在動作しているプロセスを確認できます。コマンド12-3

コマンド12-1 サーバが動作している場合

```
$ ping -c 1 172.31.8.86 ⏎
PING 172.31.8.86 (172.31.8.86) 56(84) bytes of data.
64 bytes from 172.31.8.86: icmp_seq=1 ttl=64 time=0.430 ms

--- 172.31.8.86 ping statistics ---
1 packets transmitted, 1 received, 0% packet loss, time 0ms
rtt min/avg/max/mdev = 0.430/0.430/0.430/0.000 ms

$ echo $? ⏎
0
```

コマンド12-2 サーバが停止している場合

```
$ ping -c 1 172.31.8.87 ⏎
PING 172.31.8.87 (172.31.8.87) 56(84) bytes of data.
From 172.31.5.0 icmp_seq=1 Destination Host Unreachable

--- 172.31.8.87 ping statistics ---
1 packets transmitted, 0 received, +1 errors, 100% packet loss, time 0ms

$ echo $? ⏎
1
```

コマンド12-3 psコマンドを用いる方法

```
$ ps faxww | grep postgres ⏎
3949 pts/3   S     0:00 /usr/pgsql-10/bin/postgres
3950 ?       Ss    0:00  ¥_ postgres: logger process
3952 ?       Ss    0:00  ¥_ postgres: checkpointer process
3953 ?       Ss    0:00  ¥_ postgres: writer process
3954 ?       Ss    0:00  ¥_ postgres: wal writer process
3955 ?       Ss    0:00  ¥_ postgres: autovacuum launcher process
3956 ?       Ss    0:00  ¥_ postgres: archiver process
3957 ?       Ss    0:00  ¥_ postgres: stats collector process
3958 ?       Ss    0:00  ¥_ postgres: bgworker: logical replication launcher
```

では「postgres」キーワードを含むプロセスを確認しています。なお、PostgreSQLの設定によっては動作しないプロセスもあるので、通常時に存在するプロセスを事前に確認しておきます。

Column プロセス確認の落とし穴

psコマンドの実行例では説明を簡単にするために「postgres」キーワードを含むプロセスのみを確認していますが、適切に監視できないケースがあります。

ケース1

PostgreSQLの起動時にRPMパッケージに含まれる起動スクリプト(/usr/lib/systemd/system/postgresql-10.service)を使用している場合、マスタサーバプロセスがプロセス名「postmaster」で起動します(「postgres」ではマッチしません)。

ケース2

文字列「postgres」を含む別のプロセスが存在した場合も本当にPostgreSQLの死活監視として確認したいプロセスと、それ以外のプロセスの区別がつきません。

このようなケースもありえるので、状況に応じて得られた結果から必要な情報を取捨選択できるよう事前に検討しておきましょう。

pg_isreadyコマンドを用いる方法

PostgreSQL 9.3から導入されたpg_isreadyコマンドは、実際にPostgreSQLに接続して死活監視できます(表12-1)。コマンド12-4〜12-7に、pg_isreadyコマンドを実行した例を挙げます。

PostgreSQLが提供するpg_isreadyコマンドはpsコマンドとは異なり、データベースサーバ上ではなくクライアントなど別のマシンからも実行でき

表12-1　pg_isreadyコマンドの戻り値と状態

戻り値	状態
0	正常に動作している
1	アクセスできない（権限なし、起動中など）
2	起動していない
3	pg_isreadyコマンドのエラー

コマンド12-4　PostgreSQLが起動済の場合

```
$ pg_isready -h 172.31.8.86 ⏎
172.31.8.86:5432 - accepting connections
$ echo $? ⏎
0
```

コマンド12-5　PostgreSQLが起動中の場合

```
$ pg_isready -h 172.31.8.86 ⏎
172.31.8.86:5432 - rejecting connections
$ echo $? ⏎
1
```

コマンド12-6　PostgreSQLが停止している場合

```
$ pg_isready -h 172.31.8.86 ⏎
172.31.8.86:5432 - no response
$ echo $? ⏎
2
```

コマンド12-7　pg_isreadyコマンドのオプションを間違えた場合

```
$ pg_isready -H 172.31.8.86 ⏎
pg_isready: invalid option -- 'H'
Try "pg_isready --help" for more information.
$ echo $? ⏎
3
```

ます。データベースサーバに直接触れられない状況ではpg_isreadyコマンドが有用です。

12.1.3：PostgreSQLの死活監視（SQLの実行確認）

　プロセスが起動していても、最低限のSQLを実行できなければ、データ

コマンド12-8　SQLが実行できるかの確認（例）

```
$ psql postgres -c "SELECT 1" ↵
 ?column?
----------
        1
(1 row)

$ psql postgres -c "SELECT now()" ↵
              now
-------------------------------
 2018-01-06 18:49:45.054456+09
(1 row)
```

ベースサービスを提供できているとは言えません。SQLの確認は**psql**コマンドを用いて確認するのが一般的です。発行するクエリは何でもかまわないのですが、なるべく実際のテーブルを触れるのではなく、「SELECT 1」や「SELECT now()」など比較的シンプルなクエリを発行します。**コマンド12-8**のように、**psql**コマンドの**-c**オプションでSQLを発行し、結果が適切に返ることを確認します。

12.2 正常動作の監視

正常動作とは「想定する性能でサービスを提供する」ことを前提とします。つまり、PostgreSQLに想定どおりの負荷がかかっており、サーバのリソースを枯渇させずに処理ができているかという点が主な確認ポイントとなります。

12.2.1：サーバの正常動作の監視

サーバがリソースを効率良く利用し、想定どおりに処理できているか確認します。リソースの使用状況を確認するには、OS付属の**vmstat**コマンドや**sar**コマンドなどを利用します。**vmstat**コマンドで大まかに確認して、より詳細な情報を**netstat**コマンド、**iostat**コマンド、**sar**コマンドで確認します。

vmstatコマンド

サーバ全体の動向を確認します(**コマンド12-9**)。procsで待ちになっているプロセスの数(bの値)や、cpuの状況などから、大まかな状況を把握し、気になる点を以降のコマンドで解析します。

netstatコマンド

各バックエンドプロセスのTCP/IP接続の利用状況を確認します(**コマンド12-10**)。StateがTIME_OUTになってるTCP/IP接続やRecv-Q、Send-Qが想定以上の値になっているTCP/IP接続がないか、といった観点で確認します。

コマンド12-9　vmstatコマンドの実行例

```
$ vmstat ↵
procs -----------memory---------- ---swap-- -----io---- -system-- ------cpu-----
 r  b   swpd   free   buff  cache   si   so    bi    bo   in   cs us sy id wa st
 2  0      0 333116   2108 2674628    0    0     0     2    3   12  0  0 100  0  0
```

コマンド12-10　netstatコマンドの実行例（一部）

```
$ netstat -atonp ↵
(Not all processes could be identified, non-owned process info
 will not be shown, you would have to be root to see it all.)
Active Internet connections (servers and established)
Proto Recv-Q Send-Q Local Address           Foreign Address         State       ...
... 中略 ...
tcp        0      0 0.0.0.0:5432            0.0.0.0:*               LISTEN      ...
tcp        0     20 172.31.8.86:5432        172.31.5.0:34722        ESTABLISHED ...
tcp        0      0 172.31.8.86:5432        172.31.5.0:34708        ESTABLISHED ...
tcp        0      0 172.31.8.86:5432        172.31.5.0:34710        ESTABLISHED ...
tcp        0     22 172.31.8.86:5432        172.31.5.0:34706        ESTABLISHED ...
tcp        0      0 172.31.8.86:5432        172.31.5.0:34712        ESTABLISHED ...
tcp        0      0 172.31.8.86:5432        172.31.5.0:34718        ESTABLISHED ...
tcp        0      0 172.31.8.86:5432        172.31.5.0:34720        ESTABLISHED ...
tcp        0     20 172.31.8.86:5432        172.31.5.0:34700        ESTABLISHED ...
tcp        0      0 172.31.8.86:5432        172.31.5.0:34724        ESTABLISHED ...
tcp        0      0 172.31.8.86:5432        172.31.5.0:34716        ESTABLISHED ...
... 中略 ...
```

iostatコマンド

I/Oに関する情報を確認します(**コマンド12-11**)。デバイスごとに秒間のI/O回数(tps)や読み込み量(kB_read/s)、書き込み量(kB_wrtn/s)を確認します。

sarコマンド

オプションによってさまざまな内容を詳細に確認できます。

CPUの状況確認は**-u**オプションを指定します(**コマンド12-12**)。複数のコアを持つサーバの場合、コアごとに状況を確認できます。

I/Oの状況確認は**-d**オプションを指定します(**コマンド12-13**)。**iostat**コマンドの情報に加え、平均リクエストサイズ(avgrq-sz)や平均キューサイズ(avgqu-sz)、待ち時間(await)など、各デバイスの具体的な利用状況を確認できます。

コマンド12-11 iostatコマンドの実行例

```
$ iostat ↵
Linux 3.10.0-693.11.1.el7.x86_64 (ip-172-31-8-86.ap-northeast-1.compute. ➘
internal) 01/06/2018 _x86_64_ (2 CPU)

avg-cpu:  %user   %nice %system %iowait  %steal   %idle
           0.04    0.00    0.02    0.01    0.01   99.93

Device:            tps    kB_read/s    kB_wrtn/s    kB_read    kB_wrtn
xvda              0.39         0.38         5.49     678332    9678535
dm-0              0.41         0.38         5.49     670252    9676417
```

コマンド12-12 sarコマンドの実行例(CPUの状況確認)

```
$ sar -u 1 ↵
Linux 3.10.0-693.11.1.el7.x86_64 (ip-172-31-8-86.ap-northeast-1.compute. ➘
internal) 01/06/2018 _x86_64_ (2 CPU)

07:52:51 PM     CPU     %user     %nice   %system   %iowait    %steal     %idle
07:52:52 PM     all     20.50      0.00     28.00      4.00      1.50     46.00
07:52:53 PM     all     20.41      0.00     30.61      4.08      1.02     43.88
07:52:54 PM     all     20.30      0.00     29.44      3.55      1.52     45.18
... 中略 ...
```

ネットワークの状況確認は-nオプションを指定します(コマンド12-14)。ネットワークインタフェースごとに状況を確認できます(すべてのネットワークインタフェースを確認する場合は「ALL」を指定します)。秒間の受信パケット数(rxpck/s)や受信バイト数(rxkB/s)、送信パケット数(txpck/s)や送信バイト数(txkB/s)を確認できます。

12.2.2：PostgreSQLの正常動作の監視

PostgreSQLのビューで、想定どおりの負荷がかかっていることを確認していきます。ここで取り上げるビューで情報を収集するためには、postgresql.confファイルの「track_activities」と「track_counts」をいずれも「on」に設定しておきます(どちらもデフォルトは「on」です)。

pg_stat_databaseビュー

pg_stat_databaseビューでコミット／ロールバックの回数や、データベース単位のキャッシュヒット率、デッドロック発生回数などを確認できます(コマンド12-15)。

コマンド12-13　sarコマンドの実行例（I/Oの状況確認）

```
$ sar -d 1 ⏎
Linux 3.10.0-693.11.1.el7.x86_64 (ip-172-31-8-86.ap-northeast-1.compute. ➚
internal) 01/06/2018 _x86_64_ (2 CPU)

07:53:30 PM       DEV       tps  rd_sec/s  wr_sec/s  avgrq-sz  avgqu-sz  await➚
                svctm     %util
07:53:31 PM  dev202-0  207.00      0.00   3536.00     17.08      0.14   0.66➚
                 0.66     13.70
07:53:31 PM  dev253-0  207.00      0.00   3536.00     17.08      0.14   0.66➚
                 0.66     13.70

07:53:31 PM       DEV       tps  rd_sec/s  wr_sec/s  avgrq-sz  avgqu-sz  await➚
                svctm     %util
07:53:32 PM  dev202-0  203.00      0.00   3920.00     19.31      0.12   0.62➚
                 0.60     12.20
07:53:32 PM  dev253-0  203.00      0.00   3920.00     19.31      0.12   0.62➚
                 0.61     12.30
... 中略 ...
```

コマンド12-14 sarコマンドの実行例（ネットワークの状況確認）

```
$ sar -n ALL 1 ↵
Linux 3.10.0-693.11.1.el7.x86_64 (ip-172-31-8-86.ap-northeast-1.compute. ➡
internal) 01/06/2018 _x86_64_ (2 CPU)

07:54:03 PM     IFACE  rxpck/s  txpck/s  rxkB/s   txkB/s  rxcmp/s  txcmp/s ➡
                       rxmcst/s
07:54:04 PM      eth0  2888.00  2400.00  242.03   252.59     0.00     0.00 ➡
                          0.00
07:54:04 PM        lo  1735.00  1735.00 1295.42  1295.42     0.00     0.00 ➡
                          0.00
07:54:04 PM virbr0-nic    0.00     0.00    0.00     0.00     0.00     0.00 ➡
                          0.00
07:54:04 PM    virbr0     0.00     0.00    0.00     0.00     0.00     0.00 ➡
                          0.00

07:54:03 PM     IFACE  rxerr/s  txerr/s  coll/s rxdrop/s txdrop/s txcarr/s ➡
                       rxfram/s rxfifo/s txfifo/s
07:54:04 PM      eth0     0.00     0.00    0.00     0.00     0.00     0.00 ➡
                          0.00     0.00    0.00
07:54:04 PM        lo     0.00     0.00    0.00     0.00     0.00     0.00 ➡
                          0.00     0.00    0.00
07:54:04 PM virbr0-nic    0.00     0.00    0.00     0.00     0.00     0.00 ➡
                          0.00     0.00    0.00
07:54:04 PM    virbr0     0.00     0.00    0.00     0.00     0.00     0.00 ➡
                          0.00     0.00    0.00
... 中略 ...
```

❶xact_commitがコミット、❷xact_rollbackがロールバックの回数です。内部で発行されるSQLなどもカウントされるため、データベースで何も処理していなくても稀に増加することがあります。また、データベースに対するアクセスについて、共有バッファ以外からデータを読み取った回数(❸blks_read)、共有バッファから読み取った回数(❹blks_hit)を確認できます。

なお、**コマンド12-16**のようにするとキャッシュヒット率を確認できます。

pg_stat_user_tablesビュー

pg_stat_user_tablesビューは、各テーブルに対する処理の概要を確認できます。**コマンド12-17**ではシーケンシャルスキャン(❶seq_scan)が2回実施されていて、合計10万件の行が取得(❷seq_tup_read)されたことがわか

コマンド12-15 pg_stat_databaseビューの出力例

```
=# SELECT * FROM pg_stat_database WHERE datname = 'testdb'; ⏎
-[ RECORD 1 ]--+-----------------------------
datid          | 16384
datname        | testdb
numbackends    | 1
xact_commit    | 345269        ❶コミットの回数
xact_rollback  | 0             ❷ロールバックの回数
blks_read      | 3527          ❸共有バッファ以外からデータを読み取った回数
blks_hit       | 44400743      ❹共有バッファから読み取った回数
tup_returned   | 18818431
tup_fetched    | 15746008
tup_inserted   | 286427
tup_updated    | 559180
tup_deleted    | 0
conflicts      | 0
temp_files     | 0
temp_bytes     | 0
deadlocks      | 0
blk_read_time  | 0
blk_write_time | 0
stats_reset    | 2018-01-06 19:41:36.81544+09
```

コマンド12-16 キャッシュヒット率の出力例

```
=# SELECT (blks_hit * 100.0)/(blks_hit + blks_read) FROM pg_stat_database ➚
WHERE datname = 'testdb'; ⏎
      ?column?
---------------------
 99.9920368501066974
(1 row)
```

ります。また、❸n_tup_ins、❹n_tup_upd、❺n_tup_del、❻n_tup_hot_upd でそれぞれ「挿入」「更新」「削除」「HOT更新」の回数を確認できます。❼n_live_tupと❽n_dead_tupは不要な行がどの程度存在しているかを確認できます。

pg_statio_user_tablesビュー／pg_statio_user_indexesビュー

これらのビューは、それぞれテーブルとインデックス単位でキャッシュヒット率を求められます。**コマンド12-18、12-19**では、testtblテーブル、testidx

インデックスともにキャッシュヒット率は99%以上であることがわかります。

コマンド12-17　pg_stat_user_tablesビューの出力例

```
=# SELECT * FROM pg_stat_user_tables WHERE relname = 'testtbl'; ↵
-[ RECORD 1 ]-------+------------------------------
relid               | 16417
schemaname          | public
relname             | testtbl
seq_scan            | 2             ❶シーケンシャルスキャンの回数
seq_tup_read        | 100000        ❷取得した行数
idx_scan            | 1
idx_tup_fetch       | 1
n_tup_ins           | 100000        ❸挿入回数
n_tup_upd           | 0             ❹更新回数
n_tup_del           | 0             ❺削除回数
n_tup_hot_upd       | 0             ❻HOT更新回数
n_live_tup          | 100000        ❼有効な行数
n_dead_tup          | 0             ❽不要な行数
n_mod_since_analyze | 0
last_vacuum         |
last_autovacuum     |
last_analyze        |
last_autoanalyze    | 2018-01-07 09:54:58.334068+09
vacuum_count        | 0
autovacuum_count    | 0
analyze_count       | 0
autoanalyze_count   | 1
```

コマンド12-18　pg_statio_user_tablesビューの出力例

```
=# SELECT (heap_blks_hit * 100.0)/(heap_blks_hit + heap_blks_read) FROM ↗
pg_statio_user_tables WHERE relname = 'testtbl'; ↵
      ?column?
---------------------
 99.5646346355160303
(1 row)
```

コマンド12-19　pg_statio_user_indexesビューの出力例

```
=# SELECT (idx_blks_hit * 100.0)/(idx_blks_hit + idx_blks_read) FROM ↗
pg_statio_user_indexes WHERE indexrelname = 'testidx'; ↵
      ?column?
---------------------
 99.2565055762081784
(1 row)
```

pg_stat_activityビュー

pg_stat_activityビューには動作中のバックエンドプロセスの情報が格納されていて、注目すべき点が多くあります(**コマンド12-20**)。

❶backend_start、❷xact_start、❸query_startで、それぞれプロセスが起動した時刻、トランザクションが開始した時刻、クエリを発行した時刻を確認できます。❹stateでプロセスの状態を確認できます(**表12-2**)。また、❺queryでは最後に実行した問い合わせを確認できます(❹stateが「active」の場合は実行中の問い合わせです)。

なお、PostgreSQL 9.6からは❻wait_event_type、❼wait_eventで処理待ちの状態や具体的に何を待っているのかを確認できるようになりました。さらにPostgreSQL 10からはバックグラウンドプロセスの情報もに出力されるようになりました。バックエンドの情報のみを取得したい場合は❽

コマンド12-20　pg_stat_activityビューの出力例

```
=# SELECT * FROM pg_stat_activity ; ↵
……
-[ RECORD 4 ]----+---------------------------------
datid            | 16384
datname          | testdb
pid              | 26394
usesysid         | 10
usename          | postgres
application_name | psql
client_addr      |
client_hostname  |
client_port      | -1
backend_start    | 2018-01-07 10:01:51.395975+09    ❶プロセスの起動時刻
xact_start       | 2018-01-07 10:03:19.009586+09    ❷トランザクションの開始時刻
query_start      | 2018-01-07 10:03:24.229741+09    ❸クエリの発行時刻
state_change     | 2018-01-07 10:03:24.230204+09
wait_event_type  | Client                    ❻処理待ちの状態
wait_event       | ClientRead                ❼処理待ちの具体的な名称
state            | idle in transaction       ❹プロセスの状態(表12-2)
backend_xid      |
backend_xmin     |
query            | SELECT now();             ❺実行した(実行中の)SQL
backend_type     | client backend            ❽バックグラウンドプロセスの情報
……
```

backend_typeが「client backend」の行のみ取得します。

表12-2　pg_stat_activityビューのstateの値

値	状態
active	問い合わせ実行中
idle	トランザクション外でコマンド待ち
idle in transaction	トランザクション内でコマンド待ち
idle in transaction (aborted)	トランザクション内でエラー発生後、コマンド待ち
fastpath function call	関数呼び出し中（古い仕様なのであまりみないと思われる）
disabled	無効（track_activitiesがoffになっている）

pg_locksビュー

pg_locksビューではロック待ちを起こしているプロセスなどを確認できますが、pg_locksビューだけでは情報が若干不足するため、pg_stat_activityビューやpg_classシステムカタログなどと結合して必要な情報を取得するとよいでしょう。

コマンド12-21では、プロセスIDが27901のバックエンドプロセスが行ロ

コマンド12-21　pg_locksビューの出力例

```
=# SELECT lock.locktype, class.relname, lock.pid, lock.mode FROM pg_locks lock ⏎
LEFT OUTER JOIN pg_stat_activity act ON lock.pid = act.pid LEFT OUTER
JOIN pg_class class ON lock.relation = class.oid WHERE NOT lock.granted
ORDER BY lock.pid;
   locktype    | relname |  pid  |        mode
---------------+---------+-------+---------------------
 transactionid |         | 27901 | ShareLock
 relation      | testtbl | 28143 | AccessExclusiveLock
(2 rows)
```

コマンド12-22　pg_blocking_pids関数の出力例

```
=# SELECT pg_blocking_pids(27901); ⏎
 pg_blocking_pids
------------------
 {26394}
(1 row)
```

ックの取得待ち状態であること、プロセスIDが28143のバックエンドプロセスがテーブルロックの取得待ち状態であることがわかります。

PostgreSQL 9.6以降であれば、pg_blocking_pids関数で簡単にブロックしているプロセスを確認できます(**コマンド12-22**)。また、プロセスID：27901のバックエンドプロセスは、プロセスID：26394のプロセスがブロックしていることがわかります。

なお、これらの情報はpostgresql.confファイルの「log_lock_waits」を「on」にすることで、ログ(**リスト12-1**)として出力させることも可能です。

実際の運用現場では監視ツールに多くを任せているため、本章で紹介したコマンドやビューで確認する機会は少ないでしょう。しかし、監視ツールからメッセージを受け取ったり、急なトラブルの際にすばやく問題を切り分けるためにしっかりと理解し、整理しておくとよいでしょう。

リスト12-1　ロック待ちプロセスのログの例

```
LOG:  process 8997 still waiting for ShareLock on transaction 153939 after ↗
1000.131 ms
DETAIL:  Process holding the lock: 8864. Wait queue: 8997.
CONTEXT:  while locking tuple (0,1) in relation "testtbl"
STATEMENT:  select * from testtbl where i = 1 for update;
...
LOG:  process 8997 acquired ShareLock on transaction 153939 after 17869.465 ms
CONTEXT:  while locking tuple (0,1) in relation "testtbl"
STATEMENT:  select * from testtbl where i = 1 for update;
```

鉄則

☑知りたいことと見るべきポイントを関連付けておきます。

☑監視内容の調査は、いきなり細かな部分を見るのではなく、全体から個別へとドリルダウンします。

第13章 テーブルメンテナンス

PostgreSQLを運用していると、追記型アーキテクチャの特性からテーブルに無駄なデータが残存してしまいますが、自動バキューム機能を活用することで回避することができます。それでは、内部でどのように処理されているのでしょうか。
本章では、運用時に発生する問題の回避策も含めて説明します。

13.1 テーブルメンテナンスが必要な状況

PostgreSQLでテーブルメンテナンスが必要になるのは、テーブルに無駄なデータ(不要領域)が大量に残存して性能低下を招いてしまうようなケースです。PostgreSQLは追記型のアーキテクチャのため、データを更新/削除しても不要領域として残ったままになります。運用を続けていくうちに、テーブルに不要領域が大量に残存することで性能低下につながる危険があります。図13-1は極端な例ですが、有効なデータが数行しかないのに何ページも抱え込んでいるようなテーブルをイメージしてください。

このような状態にしないために定期的にVACUUMを実施します。後述するVACUUM FULLとは異なり、バキューム実行中も対象テーブルに参照できます。また、更新に必要なロックもページ単位で取得するので、処理をしているページ(処理前/処理後のページ)以外の更新も可能です。

13.2 バキュームの内部処理

バキュームの主な役割は「不要領域の再利用」と「トランザクションID(XID)周回問題の回避」です。

図13-1　不要領域の増加イメージ

col1	col2
1	おひつじ座
2	おうし座
3	ふたご座
4	かに座
5	しし座
6	おとめ座
7	てんびん座
8	さそり座
9	いて座
10	やぎ座
11	みずがめ座
12	うお座
13	へびつかい座

有効なデータは2行のみ(col1=1,11)で、それ以外は無効なデータ(不要領域)になっている。

13.2.1：不要領域の再利用

不要領域を再利用するために、次のような処理が行われます。

❶ 各テーブルのページを先頭から走査する

❷ VM(Visibility Map)をチェックして不要行を含むページなら❸に、不要行がなければ次のページを走査する

❸ 対象ページの全行を走査して不要行の情報を抽出する

❹ 全ページを走査後、不要行が抽出されていれば対象テーブルのインデックスメンテナンスを行って不要行を削除する

❺ 削除した行の情報をもとにFSM(Free Space Map)を更新する(末端のページが空なら切り詰める)

図13-2 不要領域の再利用イメージ

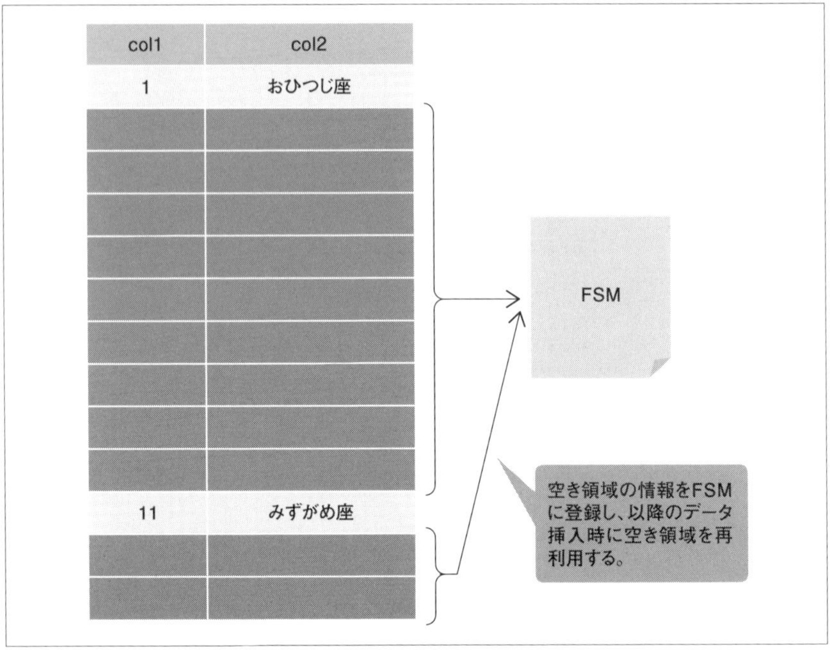

col1	col2
1	おひつじ座
11	みずがめ座

FSM

空き領域の情報をFSMに登録し、以降のデータ挿入時に空き領域を再利用する。

VMとFSM

VM(Visibility Map)は、テーブルの可視性の判断およびFREEZE処理(後述)の判断に利用される補助データです。テーブルの1ページの状態を2ビットで管理します。テーブルのあるページに含まれるデータが完全に可視であれば下位ビットが1、一部でも不可視なものがあれば下位ビットが0となります。

バキューム処理では、VMの情報をもとに処理すべきページを絞ることで、負荷の軽減を図っています。また、テーブルのあるページに含まれるデータが完全にFREEZE処理済みであれば上位ビットが1、一部でもFREEZE処理されてないものがあれば上位ビットが0になり、FREEZE処理の負荷軽減を図っています。滅多に更新されない巨大なテーブルに対して、大きな効果があります。

FSM(Free Space Map)はテーブルの空き領域の大きさを管理する補助

表13-1 空き領域の範囲とカテゴリ

空き領域	カテゴリ
0～31	0
32～63	1
... 中略 ...	
8096～8127	253
8128～8163	254
8164～8192	255

コマンド13-1 各ページの空き容量を調べる方法

```
=# SELECT * FROM pg_freespace('tbl'); ↵
 blkno | avail
-------+-------
     0 |   832
     1 |  7136
     2 |     0
     3 |     0
     4 |  4704
(5 rows)
```

データです(図13-2)。テーブルの1ページの空き領域量を1バイト(0～255の256段階の値)で管理します。各値が示す空き領域の大きさは表13-1のようになっています。また、各ページの空き容量を調べるには、contribモジュールのpg_freespacemapがあります(コマンド13-1)。

13.2.2：トランザクションID（XID）周回問題の回避

PostgreSQLで実行される更新トランザクションには、トランザクションID(XID)が割り当てられます。また、テーブルにデータを格納する際に実行されたトランザクションを区別できるように、XIDが行ヘッダ(xmin)として格納されます。実行中のトランザクションは、自身が持つXIDと行が持つXID(xmin)を比較して可視／不可視を判断します。しかしXIDは32bit(＝約40億：20億の古いIDと20億の新しいID)で管理されているために周回を繰り返します。

周回したトランザクションIDを持つトランザクションから既存のデータ

図13-3　XID周回問題

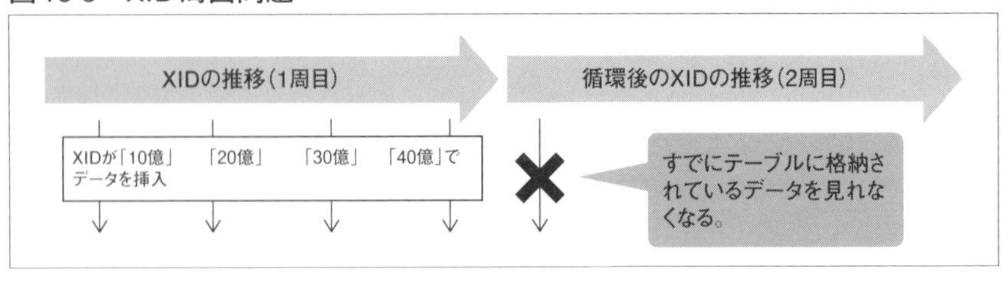

を見ると、可視判定によりすべてのデータが見えなくなる現象が起こります。これが「XID周回問題」（図13-3）です。

回避策は、バキューム処理（225ページ）の「❸対象ページの全行を走査して不要行の情報を抽出する」で、各行のage（XIDの差分）を求めてから必要に応じてFREEZE処理を行います。FREEZE処理とは、xminを特殊なXIDである「2」に上書きし、すべてのトランザクションから可視とする処理のことです。FREEZE処理もI/O負荷の高い処理であるため、VMを利用して負荷を軽減する仕組みが導入されています。

なお、FREEZE処理を行うかどうかはVACUUM実行時にオプションのFREEZEを付与する（VACUUM FREEZEを実行する）か、VACUUM関連の設定値である「autovacuum_freeze_min_age」「autovacuum_freeze_max_age」「autovacuum_freeze_table_age」で制御できます。

XIDの差分を確認する方法

各テーブルに含まれるもっとも古いXIDから現在のXIDまでの差分は、コマンド13-2のSQLで確認できます。なお、2つ目のtxid_current関数は当該トランザクションのXIDを返却する関数で、SELECT文であっても強制的にXIDを進めることが可能です。

13.3 自動バキュームによるメンテナンス

ここまでの説明を聞くと、PostgreSQLはテーブルメンテナンスを意図的に実施しなければならず面倒と思われる方もいるかもしれません。たしかに

コマンド13-2 XIDの差分を確認する方法

```
・FREEZE処理直後に確認する
=# SELECT relname, age(relfrozenxid) FROM pg_class WHERE relkind = 'r' AND ↩
relname = 'tbl'; ⏎
 relname | age
---------+-----
 tbl     |   0
(1 row)

・現在のXIDを強制的に進める
=# SELECT txid_current(); ⏎
 txid_current
--------------
       187311
(1 row)

・再度確認する
=# SELECT relname, age(relfrozenxid) FROM pg_class WHERE relkind = 'r' AND ↩
relname = 'tbl'; ⏎
 relname | age
---------+-----
 tbl     |   1
(1 row)
```

PostgreSQL 8.2以前ではVACUUMによるメンテナンスは必須でしたが、PostgreSQL 8.3以降から自動バキューム機能がデフォルトで有効となりました。自動バキュームで実行される処理は、手動で実行するVACUUMと変わりはありません。

自動バキュームの挙動は表13-2の設定で制御できます。

自動バキュームワーカは更新／削除された行数が次の式で算出される閾値を超えたときに処理を始めます。

```
自動バキュームワーカが処理を始める行数
= autovacuum_vacuum_threshold+autovacuum_vacuum_scale_factor×テーブルの行数
```

しかし、自動バキュームの設定だけでは完全に要件を満たす制御ができず、テーブルが肥大化してしまう場合があります。例えば、日中(運用時間帯)はメンテナンス負荷をかけずに、夜間(メンテナンス時間帯)に要件に対

表13-2　自動バキュームに関する主な設定

項目名	デフォルト値	説明
autovacuum	on	自動バキュームの実行有無
log_autovacuum_min_duration	-1	ログ出力を始める自動バキューム処理の最小時間（ミリ秒単位、-1は無効、0はすべて）
autovacuum_max_workers	3	同時に実行する自動バキューム処理のワーカ数
autovacuum_vacuum_threshold	50	自動バキュームの起動に関する閾値
autovacuum_vacuum_scale_factor	0.2	自動バキュームの起動に関する割合
autovacuum_work_mem	-1	自動バキュームワーカごとの最大メモリ量（-1はmaintenance_work_memの設定に従う）

コマンド13-3　自動バキュームの対象から外す方法

```
=# ALTER TABLE tbl SET (autovacuum_enabled = off); ⏎
ALTER TABLE
```

応するケースです。このような場合には、頻繁に更新される大きなテーブルを自動バキュームの対象から外し、夜間に手動でVACUUMを実行する運用が考えられます。

自動バキュームの対象から外すには、ALTER TABLE文で対象のテーブルのオプションautovacuum_enabledを変更します(**コマンド13-3**)。なお、同様の方法で、自動バキュームの各パラメータもテーブルごとに設定可能です。他のテーブルより頻繁にバキュームさせるなど細かく制御する際に有用です。

13.4 VACUUM FULLによるメンテナンス

VACUUM FULLはVACUUMによるメンテナンスが想定どおりに機能しなかった場合の対処策として使用します。

13.4.1：VACUUMが機能しないケース（例）

LongTransactionが存在している場合はVACUUMが機能しません。

コマンド13-4　VACUUMが機能しない例

```
=# VACUUM VERBOSE tbl; ⏎
INFO:  vacuuming "public.tbl"
INFO:  "tbl": removed 48 row versions in 5 pages
INFO:  "tbl": found 48 removable, 500 nonremovable row versions in 5 out of ➘
5 pages
DETAIL:  0 dead row versions cannot be removed yet, oldest xmin: 187322
There were 0 unused item pointers.
Skipped 0 pages due to buffer pins, 0 frozen pages.
0 pages are entirely empty.
CPU: user: 0.00 s, system: 0.00 s, elapsed: 0.00 s.
VACUUM
```

LongTransactionとは、トランザクションを開始後、コミットもロールバックもせずに長時間存在しているトランザクションです。VACUUMによる再利用やFREEZE処理は、現在流れているもっとも若いXIDより前のXIDを持つ行が対象となります。つまり、LongTransactionより後のトランザクションによって更新や削除された行にはバキューム処理は行われません。

コマンド13-4は、LongTransactionが存在する状態で1,000行のテーブルから500行を削除してVACUUMを実行した結果です。バキューム処理自体は完了しますが、「500 nonremovable row versions」とあるように適切に処理されていないことがわかります。バッチ処理などで長期化してしまうことがありますが、不必要に開いたままになっているLongTransactionは残さないようにします。

LongTransactionの確認方法／終了方法

LongTransactionは定期的にチェックします。LongTransactionを確認するには「pg_stat_activityビュー」を参照します（**コマンド13-5**）。pg_stat_activityビューの「pid」「query」「xact_start」「state」を確認し、長時間コミットもロールバックもされていないバックエンドプロセスを特定します。stateの値が「idle in transaction」で、xact_startの値が現時点より大幅に古いプロセスはLongTransactionとなっている可能性があります。

特定したバックエンドのトランザクションを完了（コミット／ロールバック）します。トランザクションの完了が難しい場合は、特定したバックエン

コマンド13-5　pg_stat_activityビューの出力例

```
=# SELECT pid, query, xact_start, state FROM pg_stat_activity; ⏎
-[ RECORD 3 ]-----------------------------------------------------
pid        | 31135
query      | SELECT pid, query, xact_start, state FROM pg_stat_activity;
xact_start | 2018-01-08 13:47:15.783834+09
state      | active
-[ RECORD 4 ]-----------------------------------------------------
pid        | 32017
query      | SELECT pid, query, xact_start, state FROM pg_stat_activity;
xact_start | 2018-01-08 13:39:33.703064+09
state      | idle in transaction
```

コマンド13-6　PIDがXのプロセスを終了させる方法

```
=# SELECT pg_terminate_backend(X); ⏎
 pg_terminate_backend
----------------------
 t
(1 row)
```

ドプロセスを終了させます。特定したバックエンドプロセスを終了させるには、pg_terminate_backend関数が便利です(コマンド13-6)。

13.4.2：VACUUM FULL実行時の注意点

VACUUMとは異なり、VACUUM FULLの実行中は対象テーブルが排他ロックされるので、対象テーブルのアクセス(参照／更新)がすべて待たされます。大きなテーブルの場合、数十分から数時間もかかることもあるため、事実上システム停止となってしまいます。このため、VACUUM FULLはテーブルの不要領域が肥大化してしまい、性能に影響を及ぼしてしまった場合の改善策の1つとして考えます。

VACUUM FULLでは次のように処理されています(PostgreSQL 9.0以降[注1])。

❶ テーブルのデータを1行ずつ取ってきて、別の新しいテーブルに詰め込む

注1　PostgreSQL 8.4以前では対象のテーブル内で行を入れ替える処理でした。

❷ 新しいテーブルにインデックスを作成する
❸ テーブルを入れ替える

つまり、有効な行しか取ってこないので不要領域は一切存在しなくなります。なお、VACUUM FULLでは一時的に対象テーブルと新しいテーブルが同時に作成されるため容量不足で完遂できないことがあります。このような場合は、pg_dumpコマンドやCOPY文などでデータを別のディスクにバックアップして改めてロードするなどの対応が必要です。

テーブルメンテナンスは正常にバキューム処理されていれば問題ありません。基本的には自動バキュームもしくは定期的なバキュームを正常に機能させることを心がけてください。

鉄則

☑ **バキュームによるメンテナンスが必要な理由を理解します。**
☑ **バキュームが有効にならないケースがあることを理解して、対処策を検討します。**

第14章

インデックスメンテナンス

本章では、データベース運用時のインデックスメンテナンス作業について、必要になる具体的な状況から予防策／改善策まで説明します。また、REINDEXやCLUSTER文は使い方だけでなく仕組みも確認していきます。

14.1 インデックスメンテナンスが必要な状況

インデックスへのアクセス性能が低下する原因として、インデックスファイルの「肥大化」「断片化」「クラスタ性の欠落」が考えられます。

14.1.1：インデックスファイルの肥大化

インデックスファイルが肥大化すると、テーブルの肥大化と同様に有効なデータが少量でも多くのページが利用され、必要なデータを取得するために無駄なI/Oが発行されるので性能の低下につながります(図14-1)。

図14-1　インデックスファイルの肥大化

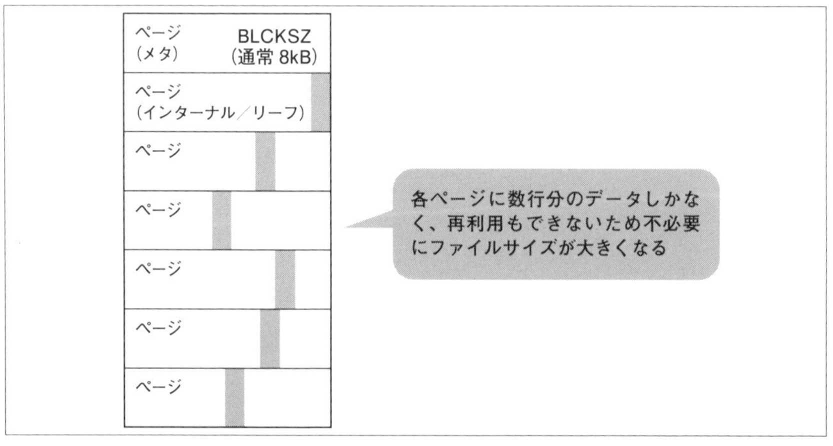

肥大化の傾向は、pg_classの「relpages」と「reltuples」で確認できます。**コマンド14-1**では、有効データが500行にも関わらずページ数が増加していく様子が確認できます。最終的にrelpagesが「4」から「20」になっています。

14.1.2：インデックスファイルの断片化

インデックスファイルの断片化は、B-treeインデックス固有の事象です。

テーブルにデータを挿入していくと、インデックスには該当列のデータ(キー)がリーフページに挿入されていきます。インデックスのあるページが

コマンド14-1　ページ数が増加していく状況

```
=# INSERT INTO tbl VALUES (generate_series(1,500)); ↵
INSERT 0 500

=# ANALYZE tbl; ↵
ANALYZE

=# DELETE FROM tbl WHERE i % 2 = 0; ↵
DELETE 250

=# INSERT INTO tbl VALUES (generate_series(2,500,2)); ↵
INSERT 0 250

=# SELECT relname, relpages, reltuples FROM pg_class WHERE relname = 'idx'; ↵
 relname | relpages | reltuples
---------+----------+-----------
 idx     |        4 |       500
(1 row)

=# DELETE FROM tbl WHERE i % 2 = 0; INSERT INTO tbl VALUES ➡
(generate_series(2,500,2)); ANALYZE tbl; ↵
DELETE 250
INSERT 0 250
ANALYZE
... 中略 ...

=# SELECT relname, relpages, reltuples FROM pg_class WHERE relname = 'idx'; ↵
 relname | relpages | reltuples
---------+----------+-----------
 idx     |       20 |       500
(1 row)
```

いっぱいになると、左右2つのページに分割(SPLIT)されます。特殊なケースを除き、SPLITが起こるとデータ量は左のページに50%、右のページに50%になるように分割されます。このようにデータを分割して格納するため、断片化が起こります(**図14-2**)。インデックスファイルの大部分で断片化が起こると、キャッシュヒット効率が悪化して、性能に悪影響を及ぼします。

なお、木構造の各段の一番右端ページでSPLITが起こるケースでは、左のページにできるだけ詰めた形で分割します。このため昇順にデータが追加されるインデックスであれば、断片化の影響を避けられます。ただし、実際にはこのようなインデックスのみを定義するのは困難なため、断片化の影響は多少なりとも受けるものと考えたほうがよいでしょう。

断片化を調べる方法

contribモジュールのpgstattupleに含まれるpgstatindex関数が使えます。**コマンド14-2**では、2つの列(i、j)に定義したインデックス(idx_iとidx_j)の内容を表示しています。いずれの列もinteger型ですが、挿入した順番をidx_iは昇順に、idx_jは降順にしたものです。

ここで着目すべき値は「leaf_fragmentation」です。同じサイズのデータを同じ件数挿入しているにも関わらず、降順に挿入したidx_jでは断片化しているのが確認できます。

なお、pgstattupleによる調査はサーバに負荷がかかるので、サービスの停止時や検証環境で行うようにしましょう。

図14-2 インデックスファイルの断片化

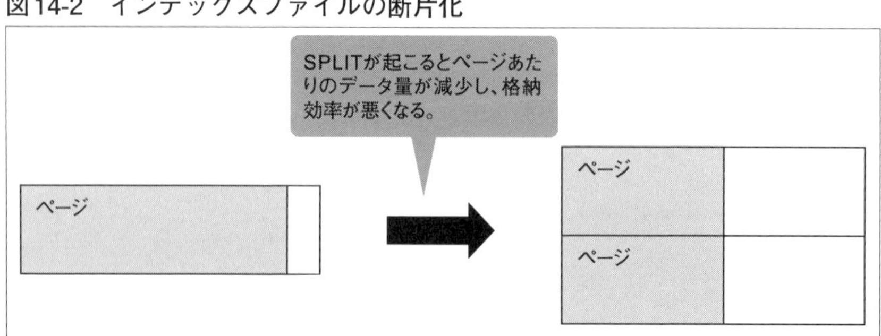

コマンド14-2　idx_i/idx_jインデックスの内容

```
=# SELECT * FROM pgstatindex('idx_i'); ↵
-[ RECORD 1 ]------+-------
version            | 2
tree_level         | 1
index_size         | 245760
root_block_no      | 3
internal_pages     | 1
leaf_pages         | 28
empty_pages        | 0
deleted_pages      | 0
avg_leaf_density   | 87.91
leaf_fragmentation | 0        ←

testdb2=# SELECT * FROM pgstatindex('idx_j'); ↵
-[ RECORD 1 ]------+-------
version            | 2
tree_level         | 1
index_size         | 401408
root_block_no      | 3
internal_pages     | 1
leaf_pages         | 47
empty_pages        | 0
deleted_pages      | 0
avg_leaf_density   | 52.49
leaf_fragmentation | 95.74    ←
```

14.1.3：クラスタ性の欠落

クラスタ性とは、テーブルデータの物理的な配置順序のことを指します。テーブルデータの並び順は、インデックスの並び順に近いとより効果的に検索できます(インデックスが存在しないテーブルでは意識する必要がありません)。

クラスタ性の欠落とは、運用している間にテーブルデータの物理的な配置順序が、頻繁に利用されるインデックスの並び順と乖離している状態になることです。**図14-3**のような状態になると、インデックススキャンをしても必要なデータを取得するために複数のページを参照しなければならず、I/Oの発行回数が増加し、性能に影響します。

図14-3 クラスタ性の欠落

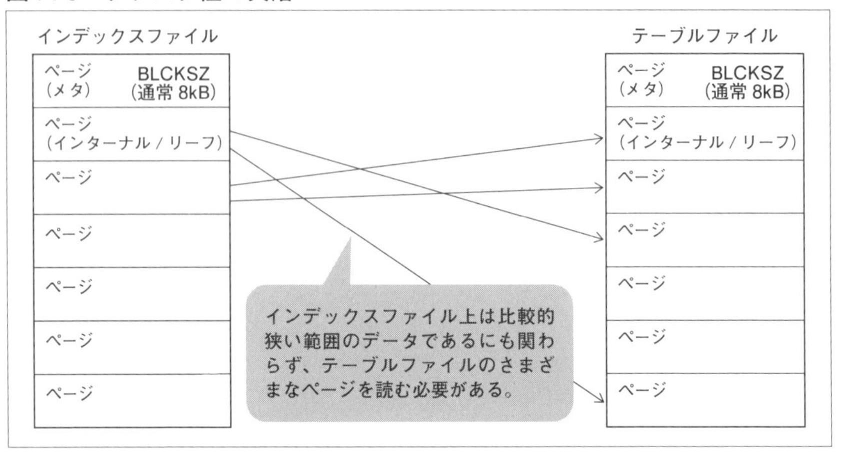

表14-1 pg_statsビューのcorrelationの値

値	状態
-1	降順に揃っている
0	ランダム
1	昇順に揃っている

クラスタ性を調べる方法

テーブルのクラスタ性を確認するには、pg_statsビューのcorrelationを参照します（表14-1）。

correlationの値は、ANALYZE時にサンプリングされた値で計算される-1から1までの概算値ですが、おおよそのばらつき具合を確認できます。例えば、もともと昇順、降順に揃っている2つの列(i、j)を持つテーブルは、更新することでコマンド14-3のように変わります。

14.2 【予防策】インデックスファイルの肥大化

なるべく肥大化を起こさないようにするためにバキューム処理を実行します。バキューム処理には、インデックスメンテナンスの処理が盛り込まれているので、テーブルメンテナンス同様に自動バキュームに任せてかまいませ

コマンド14-3 correlationの出力例

```
=# SELECT tablename, attname, correlation FROM pg_stats WHERE tablename = 'test'; ↵
 tablename | attname | correlation
-----------+---------+-------------
 test      | i       |           1
 test      | j       |          -1
(2 rows)

=# UPDATE test SET i = i WHERE i % 2 = 0; ↵
UPDATE 5000

=# ANALYZE test; ↵
ANALYZE

=# SELECT tablename, attname, correlation FROM pg_stats WHERE tablename = 'test'; ↵
 tablename | attname | correlation
-----------+---------+-------------
 test      | i       |     0.50015
 test      | j       |    -0.50015
(2 rows)
```

ん。

バキューム処理で完全に空となったインデックスページは再利用され、肥大化を防ぐことができます。定期的にバキューム処理が機能していれば、あまり意識しなくてもよいでしょう。

14.3 【改善策】インデックスファイルの断片化

自動バキュームが機能していても、すべてのインデックスがきれいに再利用できる状況が続くとはかぎりません。特にテーブルに複数のインデックスが定義されている場合は、インデックスページに少量のデータが残るケースは十分に考えられ、肥大化は発生してしまいます。

また、仮に肥大化がまったく発生しない状況であっても、データの増加パターンによっては断片化が発生することはあります。断片化によりインデックスファイルのサイズが増加する場合は、REINDEXでインデックスを再定義します(コマンド14-4～14-8)。

コマンド14-4　対象のインデックスのみ

```
=# REINDEX (VERBOSE) INDEX idx_i; ⏎
INFO:  index "idx_i" was reindexed
DETAIL:  CPU: user: 0.00 s, system: 0.00 s, elapsed: 0.00 s
REINDEX
```

コマンド14-5　対象のテーブル上のすべてのインデックス

```
=# REINDEX (VERBOSE) TABLE test; ⏎
INFO:  index "idx_i" was reindexed
DETAIL:  CPU: user: 0.00 s, system: 0.00 s, elapsed: 0.00 s
INFO:  index "idx_j" was reindexed
DETAIL:  CPU: user: 0.00 s, system: 0.00 s, elapsed: 0.00 s
REINDEX
```

コマンド14-6　対象のスキーマ上のすべてのインデックス

```
=# REINDEX (VERBOSE) SCHEMA public; ⏎
INFO:  index "idx" was reindexed
DETAIL:  CPU: user: 0.00 s, system: 0.00 s, elapsed: 0.00 s
INFO:  table "public.tbl" was reindexed
INFO:  index "idx_i" was reindexed
DETAIL:  CPU: user: 0.00 s, system: 0.00 s, elapsed: 0.00 s
INFO:  index "idx_j" was reindexed
DETAIL:  CPU: user: 0.00 s, system: 0.00 s, elapsed: 0.00 s
INFO:  table "public.test" was reindexed
REINDEX
```

コマンド14-7　対象のデータベース上のすべてのインデックス

```
=# REINDEX (VERBOSE) DATABASE testdb2; ⏎
INFO:  index "pg_class_oid_index" was reindexed
DETAIL:  CPU: user: 0.00 s, system: 0.00 s, elapsed: 0.00 s
INFO:  index "pg_class_relname_nsp_index" was reindexed
DETAIL:  CPU: user: 0.00 s, system: 0.00 s, elapsed: 0.00 s
INFO:  index "pg_class_tblspc_relfilenode_index" was reindexed
DETAIL:  CPU: user: 0.00 s, system: 0.00 s, elapsed: 0.00 s
INFO:  table "pg_catalog.pg_class" was reindexed
INFO:  index "idx" was reindexed
DETAIL:  CPU: user: 0.00 s, system: 0.00 s, elapsed: 0.00 s
INFO:  table "public.tbl" was reindexed
INFO:  index "idx_i" was reindexed
DETAIL:  CPU: user: 0.00 s, system: 0.00 s, elapsed: 0.00 s
... 中略 ...
```

コマンド14-8　対象のデータベース上のシステムカタログのインデックス

```
=# REINDEX (VERBOSE) SYSTEM testdb2; ↵
INFO:  index "pg_class_oid_index" was reindexed
DETAIL:  CPU: user: 0.00 s, system: 0.00 s, elapsed: 0.00 s
INFO:  index "pg_class_relname_nsp_index" was reindexed
DETAIL:  CPU: user: 0.00 s, system: 0.00 s, elapsed: 0.00 s
INFO:  index "pg_class_tblspc_relfilenode_index" was reindexed
DETAIL:  CPU: user: 0.00 s, system: 0.00 s, elapsed: 0.00 s
INFO:  table "pg_catalog.pg_class" was reindexed
INFO:  index "pg_statistic_relid_att_inh_index" was reindexed
DETAIL:  CPU: user: 0.00 s, system: 0.00 s, elapsed: 0.00 s
INFO:  index "pg_toast_2619_index" was reindexed
DETAIL:  CPU: user: 0.00 s, system: 0.00 s, elapsed: 0.00 s
... 中略 ...
```

コマンド14-9　一時的に別のインデックスを作成

```
=# CREATE INDEX CONCURRENTLY idx_new ON tbl (i); ↵
CREATE INDEX

※作成後、元のインデックスは削除する
=# DROP INDEX idx; ↵
DROP INDEX
```

REINDEXを実行すると対象テーブルはロックされるため更新処理ができません。ロックの影響を避けたい場合は、**コマンド14-9**のようにして一時的に別のインデックスを作成する方法もあります。CONCURRENTLYオプションを付与することで対象テーブルのロックを取得しないため、実行中も対象テーブルの更新が可能です。

14.4 【改善策】クラスタ性の欠落

クラスタ性を復活させるにはCLUSTERを実行します(**コマンド14-10**)。CLUSTERを1回実施すれば、利用したインデックス(例ではidx_new)がシステムカタログに保存されるため、同じインデックスで再度CLUSTERを実行する場合は「USING idx_new」の指定は不要です。

コマンド14-10　クラスタ性を復活させる

```
=# CLUSTER tbl USING idx_new; ↵
CLUSTER
```

コマンド14-11　CLUSTER実行時に適用されるインデックスの確認

```
=# SELECT relname FROM pg_class
   WHERE oid = (SELECT indexrelid from pg_class c, pg_index i
                WHERE c.oid = i.indrelid AND i.indisclustered = 't'
                AND   c.relname = 'tbl'); ↵
 relname
---------
 idx_new
(1 row)
```

コマンド14-12　CLUSTER実行時に適用されるインデックスの確認（psqlの場合）

```
=# ¥d tbl ↵
                Table "public.tbl"
 Column |  Type   | Collation | Nullable | Default
--------+---------+-----------+----------+---------
 i      | integer |           |          |
Indexes:
    "idx_new" btree (i) CLUSTER
```

14.4.1：CLUSTER実行時に適用されるインデックス

CLUSTER実行時に適用されるインデックスは**コマンド14-11**のように確認します。psqlから確認する場合は¥dメタコマンドで調べたいテーブルを指定します（**コマンド14-12**）。利用されるインデックスの横に「CLUSTER」と表示されます。利用されるインデックスの明示的な登録や解除方法はALTER TABLE文で行えます（**コマンド14-13**）。

14.4.2：CLUSTER実行時の注意点

MySQLではClusteredIndexのように、クラスタ性を保つインデックスを定義できますが、PostgreSQLでは一時的な効果しかありません。つまり、CLUSTERを実施した直後のテーブルデータの並び順は指定されたインデッ

コマンド14-13　利用されるインデックスの明示的な登録／解除

```
・登録(インデックス名：idx_new2)
=# ALTER TABLE tbl CLUSTER ON idx_new2; ↵
ALTER TABLE

・解除
=# ALTER TABLE tbl SET WITHOUT CLUSTER; ↵
ALTER TABLE
```

クスの順番になりますが、その後運用していく中でクラスタ性は崩れていきます。

なお、CLUSTER実行時にはREINDEXも実施されるので、断片化とクラスタ性の改善を同時に実施したい場合はCLUSTERのみ実施すればよいでしょう。PostgreSQL 9.0以降、CLUSTERとVACUUM FULLはほぼ同じロジックを利用するので、CLUSTER実行時にはVACUUM FULLと同様に次の点に注意します。

- 一時的に対象テーブル／インデックスと同程度の容量が必要になる
- CLUSTER実行時にも排他ロックを取得する

基本的にはVACUUMで効果的に再利用し、性能への影響が著しい場合にメンテナンス期間を設けて、REINDEXやCLUSTERといった適切なメンテナンスを実施するようにします。

14.5 インデックスオンリースキャンの利用

インデックスオンリースキャンは、インデックスのみを検索して結果を返却する仕組みで、PostgreSQL 9.2から導入されました。PostgreSQL 9.1までは、インデックスを検索した後には必ずテーブルデータを確認する必要がありましたが、インデックスオンリースキャンでテーブルデータを確認せずに効率良く検索できるようになりました。

インデックスオンリースキャンはテーブルデータを確認するのではなく、VM(Visibility Map)を確認する形で実現されています(図14-4)。

図14-4 インデックスオンリースキャンの仕組み

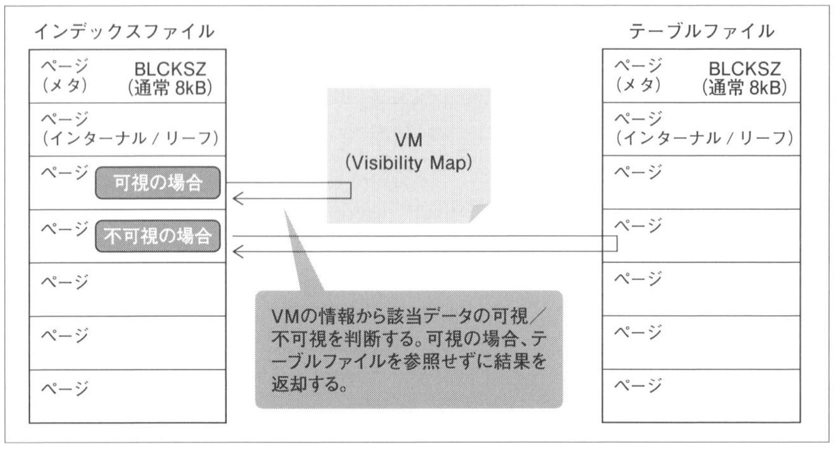

コマンド14-14 テーブルデータを取得していないかの確認

```
=# EXPLAIN (ANALYZE on, BUFFERS on) SELECT ...; ↵
... 中略 ...
  Heap Fetches: 0
... 中略 ...
```

VMはテーブルデータに比べて小さく、余計なI/Oを抑えるので性能向上が期待できます。テーブルデータを取得していないことは、`EXPLAIN`に`ANALYZE`と`BUFFERS`オプションを指定したクエリで確認できます(コマンド14-14)。「Heap Fetches」にはテーブルを参照した回数が出力され、インデックスのみを参照した場合は「Heap Fetches: 0」になります。

14.5.1：インデックスオンリースキャンの利用上の注意

インデックスオンリースキャンは特定の条件では大きな効果が見込めるのですが、利用できる条件が厳しいのも事実です。まず、PostgreSQL 10ではインデックスオンリースキャンを行えるインデックスは「B-tree」「GiST」「SP-GiST」のみです。また、インデックスを定義した列値以外を取得したい場合、結局テーブルデータを確認する必要があるので効果を得られません。さらに、VMがページ単位の管理しかしていない点も制限となります。すぐにVMが変更される(多くのページが更新される)状況では、テーブルデータの確認が必要となって大きな効果を得られません。

インデックスオンリースキャンの効果が頻繁に薄れてしまう場合はVMを更新してみましょう。さらに、可能なかぎりバキュームが実行されるような工夫(自動バキュームの閾値を下げるなど)を検討するとよいでしょう。

鉄則

- ☑ 運用を続けることでインデックスに起こる問題を理解します。
- ☑ 性能に影響がでる前に、サービスに対する影響を踏まえた対策を立てます。

Part 4

チューニング編

チューニングにかかる期間を見積もれますか？ 多くのシステムでは、運用後しばらくしてからパフォーマンスの劣化が見られます。ユーザ側からは「あとどれくらい（の時間）で直りますか？」といった質問がきます。サービスを提供しているのですから、当然ですね。
本Partでは、実行計画の見方からスケールアップ、クエリチューニングまでチューニングのノウハウをまとめます。おおよその見積もりを出すためにも、PostgreSQLとして何ができるのか、どのように確認できるのかといった情報はきちんと把握しておきましょう。

第15章 実行計画の取得／解析

PostgreSQLに対して問い合わせ（クエリ）を発行すると、PostgreSQLのプランナはさまざまな検索方法の中から処理コストが最小になる選択や組み合わせを計算します。この最小化された検索方法のことを「実行計画」といいます。
本章では、システムのメンテナンスに役立つ知識として「実行計画の取得」「実行計画に基づいた分析」「DBチューニング」に焦点を当てます。

15.1 最適な実行計画が選ばれない

PostgreSQLは実行計画を作成する際、自動バキュームやANALYZE文で取得する統計情報(テーブルやインデックスの行数／サイズなど)とページ／行単位の演算にかかるコスト値を使います。

PostgreSQLが算出した実行計画は、必ずしも最適なものではありません。理由はさまざまですが、PostgreSQL自身が原因になるケースだけでなく、データベース外の要素が影響することもあります。例えば、システムを構成するアプリケーションやミドルウェアによって予期しない負荷や挙動、さらにサーバやネットワークといったハードウェアのリソース不足が原因になることもあります。

実際に最適な実行計画が選ばれないケースを見ていきます。

15.1.1：PostgreSQLが原因となる場合

コスト基準値の設定

PostgreSQLは、ハードディスク(HDD)へのランダムアクセスがもっとも処理コストが大きいと仮定しています。推定の基準となるコストは、「random_page_cost」と「seq_page_cost」で設定されています。デフォルトでは、HDDの利用を前提としてrandom_page_costが「4.0」に対して、seq_page_costが

「1.0」で計算されています。

これらの値は、設定ファイルで変更できるため、ディスク性能やメモリ量によって調整します。特に、ソリッドステートドライブ(SSD)を利用する場合はディスクの特性がHDDとは異なることも考慮します。

統計情報の取得頻度

バッチ処理などで短時間で大量のデータが追加されたり、大量のトランザクションを処理した直後は、統計情報と実データに乖離が発生します。不正確な統計情報に基づいて作成される実行計画は、適切に算出されていないことがあります。

統計情報の取得粒度

取得する統計情報の数は、デフォルトでは3万件に固定されています。数億件のデータを持っている場合には、デフォルト(3万件)のサンプリング数は少なすぎます。当然、統計情報の収集量を増やせば実行計画の精度は上がりますが、オーバヘッドが大きくなり性能面でのデメリットとなります。

15.1.2：PostgreSQL以外が原因となる場合

PostgreSQL以外が原因となるのは、次のように多岐にわたります。

ディスク性能

PostgreSQLは、ランダムI/Oが特に遅いことを前提としたコストバランスを基準としています。近年の高速なディスクや、大量のメモリを持つサーバの場合、ディスクへの負担は減るため、ハードウェア構成によっては、PostgreSQLの見積もったコストと実性能に差が出ることがあります。

さらに、PostgreSQLはテーブルデータだけでなくWALやサーバのログなどの書き込みも発生します。書き込み頻度、書き込み量を適切に分散できていないと、特定のディスクに負荷が偏ることになります。ディスク性能に応じた細かなパラメータチューニングができないため、ディスクをパーティションに分割するといった設計段階でI/Oを分散するなどの工夫も必要です。

ネットワーク性能

ネットワーク性能については、PostgreSQLのチューニングによる対処方法は限られています。

実行計画作成時も、ネットワーク性能は一切考慮されていないため、システム側で適切に対応する必要があります。例えば、コネクションプール機能を持つ外部プログラムを利用することで接続のオーバヘッドを削減したり、ネットワークに流れるデータ量を減らすため、ユーザ定義関数を利用するなどの工夫が求められます。

アプリケーション

アプリケーションによって性能が出ない要因の1つにPREPARE文(プリペアドステートメント)があります。PREPARE文で指定したパラメータに対して、一般的な実行計画を作成してメモリ上に保存します。EXECUTE文の実行時に再利用することで、実行計画を作成するオーバヘッドを削減できます。なお、作成済みの実行計画とEXECUTE文で指定された実行時パラメータの相性が悪い場合には性能が出ないこともあります。

バッチ処理や瞬間的な大量アクセス

実行計画は、データベースが定期的に取得する統計情報やデータサイズなどの複数の要素から算出されますが、ある時点の静的な情報がベースになります。瞬間的な負荷によって実行計画が変わることはないため、突発的な事象に対して期待する性能が得られないことも起こります。そのため、スロークエリを報告するPostgreSQLの機構を利用して、監視ソフトなどでデータベースの状態を把握することが重要となります。

このようにデータベースの性能を把握するには多様な要素を考慮する必要があります。性能に関する運用上の課題は、障害発生とは異なりログの出力がない分、原因を分析するのも難しくなります。実行計画を適切に取得して分析する手法がとても重要になります。

15.2 実行計画の取得方法

実行計画や統計情報を取得するには、SQL(EXPLAIN文/ANALYZE文)を使う方法とPostgreSQLが自動的に収集する方法があります。

15.2.1:EXPLAIN文

EXPLAIN文は、クエリに対してプランナが作成した実行計画を表示するSQLです(コマンド15-1)。該当クエリの先頭に「EXPLAIN」を付けます。

ANALYZEオプション

実際にクエリを発行して実行計画と実処理時間の両方を取得するオプシ

コマンド15-1 EXPLAIN文(実行例と構文)

```
・実行例
=# EXPLAIN SELECT * FROM tenk1; ↵
・構文
EXPLAIN [ ( option [, ...] ) ] statement
EXPLAIN [ ANALYZE ] [ VERBOSE ] statement

※option:次のいずれかを指定する
ANALYZE [ boolean ]、VERBOSE [ boolean ]、COSTS [ boolean ]、BUFFERS [ boolean ]、
TIMING [ boolean ]、SUMMARY [ boolean ]、FORMAT { TEXT | XML | JSON | YAML }

※statement:次のSQLを指定できる
SELECT、INSERT、UPDATE、DELETE、VALUES、EXECUTE、DECLARE、CREATE TABLE AS、
CREATE MATERIALIZED VIEW AS
```

コマンド15-2 EXPLAIN文のANALYZEオプション(出力例)

```
=# EXPLAIN ANALYZE SELECT * FROM tenk1; ↵
                                          QUERY PLAN
------------------------------------------------------------------------------
 Seq Scan on tenk1  (cost=0.00..458.00 rows=10000 width=244)
  (actual time=0.009..1.427 rows=10000 loops=1)
 Planning time: 0.037 ms
 Execution time: 2.036 ms
(3 rows)
```

ョンです(**コマンド15-2**)。ただし、INSERT文とDELETE文では実際のデータに影響が出ます。PostgreSQLでは、明示的にトランザクションを開始していないかぎりデータ更新は自動でコミットされるため、実行計画の取得時に必要なデータを更新/削除しないように注意が必要です。

また、EXPLAIN文が出力する実行計画や実処理時間には、通信コストやクライアント端末の表示にかかる時間は含まれていません。特にSELECT文で大量の行を出力する際のシステム負荷は無視できないほど大きいですが、EXPLAIN文では考慮されていません。

VERBOSEオプション

実行計画の各ノードが出力する列名の情報を追加で出力します(**コマンド15-3**)。

COSTSオプション

COSTSオプションはデフォルトで有効になっており、各ノードの初期コスト/総コストと統計情報に保存されているテーブルの平均行長/行数を出力します。

BUFFERSオプション

ANALYZEオプションと共に指定するオプションで、共有バッファから読み込んだページ数とディスクから読み込んだページ数が追加されます(**コマンド15-4**)。OSファイルキャッシュやその他ハードウェアのキャッシュヒット率は確認できません。

コマンド15-3　EXPLAIN文のVERBOSEオプション（出力例）

```
=# EXPLAIN VERBOSE SELECT * FROM tenk1; ⏎
                              QUERY PLAN
------------------------------------------------------------------------------
 Seq Scan on public.tenk1  (cost=0.00..458.00 rows=10000 width=244)
   Output: unique1, unique2, two, four, ten, twenty, hundred, thousand,
    twothousand, fivethous, tenthous, odd, even, stringu1, stringu2, string4
(2 rows)
```

コマンド15-4　EXPLAIN文のBUFFERSオプション（出力例）

```
=# EXPLAIN ( ANALYZE true , BUFFERS true ) SELECT * FROM tenk1; ⏎
                                    QUERY PLAN
----------------------------------------------------------------------------------
 Seq Scan on tenk1  (cost=0.00..458.00 rows=10000 width=244)
  (actual time=0.024..3.398 rows=10000 loops=1)
   Buffers: shared hit=9 read=349
 Planning time: 0.056 ms
 Execution time: 4.203 ms
(4 rows)
```

TIMINGオプション

ANALYZEオプションと共に指定するオプションで、各ノードの処理時間を出力します（ANALYZEオプションのデフォルト動作です）。

SUMMARYオプション（PostgreSQL 10以降）

実行計画の作成時間を表示します（ANALYZEオプションのデフォルト動作です）。

FORMATオプション

EXPLAIN文の出力フォーマットを指定します。デフォルト設定は、目視しやすいノード構造を模した「TEXT形式」です。ほかにも「XML形式」や「JSON形式」「YAML形式」をサポートしていて、EXPLAIN結果を加工したり、別のプログラムで利用する場合に有効です。XML形式を指定すると**コマンド15-5**のようになります。

15.2.2：ANALYZE文

ANALYZE文は、指定したテーブルの統計情報を取得するSQLです（**コマンド15-6**）。取得した統計情報は、システムカタログのpg_statisticに保存されます。

PostgreSQLはデフォルトで、自動バキューム（autovacuum）の実行時に統計情報も取得します。手動でANALYZE文を実行するよりも、自動バキュームに任せるほうがシステム負荷をかけずに済むため、通常は自動バキ

コマンド15-5 EXPLAIN文のFORMATオプション（出力例）

```
=# EXPLAIN ( FORMAT xml ) SELECT * FROM tenk1; ↵
                         QUERY PLAN
----------------------------------------------------------
 <explain xmlns="http://www.postgresql.org/2009/explain">+
   <Query>                                               +
     <Plan>                                              +
       <Node-Type>Seq Scan</Node-Type>                   +
       <Parallel-Aware>false</Parallel-Aware>            +
       <Relation-Name>tenk1</Relation-Name>              +
       <Alias>tenk1</Alias>                              +
       <Startup-Cost>0.00</Startup-Cost>                 +
       <Total-Cost>458.00</Total-Cost>                   +
       <Plan-Rows>10000</Plan-Rows>                      +
       <Plan-Width>244</Plan-Width>                      +
     </Plan>                                             +
   </Query>                                              +
 </explain>
(1 row)
```

コマンド15-6 ANALYZE文（実行例と構文）

```
・実行例
=# ANALYZE tenk1; ↵

・構文
ANALYZE [ VERBOSE ] [ table_name [ ( column_name [, ...] ) ] ]

※table_name：統計情報を取得するテーブル名（指定がない場合はすべてのテーブル）
※column_name：統計情報を取得する列名
```

ュームを有効にしておくことが推奨されます。自動バキュームを停止している場合は、ANALYZE文を手動で実行しなければ、正しい統計情報が取得できません。

なお、PostgreSQLの統計情報はサンプリングによって取得されるため、数行の更新ならば、統計情報を取り直さなくても精度は十分です。このためANALYZE文を手動で実行するのは、大量の行を更新した直後に発行するのが有用です。

VERBOSEオプション

ANALYZE文の詳細な進捗状況を表示します(コマンド15-7)。

コマンド15-7　ANALYZE文のVERBOSEオプション（出力例）

```
=# ANALYZE VERBOSE tenk1; ↵
INFO:  analyzing "public.tenk1"
INFO:  "tenk1": scanned 358 of 358 pages, containing 10000 live rows
        and 0 dead rows; 10000 rows in sample, 10000 estimated total rows
```

15.2.3：統計情報取得のためのパラメータ設定

自動的に統計情報を収集するには自動バキューム機能を利用します。統計情報は、テーブルの更新頻度や更新量にもとづいて取得されるため、適度なペースで最新化できます。また、統計情報の精度に関係するパラメータの設定が重要です(表15-1)。これらのパラメータはpostgresql.confファイル、またはサーバのコマンドラインで設定します。テーブル作成時(CREATE TABLE)かテーブル定義変更時(ALTER TABLE)の設定可否を○×でまとめます。また、postgresql.confとテーブル定義の値が異なる場

表15-1　統計情報の精度に関係するパラメータ

No	パラメータ	デフォルト値	説明	postgresql.conf	CREATE TABLE	ALTER TABLE
❶	autovacuum	on	統計情報を自動で収集するかどうか。自動で収集させない場合は「off」にする	○	○※	○※
❷	autovacuum_analyze_threshold	50	更新されたテーブルの行数が指定値未満の場合、統計情報は自動で更新されない	○	○	○
❸	autovacuum_analyze_scale_factor	0.1	更新されたテーブルの行数が指定割合未満の場合、統計情報は自動で更新されない。デフォルト値(0.1)は更新されたテーブルの行数が10%未満を意味する	○	○	○
❹	default_statistics_target	100	統計情報のサンプリング数。サンプリング対象は「設定値×300行」	○	×	○

※autovacuum_enabledパラメータで指定可能

合は、テーブル定義の値が優先されます。

表15-1の❷と❸は独立しておらず、「❷+❸×更新されたテーブルの行数」で求められる値で判定されます。例えば、1,000行のテーブルに対して、行の追加／削除／更新が「150回」(=50+0.1×1000)以上になっていることが自動更新の条件になります。

Column システムカタログ「pg_statistic」

収集した統計情報は自動／手動を問わずシステムカタログ「pg_statistic」に格納されます。pg_statisticにはテーブルの列ごとに統計情報が保存され(表15-A)、プランナがコスト計算をするうえで重要な情報となります。

表15-A　pg_statisticの列

列名	説明
starelid	テーブルに付けられた番号（oid）
staattnum	テーブルの列に付けられた番号
stainherit	継承表を含むかどうか。継承表を持つテーブルの場合は2つの統計情報が生成される（プランナは問い合わせによって2つの統計情報を使い分けている）
stawidth	平均列長
stadistinct	列値の重複度合い。正数の場合は実際のカーディナリティ（列値の種類の絶対値）を表し、負数の場合はテーブル内の行数に対する負の乗数。平均して2回現れる値を持つ場合は「-0.5」、UNIQUE KEYが付与されているなど、すべての値が異なる場合は「-1」になる

pg_statisticを参照できるのはPostgreSQLのスーパーユーザのみです。一般ユーザはpg_statsビューで参照でき、自身が読み取り権限を持つテーブル情報のみ表示されます。

pg_statsビューはテーブル(tablename)と列(attname)ごとに統計情報が表示されます(コマンド15-A)。列値の重複度合い(n_distinct)、値の物理的な並び順と論理的な並び順の一致度合い(correlation)、テーブル内の最頻値リスト(most_common_vals)と出現頻度(most_common_freqs)が参照できます。

n_distinctは、credit_usageテーブルのymd列では「-1」となっているので、ymd列はすべて異なる値であると読み取れます。つまり再頻値は存在せず、出現頻度も必ず1回となるためmost_common_valsとmost_common_freqsは記録されません。また、correlationは、-1～1の間の数値で表現され、0に近いほどランダムアクセスになりやすい状態を示しています。

コマンド15-A　pg_statsビューの出力例

```
=# SELECT tablename, attname, n_distinct, correlation, most_common_vals, ⏎
most_common_freqs FROM pg_stats WHERE tablename = 'credit_usage'; ↵

 tablename | attname | n_distinct | correlation | most_common_vals | most_common_freqs
-----------+---------+------------+-------------+------------------+-------------------
 credit_ug | cid     |  -0.333333 |           1 | {101,102}        | {0.55556,0.33333}
 credit_ug | ymd     |         -1 |    0.366667 |                  |
 credit_ug | usage   |  -0.777778 |    0.683333 | {120,200}        | {0.22222,0.22222}
(3 rows)
```

15.2.4：実行計画を自動収集する拡張モジュール「auto_explain」

統計情報は自動バキュームで自動収集されますが、実行計画の自動収集は拡張モジュールの「auto_explain」で提供されています。auto_explainを有効にすることで、クエリがどの実行計画に基づいて実行されたかを確認できます（リスト15-1）。

システムを運用していると、データ量や内容が変化してインデックスが有効に使われなくなったり、テーブルの結合順序が変化してしまう可能性があります。auto_explainを利用すると性能が低下するリスクをすばやく見つけることができます。ただし、auto_explainの結果をPostgreSQLのログに出力する際、内部的な構造をテキスト形式に変換するオーバヘッドが発生します。大量のクエリを、高速に処理するシステムでは性能が低下するリ

リスト15-1　「SELECT * FROM tenk1;」を実行した際の出力例

```
LOG:  duration: 31.913 ms  plan:
        Query Text: SELECT * FROM tenk1;
        Seq Scan on tenk1  (cost=0.00..458.00 rows=10000 width=244)
```

スクがあるので注意してください。

auto_explainのインストール方法

auto_explainを組み込むには、拡張モジュールのバイナリをソースコードからコンパイルして個別にインストールするか、RPMとして入手する必要があります。

ソースコードからコンパイルする場合は、PostgreSQLをインストールした同じユーザで拡張モジュールのコンパイルとインストールを実行します(**コマンド15-8**)。RPMからインストールする場合は、RPMを入手して**rpm**コマンドでインストールします(**コマンド15-9**)。PostgreSQLのRPMパッケージは、URL http://yum.postgresql.org/10 から入手できます。

また、PostgreSQLのyumリポジトリを登録しておけば、yumコマンドから簡単にインストールすることもできます(**コマンド15-10**)。

auto_explainの利用方法

auto_explainを利用するには2つの方法があります。postgresql.confファイルの「shared_preload_libraries」に「auto_explain」と記述しておくか、psqlなどで接続して**コマンド15-11**のSQLを発行します。前者の場合はすべてのセッションで自動的にEXPLAINが実行されますが、後者の場合はLOAD

コマンド15-8　ソースコードからコンパイルする場合

```
$ cd (ソースコードの配置先)/contrib/auto_explain ⏎
$ make install ⏎
```

コマンド15-9　RPMからインストールする場合（rootユーザ）

```
# rpm -ivh postgresql10-contrib-10.1-1PGDG.rhel7.x86_64.rpm ⏎
```

コマンド15-10　yumコマンドでインストールする場合

```
# yum install postgresql10-contrib ⏎
```

コマンド15-11　auto_explainをコマンドから実行する方法

```
=# LOAD 'auto_explain'; ⏎
```

文を実行したセッションのみが対象となります。

意図しないタイミングや再現性の低いスロークエリを発見するには、postgresql.confファイルに設定して、常時、観測する必要がありますが、オーバヘッドが発生します。LOAD文を使えばシステムの負荷を必要最小限に抑えられるので、状況に応じて使い分けてください。

auto_explainで利用可能なオプション

auto_explainのオプションはpostgresql.confに設定します(**表15-2**)。オプション名は「auto_explain.」に続けて指定します。変更した値は設定ファイルをリロードして反映されます。なお、オプションのいくつかはEXPLAIN

表15-2　auto_explainで利用可能なオプション

オプション名 (auto_explain.××)	値	説明
log_min_duration	ログに出力される最小時間（ミリ秒）	デフォルト（-1）はログを出力しないため、auto_explainを使う場合は設定変更が必要。「500」は500ミリ秒以上、「1s」は1秒以上かかったクエリの実行計画を出力する。「0」はすべてのクエリの実行計画を出力する
log_analyze	true/false	「true」にするとEXPLAIN ANALYZEと同じ表示形式でログを出力する。ノードごとの所要時間の表示にかかるコストが大きい(性能低下に要注意)
log_triggers	true/false	トリガ実行の統計を出力する。log_analyzeがtrueの場合のみ有効
sample_rate	0～1の実数値	ログを出力する割合を指定する。デフォルト（1）はすべて出力する
log_verbose	true/false	「true」はEXPLAIN VERBOSEと同じ効果
log_buffers	true/false	「true」はEXPLAIN（ANALYZE, BUFFERS）と同じ効果
log_format	text/xml/json/yaml	ログ出力のフォーマット
log_timing	true/false	「true」はEXPLAIN（ANALYZE, TIMING on）と同じ効果。ノードごとの所要時間の表示にかかるコストが大きい（性能低下に要注意）
log_nested_statements	true/false	通常のEXPLAIN文ではサポートされていない特別なオプション。「true」は入れ子状の文（ユーザ定義関数などから実行されるSQL）の実行計画も表示できる

文のオプションと同じ効果があります。

15.3 実行計画の構造

ここからは実行計画の中身について見ていきます。一般的に、ある問い合わせには同じ結果を導き出すための方法が、複数存在しています。プランナは統計情報や経験的な計算式に基づいてコストを計算し、可能なかぎり多くの組み合わせの中から、もっともコストの小さい実行計画を選択します。

EXPLAIN文は、プランナが導き出した最適な実行計画を出力します(**コマンド15-12**)。

実行計画では処理する単位を「ノード」と呼び、ノードは階層構造を持ちます。テキスト形式で表示される実行計画は1行目に最上位のノードが現れ、順に「**->**」の記号とインデントによって複数のノードが表れます。同じ階層のノードは同じインデントに揃えられています。基本的に、問い合わせの実行は実行計画の表示とは逆にもっとも深い階層のノードから順番に実行され、最上位ノードは一番最後に実行されます(**図15-1**)。一見複雑な構造

コマンド15-12 EXPLAIN文の出力例

```
=# EXPLAIN SELECT eid FROM dept JOIN emp USING ( did ) UNION ALL SELECT ➚
eid FROM emp WHERE eid > 1000 ORDER BY eid; ↵
                              QUERY PLAN
---------------------------------------------------------------------------
 Sort  (cost=3.37..3.38 rows=5 width=4)
   Sort Key: emp.eid
   -> Append  (cost=2.13..3.31 rows=5 width=4)
        -> Merge Join  (cost=2.13..2.21 rows=4 width=4)
             Merge Cond: (dept.did = emp.did)
             -> Sort  (cost=1.05..1.06 rows=3 width=4)
                  Sort Key: dept.did
                  -> Seq Scan on dept  (cost=0.00..1.03 rows=3 width=4)
             -> Sort  (cost=1.08..1.09 rows=4 width=8)
                  Sort Key: emp.did
                  -> Seq Scan on emp  (cost=0.00..1.04 rows=4 width=8)
         -> Seq Scan on emp emp_1  (cost=0.00..1.05 rows=1 width=4)
              Filter: (eid > 1000)
(13 rows)
```

をしていても、階層構造を辿ることで実行計画の内容が理解できます。

続いて、ノードを「スキャン系」「複数のデータを結合」「データを加工」の3つに分類して、それぞれ代表的なものを説明します。

図15-1　実行計画の木構造と実行順序

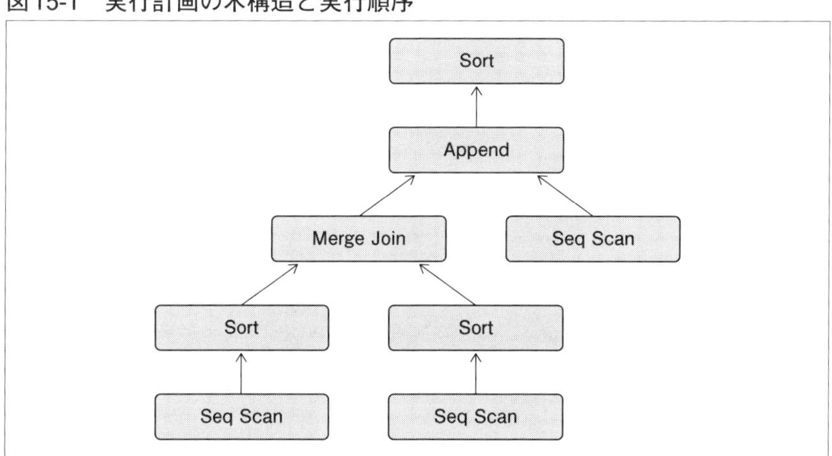

15.3.1：スキャン系ノード

データを取り出す役割を担うノードには「シーケンシャルスキャン」や「インデックススキャン」があります。データを取り出すノードは通常、実行計画のもっとも深い階層に現れ、一番最初に実行されるノードです。実行計画におけるスキャン系ノードの代表的なものは**表15-3**のとおりです。スキャン系ノードでは、どのテーブルに対してスキャンしたかと、データを選別するフィルタ条件が表示されるので[注1]、どのようにデータを取り出すかを読み取ることができます。

シーケンシャルスキャン（Seq Scan）

もっともシンプルなシーケンシャルスキャン（Seq Scan）の実行計画は**コマ**

注1　Function Scanの場合は、テーブルの代わりに関数名を表示します。EXPLAIN文にVERBOSEオプションを付けると関数の入力値などの詳細な情報も表示します。

ンド15-13のように表示されます。onekテーブルからデータを取り出し、フィルタを使って「ten = 1」のデータだけを取り出すように選択しています(**図15-2**)。

表15-3　スキャン系ノード

ノード名	説明
Seq Scan	テーブル全体を順番にスキャンする
Index Scan	テーブルに付与されたインデックス順にテーブルをスキャンする
Index Only Scan	テーブルに付与されたインデックスだけを使ってスキャンする
Bitmap Scan	テーブルに付与されたインデックスからビットマップを作成してテーブルをスキャンする
Foreign Scan	外部表に対してスキャンする
Function Scan	組み込み関数やユーザ定義関数を実行する

コマンド15-13　シーケンシャルスキャンの実行計画（例）

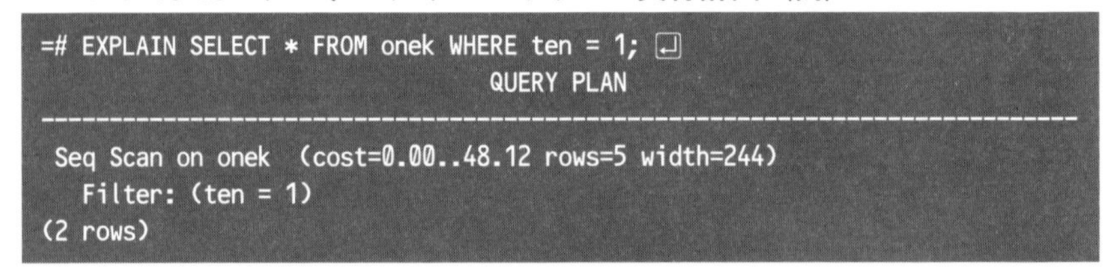

```
=# EXPLAIN SELECT * FROM onek WHERE ten = 1;
                         QUERY PLAN
--------------------------------------------------------------------------
 Seq Scan on onek  (cost=0.00..48.12 rows=5 width=244)
   Filter: (ten = 1)
(2 rows)
```

図15-2　シーケンシャルスキャンの実行イメージ

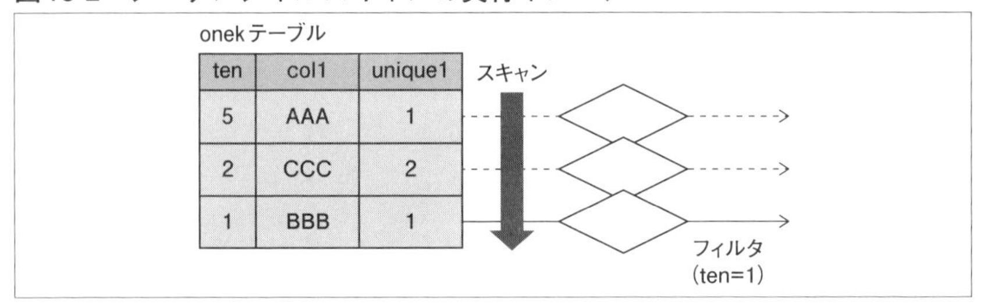

インデックススキャン（Index Scan）

インデックススキャン(Index Scan)の実行計画では、スキャンするインデックス名と条件も併せて表示されます(**コマンド15-14**)。**図15-3**を例にすると、onekテーブルに付与されたインデックスを走査してからテーブルのデータを取得します。

コマンド15-14　インデックススキャンの実行計画（例）

```
=# EXPLAIN SELECT * FROM onek WHERE unique1 = 1 AND ten = 1; ↵
                                QUERY PLAN
---------------------------------------------------------------------------
 Index Scan using onek_unique1 on onek (cost=0.28..8.29 rows=1 width=244)
   Index Cond: (unique1 = 1)
   Filter: (ten = 1)
(3 rows)
```

図15-3　インデックススキャンの実行イメージ

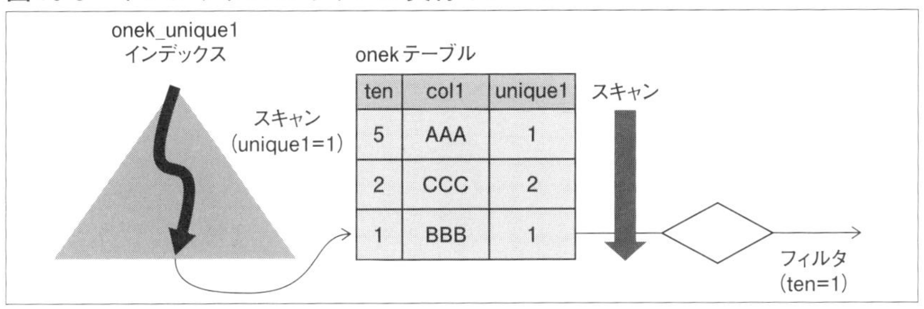

15.3.2：複数のデータを結合するノード

結合ノードは「入れ子ループ結合」「ハッシュ結合」「マージ結合」の3種類があります。実行計画における結合ノードの表示名は**表15-4**のとおりです。結合の対象となる2つのノードを区別するため「外側テーブル」「内側テーブル」と呼びます。結合ノードは2つの実行結果の集合を求めるもので、2つのテーブルのスキャン結果を入力とし、1つの結果を出力します（**図15-4**）。

入れ子ループ結合

入れ子ループ結合は、外側テーブルの1行ごとに内側テーブルをすべて「Join Filter」で評価します（**コマンド15-15**）。

表15-4　結合ノード

ノード名	説明
Nested Loop	外側テーブルの1行のデータに対して、内側テーブルをすべて評価する
Hash Join	作成した内側テーブルのハッシュに基づいて外側テーブルを評価する
Merge Join	結合条件でソートされたテーブルを順に評価する

2重ループになるのでループ回数が増えるほど「ハッシュ結合」「マージ結合」よりも効率が悪くなり、データ量の多いテーブルが外側テーブルになってしまうと非常に遅い結合方式となります。ただし、外側テーブルの行数が少なく、内側テーブルにインデックスを張っている場合には、他の2つの結合方法よりも高速に動きます。

図15-4　結合イメージ

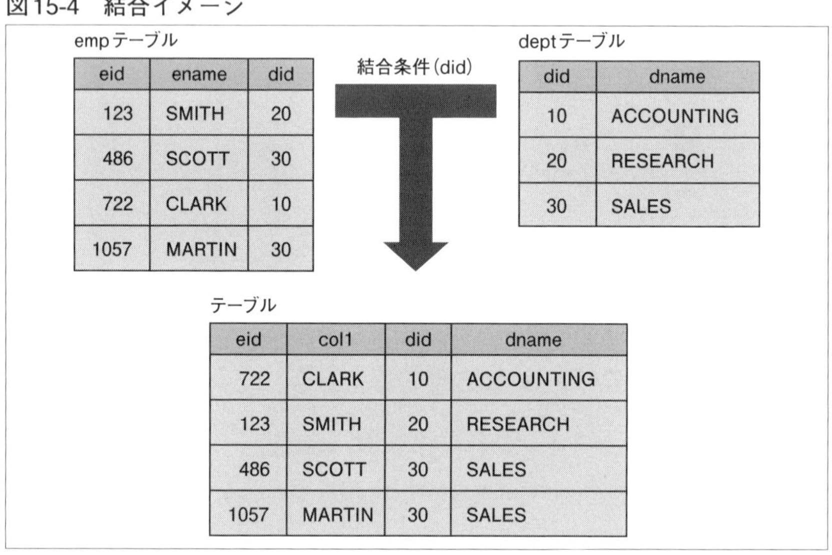

empテーブル

eid	ename	did
123	SMITH	20
486	SCOTT	30
722	CLARK	10
1057	MARTIN	30

deptテーブル

did	dname
10	ACCOUNTING
20	RESEARCH
30	SALES

テーブル

eid	col1	did	dname
722	CLARK	10	ACCOUNTING
123	SMITH	20	RESEARCH
486	SCOTT	30	SALES
1057	MARTIN	30	SALES

コマンド15-15　入れ子ループ結合

```
=# EXPLAIN SELECT * FROM dept JOIN emp USING ( did ); ↵
                              QUERY PLAN
-----------------------------------------------------------------------
 Nested Loop  (cost=0.00..4.30 rows=4 width=22)
   Join Filter: (dept.did = emp.did)
   ->  Seq Scan on dept  (cost=0.00..1.03 rows=3 width=12)
   ->  Seq Scan on emp  (cost=0.00..1.04 rows=4 width=14)
(4 rows)
```

ハッシュ結合

ハッシュ結合は、内側テーブルの結合キーでハッシュを作成し、ハッシュと外側テーブルの結合キーを評価します(コマンド15-16)。

コマンド15-16　ハッシュ結合

```
=# EXPLAIN SELECT * FROM dept JOIN emp USING ( did ); ⏎
                              QUERY PLAN
---------------------------------------------------------------------------
 Hash Join  (cost=1.07..2.16 rows=4 width=22)
   Hash Cond: (emp.did = dept.did)
   ->  Seq Scan on emp  (cost=0.00..1.04 rows=4 width=14)
   ->  Hash  (cost=1.03..1.03 rows=3 width=12)
         ->  Seq Scan on dept  (cost=0.00..1.03 rows=3 width=12)
(5 rows)
```

ハッシュを作成するために、先に内側テーブルをスキャンしてから外側テーブルをスキャンします。最初にハッシュを作成するためのオーバヘッドが発生しますが、その後は高速に結合できます。特に作成したハッシュがメモリに収まるサイズの場合には有効な結合方法で、比較的小さなテーブルと大きなテーブルを結合するのに向いています。

マージ結合

マージ結合は2つのテーブルを結合キーでソートし、順番に付き合わせることで評価します(**コマンド15-17**)。結合キーでソートされた状態が前提となるため事前にソート処理が必要です。

マージ結合の最大の課題はソートのオーバヘッドが大きいことですが、ソート済みの結果を取得できるのであれば問題はありません。PostgreSQL

コマンド15-17　マージ結合

```
=# EXPLAIN SELECT * FROM dept JOIN emp USING ( did ); ⏎
                              QUERY PLAN
---------------------------------------------------------------------------
 Merge Join  (cost=2.13..2.21 rows=4 width=22)
   Merge Cond: (dept.did = emp.did)
   ->  Sort  (cost=1.05..1.06 rows=3 width=12)
         Sort Key: dept.did
         ->  Seq Scan on dept  (cost=0.00..1.03 rows=3 width=12)
   ->  Sort  (cost=1.08..1.09 rows=4 width=14)
         Sort Key: emp.did
         ->  Seq Scan on emp  (cost=0.00..1.04 rows=4 width=14)
(8 rows)
```

では主キーには必ずB-treeインデックスを張るため、「結合キー＝主キー」であるならソート済みとなります。また、結合キーにインデックスを付与する場合も多いでしょう。マージ結合は、大きなテーブル同士の結合で、ハッシュがメモリに収まらないような場合に特に有効になる実行計画です。

「入れ子ループ結合」「ハッシュ結合」「マージ結合」の結合方式は仕組みが異なるため、データ量や結合条件によって実行計画が変わります。また、外側テーブルと内側テーブルの順序も性能に大きな影響を与える要因です。実行計画の結合ノードが期待どおりになっているかを確認しておきましょう。

15.3.3：データを加工するノード

データを加工する役割を担うノードは、SQLによる問い合わせで明示的に要求される場合(Limitノード)と、PostgreSQLのプランナが実行計画を組み上げるうえで必要に応じて追加する場合(Resultノード)があります。

15.3.4：その他のノード

その他のノードは必要に応じて適切に使われるため、実行計画の解析やチューニングの際に考慮すべき優先順位は低くなります(**表15-5**)。

表15-5　その他ノード

ノード名	説明
Sort	スキャン結果をソートする
Hash	スキャン結果からハッシュを作成する
Aggregate	スキャン結果をsum()やavg()などの特定の演算で集約する
HashAggregate	スキャン結果からハッシュを作成しその結果から集約する
Append	スキャン結果に別のスキャン結果を追加する
BitmapAnd	複数のビットマップスキャン結果の積（AND）を取得する
BitmapOr	複数のビットマップスキャン結果の和（OR）を取得する
ModifyTable	INSERT/UPDATE/DELETEなどの更新系SQLにEXPLAINを発行したときの特殊なノード
Materialize	スキャン結果を一時的にファイルに書き出す（PostgreSQL 9.3以降）
Gather	並列に実行したスキャン結果を集約する（PostgreSQL 9.6以降）

ソートノード

　注意が必要なものが「ソートノード(Sort)」です。ソートノードは、問い合わせのORDER BY句で指定された場合やマージ結合のために使われます(**コマンド15-18**)。実行計画のノードにはソートする列名が表示され、並び

コマンド 15-18　ソートノード

```
=# EXPLAIN SELECT * from random_t ORDER BY i ; ↵
                              QUERY PLAN
-------------------------------------------------------------------------------
 Sort  (cost=1306919.76..1331919.71 rows=9999977 width=4)
   Sort Key: i
   ->  Seq Scan on random_t  (cost=0.00..144247.77 rows=9999977 width=4)
(3 rows)
```

コマンド 15-19　クイックソートの実行例

```
=# EXPLAIN ( analyze on , timing  off ) SELECT * FROM random_t ORDER BY i ; ↵
                              QUERY PLAN
-------------------------------------------------------------------------------
 Sort (cost=1306919.76..1331919.71 rows=9999977 width=4)
      (actual rows=10000000 loops=1)
   Sort Key: i
   Sort Method: quicksort  Memory: 741817kB
   -> Seq Scan on random_t (cost=0.00..144247.77 rows=9999977 width=4)
                           (actual rows=10000000 loops=1)
 Planning time: 3.983 ms
 Execution time: 3179.868 ms
(6 rows)
```

コマンド 15-20　外部ソートの実行例

```
=# EXPLAIN ( analyze on , timing  off ) SELECT * FROM random_t ORDER BY i ; ↵
                              QUERY PLAN
-------------------------------------------------------------------------------
 Sort (cost=1580360.76..1605360.71 rows=9999977 width=4)
      (actual rows=10000000 loops=1)
   Sort Key: i
   Sort Method: external merge  Disk: 137000kB
   -> Seq Scan on random_t (cost=0.00..144247.77 rows=9999977 width=4)
                           (actual rows=10000000 loops=1)
 Planning time: 0.041 ms
 Execution time: 4690.443 ms
(6 rows)
```

順はデフォルトで昇順(ASC)です。降順(DESC)を指定していても、実行計画の計算式では考慮されず表示されることもありません。

PostgreSQLのソートは、メモリ上で実行できる場合には「クイックソート」(**コマンド15-19**)ですが、できない場合はソート結果をファイルに書き出す「外部ソート」(**コマンド15-20**)になります。外部ソートは、問い合わせが遅くなる原因の1つで、初期設定のメモリサイズが小さいため起こりやすい現象です。なお、問い合わせを実行してみるまでクイックソートになるか外部ソートになるかはわかりません。

コマンド15-19と**15-20**は、まったく同じデータを用いて比較をしていますが、実行時間(Execution time)が違っていることがわかります。実行計画段階では予測できないため、ソートで利用するメモリサイズのチューニングが重要になります(チューニング方法は次章で紹介します)。

15.4 実行計画の見方

実行計画には、処理単位のノード情報とプランナが見積もった数値が表示されています。すべてのノードで**表15-6**の見積もり値が表示されます。

15.4.1：処理コストの見積もり

シーケンシャルスキャンのように事前の準備が必要ないノードの場合、始動コストは「0」になります(**コマンド15-21**)。しかし、インデックススキャンの場合は、先にインデックスを検索してから1件目のデータを取り出すので、始動コストは「0」になりません(**コマンド15-22**)。ソートやハッシュなどのノードは、一旦すべてのデータを読み切るまで1件目の結果を返せないため、始動コストは大きくなります。

総コストは、ノードのすべての処理を実行するのに必要なコストです。

実行計画は階層構造を取っており、下位ノードのコストは自動的に上位ノードに加算されます。コスト値から実行計画上の問題点を見つけ出すときは、どのような実行計画が実行されているかだけでなく、どのノードでコストが増加したのかに注意します。

表15-6　各ノード共通の表示項目

表示項目	項目名	説明
cost=N.NN..M.MM	始動コスト（N.NN）	1件目のデータを返却できるようになるまでにかかるコスト
	総コスト（M.MM）	すべてのデータを返却するまでにかかるコスト
width=N	行長	ノードが返却する1行あたりの平均の行の長さ
rows=N	行数	ノードが返却する行数

コマンド15-21　シーケンシャルスキャンの場合

```
=# EXPLAIN SELECT * FROM emp; ↵
                        QUERY PLAN
------------------------------------------------------------
 Seq Scan on emp  (cost=0.00..1.04 rows=4 width=14)
(1 row)                     ↑
```

コマンド15-22　インデックススキャンの場合

```
=# EXPLAIN SELECT * from emp ORDER BY did; ↵
                        QUERY PLAN
------------------------------------------------------------
 Index Scan using emp_did_idx on emp  (cost=0.13..12.19 rows=4 width=14)
(1 row)                                     ↑
```

なお、始動コストが大きいこと自体は問題とはいえず、総コストがどの程度増加したのかが重要です。

行長と行数

行長は、テーブルを構成する列のデータ型の長さを足し合わせたものです。例えば、integer型の列が2つのテーブルなら行長は必ず「8」になります。しかし、text型のように長さが不定の場合には、ANALYZEで統計情報を収集しておかないと妥当な値が表示されません。行数は総コストを求めるうえで大きな影響があるため、統計情報を取得していない状態での実行計画は不正確なものになります。

行長と行数を手動で確認する場合は、pg_statsビューとシステムカタログ「pg_class」を参照します（**コマンド15-23、15-24**）。なお、プランナがコストを推定する場合は、システムカタログ「pg_statistic」を参照しています。

コマンド15-23　行長の参照例

```
=# SELECT tablename, attname, avg_width FROM pg_stats WHERE tablename = 'emp'; ↵
 tablename | attname | avg_width
-----------+---------+-----------
 emp       | eid     |         4
 emp       | ename   |         6
 emp       | did     |         4
(3 rows)
```

コマンド15-24　行数の参照例

```
=# SELECT relname, reltuples FROM pg_class WHERE relname = 'emp'; ↵
 relname | reltuples
---------+-----------
 emp     |         4
(1 row)
```

15.4.2：処理コスト見積もりのパラメータ

始動コスト、総コストはノードごとの計算式が存在します。計算式に利用するコスト調整パラメータ(**表15-7**)を変更することでコスト見積もりをチューニングできます。

コスト調整パラメータの各項目の設定はseq_page_cost(初期値：1)との相対値が推奨されています。ディスクからシーケンシャルアクセスで8kBのデータを読み込むコストを1.0とした場合に、他の処理がどの程度のコスト

表15-7　設定ファイルのコスト調整パラメータ

設定項目	初期値	説明
seq_page_cost	1	ディスクをシーケンシャルアクセスする時に1ページ分(8kB)を読み込むためのコスト値
random_page_cost	4	ディスクをランダムアクセスする時に1ページ分(8kB)を読み込むためのコスト値
cpu_tuple_cost	0.01	テーブルの1行の処理にかかるCPUコスト
cpu_index_tuple_cost	0.005	インデックススキャンで1行の処理にかかるCPUコスト
cpu_operator_cost	0.0025	「=」や「>」などの演算1回の処理にかかるCPUコスト
effective_cache_size	4GB	ディスクアクセス時のキャッシュヒット率を予想するために用いる値で、PostgreSQLが利用していると仮定できるメモリサイズを設定する

(≒時間)になるかを見積もりのヒントとします。

また、effective_cache_sizeは他の項目とは違い、問い合わせ時にどの程度キャッシュヒットするかを予測するためのパラメータで、チューニングしておくことが望ましいです。設定するキャッシュサイズは、共有バッファだけでなく、OSのファイルキャッシュやディスクキャッシュなども考慮します。サーバ上にPostgreSQL以外に動作するアプリケーションがない場合は、物理メモリの50%程度の値を設定するとよいでしょう。設定値を大きくしても、実際にメモリを確保することはなく、あくまでコストを推定するためのヒントとして利用されます。

なお、SET文で特定の問い合わせにだけ調整することもできますが、設定値は経験的に利用されてきた値であり、意図的にコストを変えたい場合を除いて変更しないほうが安全です。また、postgresql.confファイルに定義されているデフォルト値の変更も推奨されません(あらゆる問い合わせに影響を与えてしまいます)。

15.5 処理コスト見積もりの例

実行計画がコスト調整パラメータをどのように使っているのかを、1000万件のランダムなint値を持つテーブル(random_t)をサンプルとして説明します。random_tテーブルの統計情報は**コマンド15-25**、**15-26**のようになっており、random_tテーブルはサイズが「44,248ページ」(358,231,808 = 44,248 × 8kB)で「1e+07」(= 10,000,000)レコードを持っていて、値は「0〜10」で、それぞれの値の出現率についての概算値が記録されていることがわかります。

実行計画の作成では、これらの値を利用してコストを計算しています。

15.5.1：シンプルなシーケンシャルスキャンの場合

実行計画は**コマンド15-27**で、コストは**リスト15-2**の計算式で求められます。始動コストはシーケンシャルスキャンのため「0」であり、総コストはディスクI/Oのコストと行単位のデータ処理に必要なCPUコストの和で算出します。

コマンド15-25 random_tテーブルのサイズに関する統計情報

```
=# SELECT relname,relpages,reltuples FROM pg_class WHERE relname LIKE ↗
'random_t%'; ↵
    relname     | relpages | reltuples
----------------+----------+-----------
 random_t       |    44248 |     1e+07
 random_t_i_idx |    27422 |     1e+07
(2 rows)
```

コマンド15-26 random_tテーブルのカラムに関する統計情報

```
SELECT tablename , attname , avg_width , most_common_vals , most_common_freqs ↗
FROM pg_stats WHERE tablename LIKE 'random_t'; ↵
-[ RECORD 1 ]-----+-------------------------------------------------------
tablename         | random_t
attname           | i
avg_width         | 4
most_common_vals  | {4,8,1,5,2,7,3,9,6,0,10}
most_common_freqs | {0.100375,0.100194,0.10012,0.10011,0.100094,0.0999213,↗
0.0998657,0.0997757,0.0997643,0.0500033,0.049777}
```

コマンド15-27 random_tテーブルのシーケンシャルスキャンの実行計画

```
=# EXPLAIN SELECT * FROM random_t; ↵
                          QUERY PLAN
------------------------------------------------------------------
 Seq Scan on random_t  (cost=0.00..144248.00 rows=10000000 width=4)
(1 row)
```

リスト15-2 random_tテーブルのシーケンシャルスキャンのコスト計算式

```
始動コスト  = 0
総コスト    = (seq_page_cost * relpages) + (cpu_tuple_cost * reltuples)
            = (1.0 * 44248) + (0.01 * 10000000)
            = 4425 + 10000
            = 144248
行長(width)= avg_width = 4
行数(rows)  = reltuples = 1000000
```

15.5.2：条件付きシーケンシャルスキャンの場合

実行計画はコマンド15-28で、リスト15-3の計算式で求められます。始動コストは条件なしの場合と同じで、総コストは条件を判定する回数分のコストが加算されます。

コマンド15-28 random_tテーブルの条件付きシーケンシャルスキャンの実行計画

```
=# EXPLAIN SELECT * FROM random_t WHERE i = 4 ; ↵
                              QUERY PLAN
---------------------------------------------------------------------------
 Seq Scan on random_t  (cost=0.00..169248.00 rows=1003750 width=4)
   Filter: (i = 4)
(2 rows)
```

リスト15-3 random_tテーブルの条件付きシーケンシャルスキャンのコスト計算式

```
始動コスト  = 0
総コスト    = (seq_page_cost * relpages) + (cpu_tuple_cost * reltuples) + ➚
( cpu_operator_cost * 条件式の数 * reltuples )
            = (1.0 * 44248) + (0.01 * 10000000) + (0.0025 * 1 * 10000000)
            = 44248 + 100000 + 25000
            = 169248
行長(width)= avg_width = 4
行数(rows) = reltuples * 選択性※ = 1000000 * 0.100375 = 1003750
```

※選択性（selectivity）= 0.100375（most_common_valsの値「4」の出現率：most_common_freqs）

15.5.3：ソート処理の場合

実行計画はコマンド15-29で、リスト15-4の計算式で求められます。

ソートのコスト計算は、LIMIT句の有無やソートするデータサイズによって計算式が異なります。リスト15-4は、LIMIT句がなくデータサイズがクイックソート可能なケースです。始動コストには、クイックソートの計算量である「行数×LOG2(行数)」が計上されています。

なお、データサイズが大きくクイックソートにできない場合は、メモリサイズで分割したマージソートを行います。マージソートの場合は、CPUコ

コマンド15-29 random_tテーブルのソートの実行計画

```
=# EXPLAIN SELECT i FROM random_t ORDER BY i; ↵
                              QUERY PLAN
---------------------------------------------------------------------------
 Sort  (cost=1306922.83..1331922.83 rows=10000000 width=4)
   Sort Key: i
   ->  Seq Scan on random_t  (cost=0.00..144248.00 rows=10000000 width=4)
(3 rows)
```

リスト15-4　random_tテーブルのソートのコスト計算式

```
始動コスト  = シーケンシャルスキャンの総コスト
              + ソートのコスト((2 * cpu_operator_cost) * 行数 * LOG2(行数))
            = 144248 + (2 * 0.0025) * 10000000 * LOG2(10000000)
            = 144248 + (0.005 * 10000000 * 23.2534966)
            = 1306922.83
総コスト    = 始動コスト + (cpu_operator_cost * 行数)
            = 1306922.83 + (0.0025 * 10000000)
            = 1331922.83
行長(width)= avg_width = 4
行数(rows) = 行数 = 10000000
```

ストである「行数×LOG2(行数)」に加えて、ファイルへの読み書きのコストが計算式に追加されます。

15.5.4：インデックススキャンの場合

実行計画は**コマンド15-30**です。インデックススキャンの場合は、インデックスの探索後にテーブルデータにアクセスするため、大きく分けて4つのコスト(インデックスの「ディスクアクセスコスト」「CPUコスト」、テーブルデータの「ディスクアクセスコスト」「CPUコスト」)を計算します。計算式は非常に複雑であるため、もっともよく利用されるB-treeインデックスでのコスト算出時の主な要素について説明します。

インデックスのディスクアクセスコスト

リスト15-5の計算式を使います。B-treeインデックスは木構造であるた

コマンド15-30　random_tテーブルのインデックススキャンの実行計画

```
=# EXPLAIN SELECT * FROM random_t WHERE i = 4; ↵
 Index Scan using random_t_i_idx on random_t
              (cost=0.43..204027.89 rows=1003750 width=4)
   Index Cond: (i = 4)
(2 rows)
```

リスト15-5　インデックスのディスクアクセスコストのコスト計算式

```
seq_page_cost * インデックス(random_t_i_idx)のrelpages * 選択性
```

め、本来はルートページからリーフページまでを辿るコストが発生しますが、ここではディスクアクセスのコストとして計上していません。ルートページなどアクセス頻度の高いデータは、共有バッファに格納済みであると仮定しているため、コストの大きなディスクアクセスのコストではなく、CPUコストとして計上します。

また、その他のインデックスページも一定量が共有バッファに載っていると仮定しているため、「effective_cache_size」を考慮した特殊な係数をかけて、1ページあたりのコストを小さく見積もっています。

インデックスのCPUコスト

「cpu_operator_cost」と「cpu_index_tuple_cost」を使って1行あたりの処理コストを計算し、選択性を考慮したインデックス行数(rows)を乗算することで算出しています。1行あたりの処理コスト計算では、インデックス検索の条件数のほかに、ソートを考慮したコストも調整しています。

テーブルデータのディスクアクセスコスト

コストは、インデックスの並び順とテーブルの並び順がどれくらい揃っているかを考慮して計算します。並び順はpg_statsビューの「correlation」で確認できます(**コマンド15-31**)。correlationは0～1の間で表現され、1に近いほどインデックスとテーブルの間の並び順が揃っていることを示しています。

correlationによって、1ページあたりの読み込みコストが「seq_page_cost」～「random_page_cost」の間で変動します。ディスクアクセスはcorrelationが1に近いほどシーケンシャルになりやすいため、コストも小さくなるように調整されます。

コマンド15-31　pg_statsビューの「correlation」

```
=# SELECT tablename, attname, correlation FROM pg_stats WHERE tablename ↵
LIKE 'random_t'; ⏎
 tablename | attname | correlation
-----------+---------+-------------
 random_t  | i       |   0.0945393
(1 row)
```

テーブルデータのCPUコスト

テーブルデータのCPUコストの計算はシーケンシャルスキャンと同様です。インデックスで判定済みの条件式は、すでにインデックスのCPUコストとして計上されているため、テーブルデータのCPUコスト計算からは除外されます。

コマンド15-30の「i=4」という条件は、インデックス側で処理されるのでテーブルデータのCPUコストとしては計上されていません。

15.5.5：見積もりと実行結果の差

プランナが選択する実行計画は見積もり値であり、実際に期待する性能が出ているかは判定できません。また、ソートノードのように実行して初めて確認できる情報も存在します。

EXPLAIN文にANALYZEオプションを付与すると、実際に問い合わせが実行され、その結果として**表15-8**の付加情報が表示されます。これらの情報は、プランナがどの程度正しい見積もりをしていたかを確認するために使います。

なお、**コマンド15-32**は統計情報が取得できていないテーブルに対して実行した実行計画です。Nested Loopで結合され、行数(rows)が非常に大きな値(4610400)に見積もられています。しかし、EXPLAIN ANALYZEの結果であるrowsを見るとわずかに2行であり、見積もりと実行結果が大きく乖離しています。

同じ問い合わせを統計情報の取得後に改めて実行すると**コマンド15-33**のように変わります。ノード構造が変わっており、入れ子ループ結合の内側

表15-8　ANALYZE実行時の表示項目

表示項目	項目名	説明
actual time=N.NN..M.MM	始動時間（N.NN）	1件目のデータを取得するまでのにかかった時間（ミリ秒）
	総実行時間（M.MM）	すべてのデータを取得するまでにかかった時間（ミリ秒）
rows=N	行数（N）	ノードが返却した1行あたりの平均の行の長さ
loops=N	ノード実行回数(N)	ノードの実行回数

テーブルと外側テーブルも入れ替わっています。

統計情報の精度によってノードの構造自体も大きく変わり、総実行時間に対する影響も無視できないものになるため、統計情報の定期的な取得は重要となります。

コマンド15-32　統計情報が取得できていないテーブルの実行計画

```
=# EXPLAIN ANALYZE SELECT * FROM t1,t2; ↵
                                  QUERY PLAN
------------------------------------------------------------------------------
 Nested Loop
   (cost=0.00..57698.10 rows=4610400 width=20)
   (actual time=0.021..0.024 rows=2 loops=1)
   ->  Seq Scan on t1 (cost=0.00..32.60 rows=2260 width=8)
                      (actual time=0.014..0.014 rows=2 loops=1)
   ->  Materialize (cost=0.00..40.60 rows=2040 width=12)
                   (actual time=0.003..0.003 rows=1 loops=2)
         ->  Seq Scan on t2 (cost=0.00..30.40 rows=2040 width=12)
                            (actual time=0.003..0.004 rows=1 loops=1)
 Planning time: 0.063 ms
 Execution time: 0.042 ms
(6 rows)
```

コマンド15-33　コマンド15-32のテーブルで統計情報を取得した後の実行計画

```
=# ANALYZE t1; ↵
ANALYZE
=# ANALYZE t2; ↵
ANALYZE
=# EXPLAIN ANALYZE SELECT * FROM t1,t2; ↵
                                  QUERY PLAN
------------------------------------------------------------------------------
 Nested Loop
   (cost=0.00..2.05 rows=2 width=20)
   (actual time=0.012..0.013 rows=2 loops=1)
   ->  Seq Scan on t2 (cost=0.00..1.01 rows=1 width=12)
                      (actual time=0.006..0.006 rows=1 loops=1)
   ->  Seq Scan on t1 (cost=0.00..1.02 rows=2 width=8)
                      (actual time=0.003..0.004 rows=2 loops=1)
 Planning time: 0.080 ms
 Execution time: 0.028 ms
(5 rows)
```

鉄則

- ☑環境に合わせて最適な実行計画になるよう設定を見直します。
- ☑スロークエリの特定には auto_explain などのモジュールも活用します。

第16章 パフォーマンスチューニング

本章では、データベース利用時を想定したパフォーマンスチューニングを「スケールアップ」「パラメータチューニング」「クエリチューニング」に分類し、実例を挙げながら説明します。

16.1 事象分析

システムのどのような事象であっても、最初に行うべき作業は何が起こっているのか情報を集めることです。監視項目の設定(第8章)や実行計画の取得(第15章)、ログデータの保管などがありますが、PostgreSQLに特化した特殊なものを除けば、一般的なシステムと大きく変わりません。対策を怠っていると分析に必要な情報がなく、偶発的に発生した事象が何日かけても再現させられない状況になってしまう場合もありえます。

16.1.1：PostgreSQLログの取得

何らかのエラーが発生した場合はログにエラー情報が出力されますが、パフォーマンス低下の情報は必ずしも出力されるわけではありません。

実際のサービス環境ではサーバの負荷を抑えるために、あえてログレベルを「ERROR」や「WARNING」に設定して出力量を減らすケースもあります。パフォーマンス低下の前兆と言えるログは、必ずしも「ERROR」や「WARNING」のレベルで出力されるわけではないので、取得したログが役に立たないこともありえます。このような場合は、保守／検証用の擬似的な環境でサービス環境とは異なるログレベルにしておく対策も検討するとよいでしょう。

16.1.2：テーブル統計情報の取得

自動バキュームでの統計情報の取得はデフォルトで有効になっているた

め、意識的に設定変更しないかぎり、定常的に最新の統計情報へと更新されています。

パフォーマンスが問題になるのは、システムの稼動期間がかなり経過してからというのも珍しくありません。稼働直後は快適に動いていたのに、徐々に動作が遅くなってきた場合は、過去と現在で何が変わったのかを比較したくなります。しかし、PostgreSQL自身はこのような比較をする仕組みがありません。

PostgreSQLの統計情報はシステムカタログに保存されているので、定期的に統計情報を保存しておけば後で比較できます。取得する統計情報がどの程度変化するかはシステム次第ですが、あまり大きなサイズではないので、月次でダンプするようにしておくのもよいでしょう。

現在の統計情報だけで問題箇所を見つけるには専門的な知識や経験が必要ですが、過去の統計情報と比較して変化のある部分を見つけることは比較的簡単です。変化した場所を特定できるだけでも分析には有効です。

16.1.3：クエリ統計情報の取得

データベースのパフォーマンスが問題になるケースで多いのは「クエリのレスポンスが遅い」という事象です。

クエリ統計情報の取得には、クエリの処理時間、発行回数などを記録する「pg_stat_statements」や、関数の統計情報を記録している「pg_stat_user_functions」を使います。pg_stat_statementsは拡張モジュールで提供されています。テーブル統計情報と同じように、定期的にダンプしておくと問題箇所の特定に役立つでしょう。クエリ統計情報は、問題解決に向けたチューニングの第一歩にもなる有効な情報です。

16.1.4：システムリソース情報の取得

主な取得対象は、/sys/proc配下のシステムリソース情報で、`vmstat`や`sar`コマンドを利用します。また、SNMP(Simple Network Management Protocol)が利用できる監視製品では、MIB(Management Information Base)データからシステムリソース情報を取得してもよいでしょう。

16.2 事象分析の流れ

パフォーマンスチューニングが必要になる場面では、「アプリケーションのレスポンスが悪い！」など、データベース管理者にとっては問題箇所の予測が難しいこともしばしば発生します。ここでは、どのような場面でも適切にチューニングするための流れを整理します(図16-1)。

❶情報を取得する

問題が発生した際の「ログファイル」や「リソース情報」以外に、「発生時の状況(いつ、誰が、どのように操作をしていたか)」や「各種設定ファイル」、さらに「データベースのサイズ」や「システムの運用期間」など基本的な情報はあらかじめ取得しておきます。

❷事象を分析する

問題が発生した前後のログに、何らかのメッセージが出ていないか確認します。問題の原因は出力されたメッセージ(現象)とは直結しないこともあるので、統計情報やリソース情報を多角的に分析します。

図16-1　チューニングの作業フロー

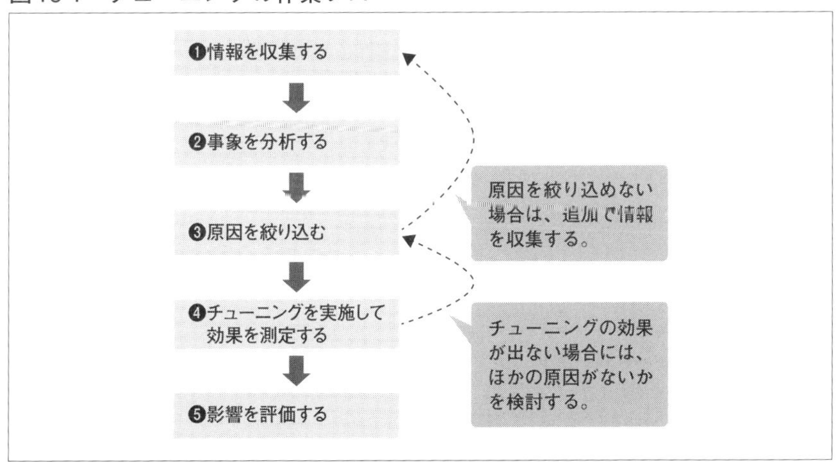

❸原因を絞り込む

ソフトウェア／ハードウェアの両面に着目します。ソフトウェア面では、問題のあるSQLが1つだけなのか、複数あるのかにも着目し、問題のあるSQLが判明すれば対策を講じます。特別に問題のあるSQLが見つからない場合には、PostgreSQL側なのか、ハードウェア側なのかさらに絞り込んでいきます。ハードウェア面では、ディスクI/Oの負荷状態やスワップの発生有無を重点的にチェックします(データベースはディスクI/Oがボトルネックになりやすいためです)。

❹チューニングを実施して効果を測定する

チューニングする対象は事象や原因によって変わってくるため、パラメータは原則として1つずつ変更します。一度に複数を変更すると効果のあった設定の判定が難しくなります。ただし、postgresql.confファイルには自動バキュームやチェックポイント処理など複数のパラメータが連動しているので、1つだけ変えても効果が出ないものは併せて変更します。

また、設定値を調整できる場合は、最初に大きく変更して影響を見極めてから微調整するとよいでしょう。

❺影響を評価する

チューニングを実施して問題のあった問い合わせのパフォーマンスが改善されても、大抵の場合、何らかの副作用が発生します。例えば、特定の問い合わせを高速化するためにインデックスを追加すると、従来よりもメンテナンスコストが増加してしまいます。また、精度を上げたことで統計情報の取得に時間がかかったりします。

最終的には、対処内容が妥当であるのかどうかをシステム全体として評価することを忘れないようにしましょう。

16.3 スケールアップ

ハードウェアの性能は費用対効果の面からも年々良くなってきており、運用しているデータベースをていねいにチューニングするよりも、メモリの増設やHDDをSSDに置き換えることで問い合わせ処理などの性能を大きく向上できるケースが増えてきました。CPUは簡単には拡張できませんが、PostgreSQLではCPUコア数に対する高いスケーラビリティも確保されているため、システム導入時に性能の良いサーバを揃えるだけでかなりの問題が解決できるケースもあります。

闇雲にスケールアップしても性能が改善するとはかぎりませんが、ここではスケールアップが有効な例を紹介します。

16.3.1：【事例1】SSDに置き換えが有効なケース

SSDの特徴の1つはシーク時間[注1]がHDDよりも高速で、ディスクに格納されているデータの取得にかかる時間が安定していることです。シーク時間の差は、ディスクアクセスがランダムになるほど顕著になります。PostgreSQLでは、インデックススキャンの際にはランダムアクセスが発生します。また、PostgreSQL 9.6から導入された「パラレルスキャン」やPostgreSQL 10から導入された「宣言的パーティショニング」を活用する場合もランダムアクセスが発生します。

HDDからSSDに置き換えた場合は、実行計画に用いるコスト計算用のパラメータも併せて調整します。PostgreSQLのデフォルト設定では、シーケンシャルスキャンとランダムスキャンのコスト比を「1：4」で見積もります。SSDは、シーケンシャルアクセスとランダムアクセスに性能差がほとんどないため、コスト比を「1：1」に近づけます。

コスト比はランダムアクセス(random_page_cost)で調整します。デフォルトは「4.0」ですが、シーケンシャルアクセス(seq_page_cost)と同じ値にするとコスト比も「1：1」になります。コスト調整を省いてしまうと、インデックススキャンが高速でもシーケンシャルスキャンが使われて不要なI/Oを発生させてしまいます。

注1　ディスク上の記録位置に到達するまでの所要時間。

16.3.2：【事例2】メモリ容量の拡張が有効なケース

データベースではディスクI/Oがボトルネックになる傾向があります。PostgreSQLでは、問い合わせ時にインデックスやテーブルのデータが共有バッファ上に展開されます。メモリ容量の拡張はディスクI/Oが抑えられるため多くのシステムで有効です。

なお、共有バッファのサイズを大きくすると、メモリの管理にCPU負荷が増えるため、LinuxのHugePage設定も併せてチューニングする必要があります。

16.4 パラメータチューニング

発生した事象に合わせて、postgresql.confファイルのパラメータを調整する方法を見ていきます。

16.4.1：【事例3】work_memのチューニング

PostgreSQLの問い合わせの性能を良くするためにはディスクI/Oを減らすことが有効です。もっとも一般的な設定は「shared_buffers」を物理メモリサイズに合わせて調整することです。しかし、「shared_buffers」に余裕があってもコマンド16-1のようなクエリでは、ディスクI/Oが発生することがあります。

コマンド16-1は、約6,000万件のデータを持つlineitemテーブルに対して簡単な集約とソートを処理しています。実行計画と処理時間は**コマンド16-2**のようになっています。

PostgreSQL 9.6以降ではパラレルスキャンがサポートされ、やや複雑に処理しているように見えるかもしれませんが、**コマンド16-2**の実行計画で注目したいのはSortノードとAggregateノードです。Sortノードでディスクを使ってマージソートしています。また、GroupAggregateノードを使って集約処理(平均値計算)を行っています。

ソートやハッシュといった処理に使えるメモリ量をどれくらいにするかは、

postgresql.confファイルの「work_mem」で設定されます(デフォルト値は「4MB」)。改めて**コマンド16-2**の実行計画を見てみると、ソートするデータ量が367MB程度で、work_memの容量をオーバーしていることがわかります。そこで「work_mem」を512MBにして性能が改善されるかを試してみます(**コマンド16-3**)。

クエリの実行時間(Execution time)は高速化され、チューニング前の「39.1

コマンド16-1　ディスクI/Oが発生するクエリ(例)

```
=# SELECT l_suppkey , avg(l_discount) FROM lineitem GROUP BY l_suppkey ↩
ORDER BY l_suppkey; ⏎
```

コマンド16-2　コマンド16-1のチューニング前

```
=# EXPLAIN ANALYZE SELECT l_suppkey , avg(l_discount) FROM lineitem GROUP ↩
BY l_suppkey ORDER BY l_suppkey; ⏎
                                   QUERY PLAN
-------------------------------------------------------------------------------
 Finalize GroupAggregate
      (cost=5130554.77..5344837.71 rows=98970 width=36)
      (actual time=23556.744..38357.418 rows=100000 loops=1)
   Group Key: l_suppkey
   -> Gather Merge
         (cost=5130554.77..5342116.04 rows=197940 width=36)
         (actual time=23556.576..38054.651 rows=300000 loops=1)
       Workers Planned: 2
       Workers Launched: 2
       -> Partial GroupAggregate
             (cost=5129554.74..5318268.83 rows=98970 width=36)
             (actual time=23509.930..37798.164 rows=100000 loops=3)
           Group Key: l_suppkey
           -> Sort
                 (cost=5129554.74..5192047.06 rows=24996928 width=8)
                 (actual time=23509.791..30173.183 rows=19995351 loops=3)
               Sort Key: l_suppkey
               Sort Method: external merge  Disk: 367696kB
               -> Parallel Seq Scan on lineitem
                     (cost=0.00..1374511.28 rows=24996928 width=8)
                     (actual time=0.030..7825.493 rows=19995351 loops=3)
 Planning time: 0.065 ms
 Execution time: 39107.271 ms
(13 rows)
```

秒」から「20.8秒」に短縮されています。Sortノードのソート方法はメモリ上のクイックソートに変化しています。また、集約処理を行うノードがGroupAggregateからHashAggregateに変化しました。

PostgreSQLの集約処理は、GroupAggregateとHashAggregateのいずれかの方法が採用されます。GroupAggregateはソートされたデータしか受け取れないので事前にソートが必要です。シーケンシャルスキャンの結果をそのままソートすると、ソート用のメモリはより多く必要になります。このためシーケンシャルスキャンの結果に対して集約処理を行う場合は、HashAggregateが選択されるのが望ましいです。しかし、HashAggregate

コマンド16-3　コマンド16-1のチューニング途中

```
=# EXPLAIN ANALYZE SELECT l_suppkey , avg(l_discount) FROM lineitem GROUP ↗
BY l_suppkey ORDER BY l_suppkey; ↵
                                  QUERY PLAN
------------------------------------------------------------------------------
 Sort
      (cost=1532460.61..1532708.04 rows=98970 width=36)
      (actual time=20792.603..20811.929 rows=100000 loops=1)
   Sort Key: l_suppkey
   Sort Method: quicksort  Memory: 10790kB
   -> Finalize HashAggregate
          (cost=1523011.60..1524248.72 rows=98970 width=36)
          (actual time=20682.276..20750.979 rows=100000 loops=1)
        Group Key: l_suppkey
        -> Gather
               (cost=1500495.92..1521527.05 rows=197940 width=36)
               (actual time=20210.155..20433.908 rows=300000 loops=1)
             Workers Planned: 2
             Workers Launched: 2
             -> Partial HashAggregate
                    (cost=1499495.92..1500733.05 rows=98970 width=36)
                    (actual time=20206.943..20296.070 rows=100000 loops=3)
                  Group Key: l_suppkey
                  -> Parallel Seq Scan on lineitem
                         (cost=0.00..1374511.28 rows=24996928 width=8)
                         (actual time=0.040..7898.656 rows=19995351 loops=3)
 Planning time: 0.068 ms
 Execution time: 20828.379 ms
(13 rows)
```

でもメモリ上にHashを作る必要があり、デフォルトのwork_memの設定値ではソート用のメモリもHash用のメモリも足りません。このため、チューニング前(**コマンド16-2**)はスキャン直後にソートしてからGroupAggregateが選択されるという、比較的遅い実行計画が採用されていました。

work_memの設定値を大きくしたことでハッシュやソートが可能なメモリ容量が確保されると、HashAggregateで集約処理をした結果だけをソートするのでソートに必要なメモリも10MB程度となり、クエリの処理速度も向上しました(効率の良い実行計画になりました)。

ここまでで直接的なパフォーマンスの向上は実現できましたが、問題も残っています。work_memはクライアント同時接続数に比例してメモリを必要とし、さらに数倍の物理メモリを消費してしまいます。仮に100クライアントがwork_memを使用するクエリを同時に実行したら、50GB以上のメモリが必要になる可能性があります。

このような状態になると、サーバの実メモリを超えてwork_memを確保しようとしてしまい、メモリのスワップアウトが発生するために、かえって処理時間が長くなることが起こります。

work_memのパラメータの最適値

ここからはチューニング結果(**表16-1**)を踏まえて、work_memのパラメータの最適値を求めてみましょう。

コマンド16-3では、ソートによるメモリで10MB程度利用しているため、16MBでも足りるように感じますが、実際にはハッシュに要するメモリも考慮する必要があります。ハッシュは実行計画には表示されないため、work_

表16-1　work_mem別の性能比較

work_mem (MB)	処理時間 (秒)	注目ノード
512	20.8	HashAggregate後にSort(Memory)
64	20.9	HashAggregate後にSort(Memory)
32	20.6	HashAggregate後にSort(Memory)
16	35.6	Sort (Disk) 後にGroupAggregate
4	39.1	Sort (Disk) 後にGroupAggregate

memを段階的に調整し、work_memを「32MB」にすると処理時間が「35.6秒」から「20.6秒」になり、期待した実行計画に切り替わったことがわかります。

work_memを「32MB」にした場合、100クライアントが同時接続すると3〜4GBのメモリが消費される場合もあります。3〜4GBは決して小さな量とはいえませんが、work_memとして利用されるメモリサイズとして現実的な範囲に収まることから、対応策の1つとして採用できるでしょう。実際にはデータベースを運用するにつれてテーブルサイズも大きくなることも考えられるため、work_memをあらかじめ「64MB」程度に設定しておくことも有効な対応策です。

表16-1のような基礎となるデータを取得しておくと、テーブルのサイズが変化した際のチューニング方針を決定するにも役立てることができます。

16.4.2：【事例4】チェックポイント間隔のチューニング

チェックポイント処理が実行されると、その時点の共有バッファの情報がディスクと同期されます。テーブルデータのロード時や更新トランザクションが大量に発行されるとリスト16-1のログメッセージが出力されます。

PostgreSQL 9.4以前と9.5以降では設定するパラメータが「checkpoint_segments」から「max_wal_size」に変更されています。頻繁にチェックポイントが発生すると性能低下の原因となるため設定値を大きくします。デフォルトではチェックポイント間隔が30秒以下になった場合にリスト16-1のログメッセージが出力されます。

PostgreSQL 9.5以降の「max_wal_size」はデフォルト値が「1GB」と大きいですが、チェックポイントが多発するようであればさらに大きな値を設定す

リスト16-1　データのロードや更新トランザクションが大量に発行されるログ（例）

```
・PostgreSQL 9.4以前
LOG:  checkpoints are occurring too frequently (2 seconds apart)
HINT:  Consider increasing the configuration parameter "checkpoint_segments".

・PostgreSQL 9.5以降
LOG:  checkpoints are occurring too frequently (8 seconds apart)
HINT:  Consider increasing the configuration parameter "max_wal_size".
```

ることを検討してください。

PostgreSQL 9.4以前の「checkpoint_segments」のデフォルト値は「3」で、最大48MB分のトランザクション情報が書き込まれるたびにチェックポイントが実行されます。PostgreSQL 9.5以降のデフォルト値(1GB)と比較するとかなり小さな値ですので、それを目安として「60」程度までは増やしてもよいでしょう。

ベンチマークコマンド「pgbench」での性能測定

PostgreSQL付属のベンチマークコマンド「pgbench」を使ったチェックポイント頻度と性能測定の比較結果を**表16-2**に示します。pgbenchはスケールファクタ「100」、クライアント数「100」で、5分間走行した場合の性能を測定しています。

表16-2から「max_wal_size」を大きくするとチェックポイントの発生回数が減り、データベースの性能が大幅に向上することがわかります。なお、十分なCPU/メモリ/ディスクリソースを持つサーバでは、「max_wal_size」のデフォルト値(1GB)のままではチェックポイントが多発することになり、サーバの性能を有効活用できなくなってしまいます。実際の運用では、チェックポイントの間隔を監視する閾値を設定する「checkpoint_warning」でログを監視し、チェックポイントが頻繁に発生していないかをチェックして「max_wal_size」をチューニングするとよいでしょう。

なお、「max_wal_size」を大きくすると設定値と同じだけのディスク容量を消費するので、物理設計では設定値に基づいたWAL領域を考慮しておく必要があります。

また、発生するトランザクション量が少なければ「min_wal_size」(デフォ

表16-2 pgbenchのスコア比較

TPS値	設定値(max_wal_size)	チェックポイント発生回数
4349.1	1GB(デフォルト値)	23回
8801.0	2GB	18回
11737.7	4GB	5回
13949.1	8GB	0回

ルト値：80MB)までディスク消費量を減らすように調整されますが、トランザクションログは自動的に再利用されるので、あえて減らす必要はなく、「min_wal_size」と「max_wal_size」には同じ値を設定しておくことを推奨します。そうすることで、トランザクション情報を記録するうえで必須となるディスク容量が常に確保済みとなり、不意のディスク枯渇によるトランザクションログの消失を防止することができます。

16.4.3：【事例5】統計情報のチューニング

自動バキュームと同様に、統計情報は自動的に取得するように設定されています。統計情報は全データをチェックするのではなく、サンプリングによって求めているため、レコード数が多い場合やデータのバリエーションが多い(=カーディナリティが高い)データなど、データの出現に偏りがある場合、精度が悪くなってしまいます。

統計情報の精度が悪いと効率の良い実行計画が作成されず、問い合わせに余分な時間がかかることがあります。**コマンド16-4**の実行計画ではテーブルから「409行」を取得すると見積もっていますが、実際の検索結果は「105行」となっており、約4倍の誤差が発生しています。

統計情報のサンプリング数を変更する方法の1つとして、postgresql.confファイルの「default_statistics_target」を書き換えてすべてのテーブルのサンプリング数を変更する方法があります。default_statistics_targetをデフォルト値(100)から「10,000」に増やしてからANALYZE文で統計情報を更新します。

統計情報を調整すると、**コマンド16-5**のように見積もり行数が「100行」となり実際の検索結果に近づくことがわかります。

なお、postgresql.confファイルの値を更新すると、すべてのテーブルが影響を受けてしまいます。そのため、ALTER TABLE SET STATISTIC文で特定のテーブルのみサンプリング数を変更するとよいでしょう。

16.4.4：【事例6】パラレルスキャン

パラレルスキャンはPostgreSQL 9.6で導入された機能で、従来は1つの

コマンド16-4　精度が不十分な統計情報

```
=# EXPLAIN ANALYZE SELECT * FROM stats_test WHERE i = 8000; ⏎
                                QUERY PLAN
-----------------------------------------------------------------------------
 Index Scan using stats_test_i_idx on stats_test
           (cost=0.44..742.89 rows=409 width=8)
           (actual time=0.060..0.722 rows=105 loops=1)
   Index Cond: (i = 8000)
 Planning time: 0.064 ms
 Execution time: 0.758 ms
(4 rows)
```

コマンド16-5　サンプリング数を変更した統計情報

```
=# EXPLAIN ANALYZE SELECT * FROM stats_test WHERE i = 8000; ⏎
                                QUERY PLAN
-----------------------------------------------------------------------------
 Index Scan using stats_test_i_idx on stats_test
           (cost=0.44..184.81 rows=100 width=8)
           (actual time=0.012..0.111 rows=105 loops=1)
   Index Cond: (i = 8000)
 Planning time: 0.306 ms
 Execution time: 0.147 ms
(4 rows)
```

バックエンドプロセスで実行していたテーブルのスキャンを複数のプロセス(パラレルワーカプロセス)で並列に実行する機能です。クエリを複数のプロセスで実行することで空きCPUを効率的に利用できるメリットがありますが、I/O負荷も高くなってしまいます。

PostgreSQL 9.6で「シーケンシャルスキャン」のみサポートされ、PostgreSQL 10からは「ビットマップヒープスキャン」「B-treeインデックススキャン」「B-treeインデックスオンリースキャン」もサポートされるようになりました。

パラレルスキャンはパラレルワーカプロセス内で個々に集約処理やテーブル結合を行い、結果をリーダ(バックエンドプロセス)が集約して最終的な実行結果としてクライアントに返却します。

シーケンシャルスキャンの場合

それでは、パラレルスキャンの実行例を見てみましょう。**コマンド16-6**の「table_i」にはランダムな数値が「1,000万件」格納されています。また、「Workers Launched: 4」となっていますが、実際にはパラレルワーカの4つのプロセスのほかに、リーダとなるプロセスが存在するので5つのプロセスで並列にシーケンシャルスキャンされています。テーブルのスキャンに加え、Partial HashAggregateノードで、avg(平均値)も並列で計算され、Gatherノードでパラレルワーカプロセスの結果を取りまとめて、Finalize GroupAggregateノードで最終的な実行結果を生成しています。

シーケンシャルスキャンの並列実行はPostgreSQL 9.6からサポートされていますが、それ以前のバージョンでは**コマンド16-7**のプランが選択され

コマンド16-6　パラレルスキャンの実行例

```
=# EXPLAIN ANALYZE SELECT id , avg(value) FROM table_i GROUP BY id; ⏎
                                  QUERY PLAN
-----------------------------------------------------------------------------
 Finalize GroupAggregate
      (cost=82806.29..82810.54 rows=100 width=36)
      (actual time=1584.212..1584.543 rows=100 loops=1)
   Group Key: id
   -> Sort (cost=82806.29..82807.29 rows=400 width=36)
         (actual time=1584.201..1584.295 rows=500 loops=1)
        Sort Key: id
        Sort Method: quicksort  Memory: 64kB
        -> Gather (cost=82748.00..82789.00 rows=400 width=36)
                (actual time=1583.773..1584.008 rows=500 loops=1)
             Workers Planned: 4
             Workers Launched: 4
             -> Partial HashAggregate
                    (cost=81748.00..81749.00 rows=100 width=36)
                    (actual time=1580.802..1580.842 rows=100 loops=5)
                  Group Key: id
                  -> Parallel Seq Scan on table_i
                     (cost=0.00..69248.00 rows=2500000 width=8)
                     (actual time=0.011..676.891 rows=2000000 loops=5)
 Planning time: 0.081 ms
 Execution time: 1593.285 ms
(13 rows)
```

ます。**コマンド16-6**では5つのプロセスが並列で処理しましたが、そのまま5倍の高速化ができるわけではなく、分割損が発生するので、実際には3倍程度となっています(Execution time:が「1593.285 ms」と「5403.675 ms」)。

コマンド16-7 パラレルスキャンの実行例(PostgreSQL 9.5以前)

```
=# EXPLAIN ANALYZE SELECT id , avg(value) FROM table_i GROUP BY id; ↵
                              QUERY PLAN
-------------------------------------------------------------------------
 HashAggregate
     (cost=194248.00..194249.25 rows=100 width=36)
     (actual time=5403.545..5403.620 rows=100 loops=1)
   Group Key: id
   -> Seq Scan on table_i
          (cost=0.00..144248.00 rows=10000000 width=8)
          (actual time=0.010..2076.146 rows=10000000 loops=1)
 Planning time: 0.067 ms
 Execution time: 5403.675 ms
(5 rows)
```

インデックススキャンの場合

実行するクエリとプランは**コマンド16-8**のとおりです。**コマンド16-6**と同じテーブルで、カラム「id」にインデックスが付与され、「Workers Launched: 4」で5つプロセスの並列処理になっています。インデックススキャンの並列実行はPostgreSQL 10からサポートされており、それ以前のバージョンでは**コマンド16-9**のプランが選択されます。ここでもパラレルスキャンによってクエリが約3倍高速に実行できていることがわかります(Execution time:が「280.713 ms」と「720.634 ms」)。

並列処理による分割損の調整

シーケンシャルスキャンとインデックススキャンの実行結果からもわかるようにパラレルスキャンには分割損が発生します。分割損の程度は、サーバのCPU数、CPU性能、ディスク性能に影響されます。PostgreSQLでは、並列処理による分割損をクエリの実行コストに反映するためのパラメータがいくつか存在します。

コマンド16-8　インデックススキャンの実行例

```
=# EXPLAIN ANALYZE SELECT id , avg(value) FROM table_i WHERE id < 10 GROUP BY id; ⏎
                                         QUERY PLAN
-----------------------------------------------------------------------------
 Finalize GroupAggregate
     (cost=70979.07..70983.32 rows=100 width=36)
     (actual time=276.070..276.099 rows=10 loops=1)
   Group Key: id
   -> Sort (cost=70979.07..70980.07 rows=400 width=36)
          (actual time=276.060..276.069 rows=50 loops=1)
        Sort Key: id
        Sort Method: quicksort  Memory: 28kB
        -> Gather (cost=70920.78..70961.78 rows=400 width=36)
                 (actual time=275.989..276.032 rows=50 loops=1)
             Workers Planned: 4
             Workers Launched: 4
             -> Partial HashAggregate
                    (cost=69920.78..69921.78 rows=100 width=36)
                    (actual time=272.933..272.940 rows=10 loops=5)
                  Group Key: id
                  -> Parallel Bitmap Heap Scan on table_i
                         (cost=21309.56..68674.15 rows=249327 width=8)
                         (actual time=64.711..189.219 rows=199695 loops=5)
                       Recheck Cond: (id < 10)
                       Heap Blocks: exact=9684
                       -> Bitmap Index Scan on table_i_id_idx
                              (cost=0.00..21060.24 rows=997307 width=0)
                              (actual time=58.475..58.475 rows=998477 loops=1)
                            Index Cond: (id < 10)
 Planning time: 0.102 ms
 Execution time: 280.713 ms
(17 rows)
```

1つめは、パラレルスキャンの並列数の上限を制御するパラメータです(表16-3)。

PostgreSQL 9.6では「max_parallel_workers_per_gather」のデフォルト値は「0」で、パラレルスキャンは無効化されているので、有効にする場合は値を変更します。PostgreSQL 10では「max_parallel_workers_per_gather」のデフォルト値は「2」です(リーダと合わせて最大で3つのプロセスが並列で処理します)。

コマンド16-9 インデックススキャンの実行例（PostgreSQL 9.6以前）

```
=# EXPLAIN ANALYZE SELECT id , avg(value) FROM table_i WHERE id < 10 GROUP BY id; ↵
                                   QUERY PLAN
------------------------------------------------------------------------------
 HashAggregate (cost=83010.44..83011.69 rows=100 width=36)
              (actual time=720.576..720.584 rows=10 loops=1)
   Group Key: id
   -> Bitmap Heap Scan on table_i
          (cost=21309.56..78023.90 rows=997307 width=8)
          (actual time=63.288..405.565 rows=998477 loops=1)
        Recheck Cond: (id < 10)
        Heap Blocks: exact=44248
        -> Bitmap Index Scan on table_i_id_idx
              (cost=0.00..21060.24 rows=997307 width=0)
              (actual time=56.490..56.490 rows=998477 loops=1)
            Index Cond: (id < 10)
 Planning time: 0.090 ms
 Execution time: 720.634 ms
(9 rows)
```

表16-3 パラレルスキャンの並列数の制御

パラメータ名	デフォルト値	説明
max_worker_processes	8	データベース全体で作成可能なすべてのワーカプロセスの上限値
max_parallel_workers	8	データベース全体で作成可能なパラレルスキャン用のワーカプロセスの上限値
max_parallel_workers_per_gather	2	1つのリーダノードで集約することのできるパラレルワーカプロセスの上限値
dynamic_shared_memory_type	posix（CentOSの場合）	動的共有メモリの実現方式、noneを設定するとパラレルスキャンは実行できなくなる

各パラメータは次のようになっている必要があります。設定値が逆転していても、小さい側の値までしか有効になりません。

```
max_worker_processes >= max_parallel_workers >= max_parallel_workers_per_gather
```

2つめは、パラレルスキャンの実行を試みるテーブルサイズの下限を決めるパラメータです(**表16-4**)。PostgreSQLのパラレルスキャンはかなり小さなテーブルに対しても並列処理を試みます。並列実行しなくても十分なレスポンスが得られているならば、設定値を大きくし、必要のないパラレルスキャンが発生しないようにチューニングしてもよいでしょう。

3つめは、パラレルスキャンに必要なコスト値を設定するパラメータです(表16-5)。PostgreSQLのクエリプランナが実行計画を作る際にパラレルスキャンのコスト計算に利用します。

コストパラメータは他のコストパラメータとの相対値で定義するため、他との影響を判断できる場合にのみ変更すればよく、通常はデフォルト値から変更しません。

テーブルのスキャンや集約処理に時間がかかっているクエリでは、パラレルスキャンを利用することで実行時間を大幅に短縮できる可能性があります。当然ですが、元々のリソース負荷×並列数分のCPUおよびI/Oリソースを消費することになります。

EXPLAIN文を発行して実行計画のコストを確認したり、EXPLAIN ANALYZE文でクエリの実行時間を確認することで、スキャンや集約処理に時間がかかっていることがわかります。リソースに余裕があるならば、まず「max_parallel_workers_per_gather」からチューニングしてみるとよいでしょう。また、CPU数が十分に確保されているサーバであれば「max_parallel_workers」を増やすことで、さらに問い合わせ時間を短縮できるかもしれません。

表16-4 パラレルスキャン対象テーブルの下限サイズ

パラメータ名	デフォルト値	説明
min_parallel_table_scan_size	8MB	パラレルスキャンを試みる最小のテーブルサイズ(PostgreSQL 9.6ではmin_parallel_relation_size)
min_parallel_index_scan_size	512KB	パラレルインデックススキャンを試みる最小のインデックスサイズ(PostgreSQL 10以降)

表16-5 パラレルスキャンのコストパラメータ

パラメータ名	デフォルト値	説明
parallel_setup_cost	1000	パラレルワーカプロセスの起動にかかるコスト
parallel_tuple_cost	0.1	パラレルワーカプロセスから別のプロセスに1レコード分のデータコピーにかかるコスト

16.5 クエリチューニング

16.5.1：【事例7】ユーザ定義関数のチューニング

SQLを実行する際に、ユーザ定義関数を利用するケースがあります。しかし、ユーザが定義した関数からPostgreSQLに対して「どのくらい複雑な処理をしているか」や「何行結果を返却するか」という正確な情報が渡りません。そのため効率の悪い実行計画が作成されて、性能が悪くなるケースがあります。例えば**コマンド16-10**のようなユーザ定義関数を使ったクエリを実行した場合を見てみます。**コマンド16-11**では、実行計画の時点ではFunctionScanが「1,000行」しか返却しないと見積もっているのに対して、実

コマンド16-10　ユーザ定義関数のサンプル

```
=# CREATE TYPE foo AS (tid int, delta int); ↵
=# CREATE OR REPLACE FUNCTION user_func() RETURNS SETOF foo AS ↵
$$ ↵
SELECT t.tid , delta FROM pgbench_tellers AS t , pgbench_history AS h WHERE ➡
t.tid = h.tid ;  $$ LANGUAGE sql; ↵
```

コマンド16-11　ユーザ定義関数を利用した場合の実行計画

```
=# EXPLAIN ANALYZE SELECT * FROM user_func() AS f , pgbench_accounts AS a ➡
WHERE aid = tid ; ↵
                              QUERY PLAN
--------------------------------------------------------------------------
 Nested Loop (cost=0.69..8306.75 rows=1000 width=105)
             (actual time=109.264..1071.177 rows=416590 loops=1)
   -> Function Scan on user_func f
          (cost=0.25..10.25 rows=1000 width=8)
          (actual time=109.248..187.978 rows=416590 loops=1)
   -> Index Scan using pgbench_accounts_pkey on pgbench_accounts a
          (cost=0.43..8.38 rows=1 width=97)
          (actual time=0.001..0.001 rows=1 loops=416590)
        Index Cond: (aid = f.tid)
 Planning time: 0.105 ms
 Execution time: 1145.028 ms
(6 rows)
```

際には「41万6,590行」の結果が生成されています。

ユーザ定義関数に行数を指定する

実行計画時点の「1,000」は関数を定義したときに設定される初期値です。実際に返却する行数が「1,000」から大きく異なるとPostgreSQLは最適な実行計画を作成できないので、明示的に返却行数をCREATE FUNCTION文で指定する必要があります。

コマンド16-12で行数を「42万」と指定した実行計画はコマンド16-13です。なお、データ量が変化していくとユーザ定義関数が返却する行数も徐々に変わっていきます。現在の関数が何行くらいのデータを返却するかは

コマンド16-12　ユーザ定義関数に行数を指定する

```
=# CREATE TYPE foo AS (tid int, delta int); ↵
=# CREATE OR REPLACE FUNCTION user_func() RETURNS SETOF foo AS ↵
$$ ↵
SELECT t.tid , delta FROM pgbench_tellers AS t , pgbench_history AS h WHERE ➡
t.tid = h.tid ;  $$ LANGUAGE sql ROWS 420000; ↵
```

コマンド16-13　ユーザ定義関数を利用した場合の実行計画

```
=# EXPLAIN ANALYZE SELECT * FROM user_func() AS f , pgbench_accounts AS a ➡
WHERE aid = tid ; ↵
                                    QUERY PLAN
---------------------------------------------------------------------------
 Merge Join (cost=43428.75..608565.32 rows=420000 width=105)
           (actual time=304.120..573.490 rows=416590 loops=1)
   Merge Cond: (a.aid = f.tid)
   ->  Index Scan using pgbench_accounts_pkey on pgbench_accounts a
          (cost=0.43..533837.01 rows=10000000 width=97)
          (actual time=0.011..0.573 rows=1001 loops=1)
   ->  Sort (cost=43428.31..44478.31 rows=420000 width=8)
           (actual time=304.102..404.545 rows=416590 loops=1)
         Sort Key: f.tid
         Sort Method: quicksort  Memory: 31816kB
         ->  Function Scan on user_func f
                (cost=0.25..4200.25 rows=420000 width=8)
                (actual time=115.534..186.360 rows=416590 loops=1)
 Planning time: 0.436 ms
 Execution time: 641.636 ms
(9 rows)
```

PostgreSQLでは判断ができません。PostgreSQLが統計情報を定期的に取得するように、ユーザ定義関数で取得する行数も一定間隔ごとに確認し、CREATE OR REPLACE FUNCTION文やALTER FUNCTION文を使って再定義するとより精度の高いクエリが実行できるでしょう。

pg_stat_user_functionsビュー

PostgreSQLにはユーザ定義関数がどのくらい時間がかかったかを記録している「pg_stat_user_functions」ビューがあります。デフォルトでは無効になっているので「track_functions」を「all」もしくは「pl」に設定します。postgresql.confファイルで設定するとすべてのユーザ定義関数に対して保存できますが、SET文でも一時的に有効にできます(**コマンド16-14**)。

pg_stat_user_functionsビューは関数の呼び出し回数と累積時間を記録するため、関数が実行されるごとの処理時間や時間経過による変化も確認できません。大まかな傾向を把握するための情報と考え、詳細な情報はクエリ単位の実行時間をログに記録する「log_min_duration_statement」を併用することが望ましいです。

16.5.2:【事例8】インデックスの追加

システムを運用し続けることでデータ量が多くなってくると、結果を得るために必要なコストや取得する行数が変わってきます。PostgreSQLは統計情報に基づいてコストの小さいクエリを実行しようとするため、実行計画が

コマンド16-14 pg_stat_user_functionsビューを有効にする

```
=# SET track_functions = 'all'; ↵
SET
=# EXPLAIN ANALYZE SELECT * FROM user_func() AS f , pgbench_accounts AS a ↗
WHERE aid = tid ; ↵
=# EXPLAIN ANALYZE SELECT * FROM user_func() AS f , pgbench_accounts AS a ↗
WHERE aid = tid ; ↵
=# SELECT * FROM pg_stat_user_functions ; ↵
 funcid | schemaname | funcname  | calls | total_time | self_time
--------+------------+-----------+-------+------------+-----------
  24671 | public     | user_func |     2 |    254.656 |   254.656
(1 row)
```

変化すること自体は必ずしも問題とはなりません。ただし、データ量の増加に伴って問い合わせの性能が低下してしまった場合には、対応方法の1つとしてインデックスの追加が有効になるケースがあります。

データベース設計段階では主キーや頻繁に利用する問い合わせで必要なインデックスを付与するため、ここでは少し特殊なインデックスの例を紹介します。

関数インデックスの利用

ユーザ定義関数やPostgreSQLの組み込み関数では、通常の列に付与したインデックスは利用されませんが、関数インデックスを付与すると関数を利用する問い合わせを高速化できます。

コマンド16-15のような関数を利用する問い合わせに対して、**コマンド16-16**のようにインデックスを張るとインデックスを使えるようになり処理時間が短縮します(**コマンド16-17**)。

部分インデックスの利用

部分インデックスは、ある列の値のうち特定範囲の値について頻繁に検索する場合に有効なインデックスです。部分インデックスは、性能向上が

コマンド16-15　シーケンシャルスキャン時の実行計画

```
=# EXPLAIN ANALYZE SELECT k_kana, s_kana , c_kana FROM zipcode WHERE c_kana ↩
like '%ﾅｶ%' AND char_length(c_kana) > 40; ⏎
                                   QUERY PLAN
--------------------------------------------------------------------------------
 Seq Scan on zipcode (cost=0.00..3609.86 rows=7 width=96)
                     (actual time=4.541..43.592 rows=33 loops=1)
   Filter: (((c_kana)::text ~~ '%ﾅｶ%'::text) AND
            (char_length((c_kana)::text) > 40))
   Rows Removed by Filter: 123614
 Planning time: 0.292 ms
 Execution time: 43.640 ms
(5 rows)
```

コマンド16-16　関数インデックスのサンプル

```
=# CREATE INDEX ON zipcode ( char_length(c_kana) ); ⏎
```

期待できるだけでなく、行全体にインデックスを張るよりもインデックスのサイズを抑えられるため、限られたディスク容量の中でなるべく性能向上をしたい場合にも利用できます。

部分インデックスは通常のインデックスに加えて、WHERE句を付与することでインデックス対象の条件を絞り込みます(コマンド16-18)。

16.5.3：【事例9】テーブルデータのクラスタ化

PostgreSQLは追記型アーキテクチャなので、データの更新処理を繰り返すと、徐々に物理上のデータ配置がばらばらになり、クラスタ性が欠落した状態になります。クラスタ性が欠落すると、無駄なI/Oが発生して性能低下の原因になります。これを特定の基準に並べ替えるためのSQLがCLUSTER文です。

インデックスは特定の列でソートされているため、CLUSTER文では指定

コマンド16-17　関数インデックスを利用した実行計画

```
=# EXPLAIN ANALYZE SELECT k_kana, s_kana , c_kana FROM zipcode WHERE c_kana ➡
like '%ﾅｶ%' AND char_length(c_kana) > 40; ↵
                                   QUERY PLAN
--------------------------------------------------------------------------------
 Bitmap Heap Scan on zipcode
     (cost=770.17..3972.45 rows=2538 width=65)
     (actual time=0.042..0.319 rows=33 loops=1)
   Recheck Cond: (char_length((c_kana)::text) > 40)
   Filter: ((c_kana)::text ~~ '%ﾅｶ%'::text)
   Rows Removed by Filter: 135
   Heap Blocks: exact=80
   -> Bitmap Index Scan on zipcode_char_length_idx
          (cost=0.00..769.54 rows=41216 width=0)
          (actual time=0.020..0.020 rows=168 loops=1)
        Index Cond: (char_length((c_kana)::text) > 40)
 Planning time: 4.027 ms
 Execution time: 0.346 ms
(9 rows)
```

コマンド16-18　部分インデックスのサンプル

```
=# CREATE INDEX ON zipcode ( zipcd ) WHERE ken = '東京都'; ↵
CREATE INDEX
```

したインデックスの並び順に合わせて、データをソートする仕組みを提供しています。

まず、CLUSTER実行前の実行計画と処理時間を確認し(**コマンド16-19**)、CLUSTER文を**コマンド16-20**のように実行してから、再度実行計画と処理時間を確認します(**コマンド16-21**)。CLUSTER文の発行前後の処理時間(Execution time)が変化しているのがわかります。CLUSTER文の実行前後

コマンド16-19　CLUSTER実行前の実行計画と処理時間

```
=# EXPLAIN ANALYZE SELECT * FROM pgbench_accounts WHERE abalance > 1000; ↵
                                QUERY PLAN
----------------------------------------------------------------------------
 Bitmap Heap Scan on pgbench_accounts
     (cost=58458.54..261429.19 rows=3122852 width=97)
     (actual time=246.784..1252.240 rows=3123645 loops=1)
   Recheck Cond: (abalance > 1000)
   Heap Blocks: exact=163935
   -> Bitmap Index Scan on pgbench_accounts_abalance_idx
          (cost=0.00..57677.82 rows=3122852 width=0)
          (actual time=219.667..219.667 rows=3123645 loops=1)
        Index Cond: (abalance > 1000)
 Planning time: 0.354 ms
 Execution time: 1739.556 ms
(7 rows)
```

コマンド16-20　CLUSTER文の実行例

```
=# CLUSTER pgbench_accounts USING pgbench_accounts_abalance_idx; ↵
=# ANALYZE pgbench_accounts; ↵
```

コマンド16-21　CLUSTER実行後の実行計画と処理時間

```
=# EXPLAIN ANALYZE SELECT * FROM pgbench_accounts WHERE abalance > 1000; ↵
                                QUERY PLAN
----------------------------------------------------------------------------
 Index Scan using pgbench_accounts_abalance_idx on pgbench_accounts
     (cost=0.43..140224.93 rows=3125571 width=97)
     (actual time=0.018..961.601 rows=3123645 loops=1)
   Index Cond: (abalance > 1000)
 Planning time: 0.284 ms
 Execution time: 1449.486 ms
(4 rows)
```

では、同じインデックスを使って検索しています。CLUSTER実行前はデータの並び順がインデックスの順序と一致していないためにBitmapIndex Scanしているのに対して、インデックス順にソートされたCLUSTER実行後はIndex Scanに変わってクエリの実行時間も短縮できたことがわかります。

鉄則

☑いきなりチューニングを実施せず、きちんと分析して効果を測定します。

☑期限や費用対効果、目標などを考慮してチューニング計画を立てます。

Appendix

PostgreSQLのバージョンアップ

PostgreSQLを使ったシステムを長期間運用し続けるときには、PostgreSQL自体のバージョンアップもあらかじめ想定しておく必要があります。ここでは、PostgreSQLをバージョンアップする際に考えておくべきポイントを整理します。

A.1 PostgreSQLのバージョンアップポリシー

PostgreSQLの開発は20年以上継続され、現在も開発が続いています。つまり、最新版のPostgreSQLを使っているとしても、時間が経過することで徐々に古くなっていきます。

PostgreSQLの開発コミュニティでは、おおむね次のポリシーでPostgreSQLをバージョンアップしています。

- PostgreSQLは3ヵ月ごとにマイナーバージョンアップする[注1]（バグ修正やセキュリティ対応）
- PostgreSQLは1年ごとにメジャーバージョンアップする
- PostgreSQL開発コミュニティのサポート期間は5年

つまりPostgreSQLのバージョンアップを5年以上しないと、PostgreSQL開発コミュニティからのサポートが原則として受けられなくなります[注2]。

A.2 バージョンアップの種類

マイナーバージョンアップとメジャーバージョンアップでは、システムへの影響度も異なります。それを踏まえた対応方針は、顧客とあらかじめ合意をとっておく必要があります。

A.2.1：マイナーバージョンアップ

マイナーバージョンアップは原則としてバグ修正やセキュリティ対応なので、PostgreSQLの仕様には変更はなく、バージョンアップ前のデータベースクラスタをそのまま使用でき、アプリケーションへの影響も通常はありま

注1　マイナーバージョンアップの予定は、開発ロードマップ（URL https://www.postgresql.org/developer/roadmap/）を参考にしてください。

注2　コミュニティのメーリングリストなどでは古いバージョンに関する問い合わせにも回答してくれる人もいるかもしれませんが、いつでも回答してもらえるとはかぎりません。

せん。影響があるのは、修正対象のバグに依存した実装をしているケースです。

修正対象のバグには、データが破壊されるなどの深刻な問題に発展する可能性を含むものがあるため、マイナーバージョンアップは原則として対応するのが望ましいです。

A.2.2：メジャーバージョンアップ

メジャーバージョンアップはバグ修正だけなく、機能の追加や性能の改善も含まれます。PostgreSQLではなるべく過去バージョンとの互換性を維持する方針で開発をしていますが、改善内容によっては互換性がないケースもあります。また、バージョンアップ前のデータベースクラスタは、メジャーバージョンアップ後には使えなくなります。

メジャーバージョンアップは、システムの要件によって対応する必要があるとは言い切れません。判断する1つの目安として「システムを5年以上運用するかどうか」があります。次のような長期的な運用方針を顧客とすり合わせておきましょう。

- 5年以上使わないシステムなら、メジャーバージョンアップせずにシステム開発時のバージョンで運用する
- 5年以上使う予定のシステムなら、5年目以降はコミュニティによるサポートが受けられないリスクがあるのでメジャーバージョンアップする

A.3 マイナーバージョンアップの手順

マイナーバージョンアップは次の手順で実施します。

- PostgreSQLの停止
- PostgreSQLプログラムファイルの入れ替え
- PostgreSQLの再起動

PostgreSQLを一旦停止する必要があるため、マイナーバージョンアップに伴うシステムの許容停止時間を、事前に顧客と調整する必要があります。また、まれにマイナーバージョンアップで修正されるバグ内容によっては、インデックス再構築などの追加作業が発生することがあります。追加作業が発生するかどうかは、PostgreSQLのリリースノートで事前に確認しましょう。

A.4 ローリングアップデート

同期レプリケーション構成を組んでいるシステムの場合は、プライマリ／スタンバイ両方のPostgreSQLのバージョンを入れ替える必要があります。システムの停止時間を最小限に留めるために「ローリングアップデート」という手法を使います。ローリングアップデートは次の手順で進めます(**図A-1**)。

❶ プライマリ／スタンバイが動作している
❷ 一旦スタンバイを停止して、プライマリからは非同期レプリケーション状態に変更する
❸ スタンバイのPostgreSQLをバージョンアップする
❹ スタンバイのバージョンアップが完了した後に、スタンバイを同期レプリケーション構成としてプライマリに再接続する
❺ プライマリとスタンバイが同期したことを確認した後に、プライマリを停止して、スタンバイを新プライマリとして昇格させる[注3]
❻ 停止した旧プライマリのPostgreSQLをバージョンアップする
❼ 旧プライマリを新スタンバイとして、新プライマリに同期レプリケーション接続する

注3 アプリケーションから仮想IP経由でプライマリに接続している場合には、仮想IPも変更します。

図A-1　ローリングアップデート

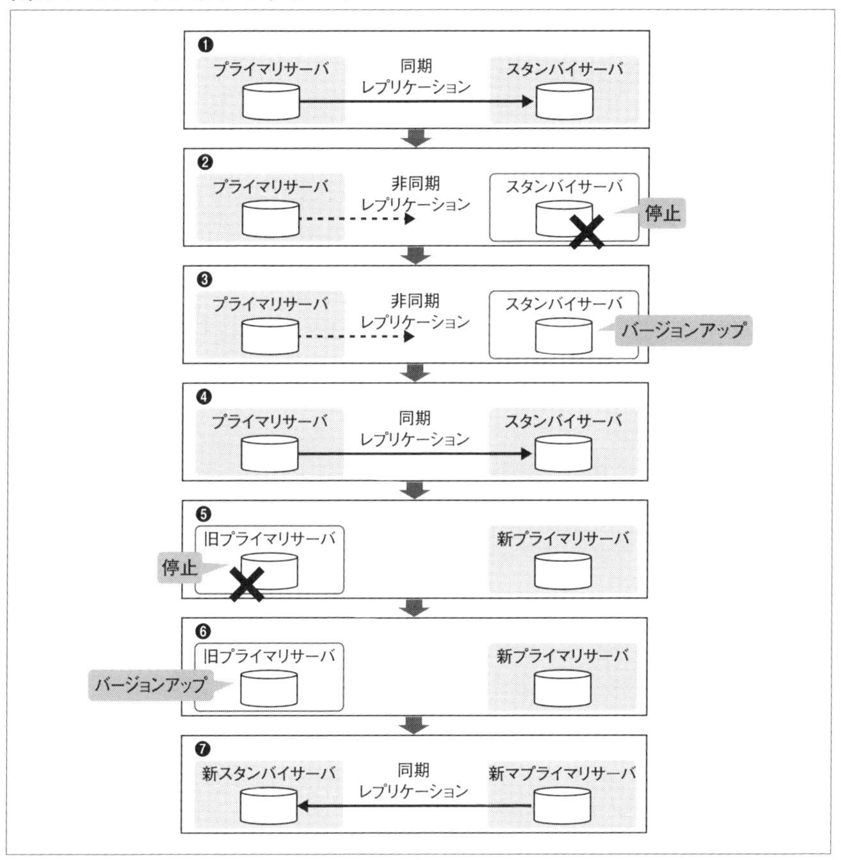

A.5　メジャーバージョンアップの手順

　メジャーバージョンアップは、単にPostgreSQLのプログラムファイルを入れ替えるだけでは対応できません。これは次の理由によるものです。

データベースクラスタの非互換性

　メジャーバージョンが異なる場合、データベースクラスタに互換性がありません。新しいバージョンのPostgreSQLが古いバージョンのデータベースクラスタを指定して起動しようとするとバージョンエラーで起動しません。

メジャーバージョン間の機能互換性の確認

メジャーバージョンアップでは、機能が追加されています。PostgreSQLでは極力互換性を維持する方針で開発をしていますが、改善内容によっては互換性を維持しない場合もあります。

システムカタログを自分で参照している場合の確認

メジャーバージョンアップでは、システムカタログや稼働統計情報ビューの内容が変更されることがあります。運用時の監視対象としてシステムカタログや稼働統計情報ビューを参照している場合、SQLに影響がないかを確認する必要があります。

PostgreSQLパラメータの確認

メジャーバージョンアップでは、PostgreSQLパラメータの追加や削除、またデフォルト値が変更されることがあります。現行の設定ファイルのままで問題がないか確認する必要があります。

メジャーバージョンアップの場合には、システムにどの程度影響があるか事前に調査する必要があり、データベースクラスタの互換性がないという問題に対応する必要があります。データベースクラスタ内のデータを移行するためには、大きく分けて2つの方法(「ダンプ／リストア」と「pg_upgradeコマンド」)があります。

A.5.1：ダンプ／リストアによるデータ移行方式

ダンプ／リストアとは、pg_dumpコマンドでデータベース内のスキーマ／データをファイルに書き込み、psqlコマンドやpg_restoreコマンドで復元するものです。

ダンプ／リストアは古い時代のPostgreSQLのメジャーバージョンアップに使われていた手順です。PostgreSQLで大規模なデータを扱うことが多くなっている現在では、大規模データをダンプ／リストアする手順では、非常に時間がかかることが問題になっています。ダンプ／リストアはデータ規模が小さいデータベースクラスタや長時間の停止が許容されるシステムに適しています。

A.5.2：pg_upgradeコマンドによるデータ移行方式

大規模なデータを持つデータベースクラスタを移行する場合には、pg_upgradeを使用します。pg_upgradeは、PostgreSQL 8.4以降のメジャーバージョンから本稿執筆時点(2018年6月)の最新版であるPostgreSQL 10までのメジャーバージョンへの移行に対応しています。

pg_upgradeを使うことで、大規模なデータを持つデータベースクラスタの移行も高速に可能です。なぜならテーブルやインデックスのファイルの構造がPostgreSQL 8.4以降変更されていないためです。メジャーバージョン間で違いがあるのは、システムカタログや各種制御ファイルのみで、ファイルサイズはユーザデータに対して非常に小さいことから、高速にデータベースクラスタを変更できます。

レプリケーションによる冗長化構成の場合は、プライマリのデータベースクラスタをpg_upgradeで変更したあとに、rsyncコマンドを併用して、高速にスタンバイ側のデータベースクラスタを変更することも可能です。rsyncコマンドを使った手順は複雑ですが、なるべく移行時間を短縮したい場合には有効な手法です。具体的な手順については、「PostgreSQL 10文書 ストリーミングレプリケーションおよびログシッピングのスタンバイサーバのアップグレード」を参照してください[注4]。

A.5.3：拡張機能を使った場合の注意点

PostgreSQLは、contribモジュールをはじめとする、さまざまな拡張機能を組み込むことが可能です。拡張機能(ユーザ定義関数、ユーザ定義型など)を組み込んだシステムをメジャーバージョンアップする場合には、次の

注4 URL https://www.postgresql.jp/document/10/html/pgupgrade.html#PGUPGRADE-STEP-REPLICAS

点に注意が必要です。

拡張機能のモジュールを最新化する

C言語で開発された拡張機能はPostgreSQLのバージョンに依存してコンパイル&リンクされています。このため、PostgreSQLのメジャーバージョンに対応した拡張機能のモジュールを新しいバージョンのPostgreSQL環境にインストールする必要があります。

拡張機能専用のテーブルが存在する場合

拡張機能の中には専用のテーブルやインデックスを持っているものがあります。これらのテーブルもpg_upgradeコマンドの移行対象となりますが、拡張機能自体がバージョンアップで専用のテーブルの構造が変更されることもありえます。移行先のPostgreSQLバージョンに対応した拡張機能のリリースノートを参照し、拡張機能用のテーブルに変更があった場合には、移行前にテーブルからのデータのダンプや、テーブルの削除といった事前準備も検討する必要があります。

[改訂新版] 内部構造から学ぶPostgreSQL 設計・運用計画の鉄則

索引

A

B

C

D

E

F

G

H

I

J

K

L

M

N

O

P

R

S

T

U

V

W

X

ア行

カ行

サ行

タ行

ナ行

ハ行

マ行

ヤ行

ラ行

ワ行

SQL

OSコマンド

postgresql.confのパラメータ

pg_hba.confのパラメータ

recovery.confのパラメータ

【著者紹介】

勝俣 智成（かつまた ともなり）／担当：第 7 章、第 8 章、Part 3

1978 年生。NTT テクノクロス株式会社勤務。大学時代は CG の研究をしていましたが、入社とともに畑違いの全文検索／データベースの世界へ。この頃に PostgreSQL と出会い、10 年以上の付き合い。今では社内支援や社外講師、コミュニティ活動などを行っています。無類のお酒、カレー好き。

佐伯 昌樹（さえき まさき）／担当：第 9 章、Part 4

1981 年生。NTT テクノクロス株式会社勤務。PostgreSQL に関わってから 8 年。現在は IoT やクラウドなど、システムの基盤開発に携わっています。バージョンアップのたびに着実に進化する PostgreSQL の機能をシステムに取り込んでいくのも楽しみの 1 つです。

原田 登志（はらだ とし）／担当：Part 1、第 5 章、第 6 章、Appendix

NTT テクノクロス株式会社勤務。PostgreSQL は 7.4 のころからの腐れ縁。日々、PostgreSQL の無駄な使い方を考えています。猫とラーメンと原チャリと SF も大好き。「PostgreSQL ラーメン」でググってください。Twitter：@nuko_yokohama

- 装丁
  小島トシノブ（NONdesign）
- 本文デザイン・DTP
  朝日メディアインターナショナル㈱
- 編集
  取口敏憲
- 本書サポートページ
  https://gihyo.jp/book/2018/978-4-297-10089-6
  本書記載の情報の修正・訂正・補定については、当該Webページで行います。

［改訂新版］
内部構造から学ぶPostgreSQL
設計・運用計画の鉄則

2014年 10月 5日　初版 第1刷 発行
2018年 9月 28日　第2版 第1刷 発行

著　者　勝俣智成、佐伯昌樹、原田登志
発行人　片岡　巌
発行所　株式会社技術評論社
東京都新宿区市谷左内町21-13
TEL：03-3513-6150（販売促進部）
TEL：03-3513-6177（雑誌編集部）

印刷／製本　港北出版印刷株式会社

定価はカバーに表示してあります。

ISBN978-4-297-10089-6　C3055

Printed in Japan

■お問い合わせについて

本書に関するご質問については、本書に記載されている内容に関するもののみとさせていただきます。本書の内容と関係のないご質問につきましては、一切お答えできませんので、あらかじめご了承ください。また、電話でのご質問は受け付けておりませんので、FAX か書面にて下記までお送りください。

なお、ご質問の際には、書名と該当ページ、返信先を明記してくださいますよう、お願いいたします。

お送りいただいたご質問には、できるかぎり迅速にお答えできるよう努力いたしておりますが、場合によってはお答えするまでに時間がかかることがあります。また、回答の期日をご指定なさっても、ご希望にお応えできるとは限りません。あらかじめご了承くださいますよう、お願いいたします。

<問い合わせ先>
〒162-0846
東京都新宿区市谷左内町21-13
株式会社技術評論社　雑誌編集部
「［改訂新版］内部構造から学ぶ PostgreSQL 設計・運用計画の鉄則」係
FAX：03-3513-6173